HISTOIRE

NATURELLE

DES POISSONS.

STRASBOURG, IMPRIMERIE DE F. G. LEVRAULT,
RUE DES JUIFS, N.° 33.

HISTOIRE

NATURELLE

DES POISSONS,

PAR

M. LE Bon CUVIER,

Grand-Officier de la Légion d'honneur, Conseiller d'État et au Conseil royal de l'Instruction publique, l'un des quarante de l'Académie française, Associé libre de l'Académie des Belles-Lettres, Secrétaire perpétuel de celle des Sciences, Membre des Sociétés et Académies royales de Londres, de Berlin, de Pétersbourg, de Stockholm, de Turin, de Gœttingue, des Pays-Bas, de Munich, de Modène, etc. ;

ET PAR

M. VALENCIENNES,

Aide-Naturaliste au Muséum d'Histoire naturelle.

TOME SEPTIÈME.

A PARIS,

Chez F. G. LEVRAULT, rue de la Harpe, n.° 81.

STRASBOURG, même Maison, rue des Juifs, n.° 33.

BRUXELLES, Librairie parisienne, rue de la Magdeleine, n.° 438.

1831.

AVERTISSEMENT.

LES deux familles des squammipennes et des poissons à appendices labyrinthiformes aux branchies dont nous traitons dans ce volume, n'en ayant pas rempli toute l'étendue, nous avons profité de l'espace qui nous restait pour faire connaître principalement les nouvelles espèces de percoïdes que nous avons reçues depuis l'impression de notre deuxième et de notre troisième volume. Le nombre en est considérable, grâce au zèle généreux des naturalistes et des voyageurs qui de toute part veulent bien encourager notre travail.

Au premier rang doit se placer M. Dussumier, qui vient de déposer au Muséum plus de quinze cents poissons, formant près de cinq cents espèces, et tous dans l'état de conservation le plus parfait. Cette collection magnifique a été faite dans les mers de l'Inde pendant un voyage de trente-trois mois : elle offre près de cent espèces nouvelles et une infinité de détails nouveaux sur celles qui étaient déjà connues; car M. Dussumier, aussi bon naturaliste que négociant habile et entreprenant, a eu soin de mettre par écrit tout ce qui pouvait avoir rapport à l'histoire des objets qu'il recueillait. Ses notes sur les couleurs des poissons à l'état frais nous seront surtout précieuses, comme remplissant un des principaux besoins de l'ichtyologie.

C'est aussi un service que l'on devra à MM. Desjardins et Delise, qui continuent de nous envoyer de l'Isle-de-France des dessins précieux, exécutés avec un grand talent en couleurs naturelles.

M. d'Orbigny continue aussi à travailler avec courage pour le Muséum, et vient d'envoyer du Chili nombre d'espèces nouvelles.

Mon dernier voyage à Londres m'a donné encore de nouvelles preuves de la générosité des naturalistes anglais, non moins que de l'ardeur éclairée avec laquelle ils s'occupent des progrès de leur science. M. Gray m'a fait connaître sans réserve les nouvelles acquisitions du Muséum britannique, et M. Éd. Bennett celles de la Société zoologique. M. Brown m'a remis surtout une collection faite à Madère par M. Richardson, où se trouvent des espèces nouvelles en quantité plus considérable qu'on ne l'aurait supposé d'un parage si voisin de l'Europe.

MM. Holbroock et Ravenel, de Charlestown, nous ont adressé deux envois, qui nous ont mis à même d'enrichir et d'éclaircir l'histoire des pomotis et des genres voisins, seulement ébauchée, si l'on peut s'exprimer ainsi, dans notre troisième volume.

MM. de Humboldt et Ehrenberg, ainsi que nous l'avons annoncé dans l'avertissement du volume précédent, ont recueilli et ont bien voulu nous communiquer les poissons des

rivières de la Russie orientale, jusqu'à l'Oby et à l'Irtisch,
et même une partie de ceux de la mer Caspienne, attention
d'autant plus importante, que les poissons d'eau douce des
pays éloignés sont en général beaucoup moins connus que
ceux des côtes. La plupart de ces poissons appartiennent aux
malacoptérygiens, et toutefois il s'y est trouvé deux espèces
intéressantes, le sandre berschik et l'acérine babir, dont
nous n'avions pu parler que sur la foi de Pallas et de Guldenstedt. Nous attendons la collection des poissons du lac
Baïkal, due aux recommandations de M. de Humboldt et
à la protection dont S. A. I. madame la grande-duchesse
Hélène continue d'honorer notre travail. Outre les poissons
de la Russie d'Europe que nous devions déjà à cette prin-
cesse, elle a bien voulu nous envoyer récemment des échantillons du sterlet en état parfait de conservation.

MM. de Schreibers et Fitzinger nous ont communiqué
aussi des descriptions et des dessins fort exacts des esturgeons
du Danube, qui, joints aux documens et aux échantillons
que M. Lesueur nous a envoyés des États-Unis, et à la
Monographie des esturgeons d'Europe, publiée récemment
par MM. Brandt et Ratzeburg, jetteront un jour tout nouveau sur un genre peu étudié.

La structure singulière des organes accessoires à la respiration dans la famille des poissons à pharyngiens labyrinthiformes, nous a engagés à donner deux nouvelles planches
anatomiques, où l'on trouvera la représentation de cet appareil remarquable, qui fait des poissons qui en jouissent une
sorte d'amphibies, dont la nature a été peu connue jusqu'à

ce jour, quoique leur faculté de vivre au sec ait été remarquée dès les premiers temps de l'histoire naturelle.

Nous avons cru devoir consacrer aussi une planche aux os singuliers de l'éphippus géant.

A la liste des voyageurs qui ont servi l'ichtyologie dans le dix-septième siècle, et que nous avons donnée tome I, page 63, nous devons ajouter *Jean* BARBOT, qui, dans la *Description des côtes de Guinée et d'Angole,* imprimée dans le cinquième volume de la Collection des voyages de Churchill, a donné une trentaine de figures très-reconnaissables de poissons, dont plusieurs appartiennent à des espèces rares, et que nous avons été les premiers à retrouver.

Dans le volume qui suivra celui-ci, nous traiterons d'une des familles de poissons dont l'homme tire le plus de parti, celle des scombéroïdes, qui comprend les thons, les germons, les bonites, les maquereaux et une infinité d'autres espèces utiles.

Au Jardin du Roi, Décembre 1830.

TABLE

DU SEPTIÈME VOLUME.

CHAPITRE II.

CHAPITRE III.

CHAPITRE VI.

CHAPITRE VII.

DEUXIÈME TRIBU.

CHAPITRE VIII.

TROISIÈME TRIBU.

Pages. Planch.

LIVRE HUITIÈME.

CHAPITRE PREMIER.

CHAPITRE VI.

CHAPITRE VII.

CHAPITRE VIII.

APPENDICE AU LIVRE HUITIÈME.

(Par M. le Bon Cuvier.)

ADDITIONS ET CORRECTIONS

AUX TOMES II, III ET VII.

(Par M. Valenciennes.)

1. Ces deux dernières planches seront distribuées avec la livraison prochaine.

HISTOIRE

NATURELLE

DES POISSONS.

<hr>

LIVRE SEPTIÈME.

DES SQUAMMIPENNES.

Nous réunissons dans cette famille l'ancien genre des chétodons de Linnæus, caractérisé par des dents en forme de soies ou de brosses, et quelques petits genres qui diffèrent de celui-là par la dentition, mais qui ont en commun avec lui un corps comprimé et les nageoires dorsale et anale tellement couvertes d'écailles, au moins dans leur partie molle, que l'on voit à peine leur séparation d'avec le tronc. Cette disposition est très-frappante, et fait reconnaître ces poissons au premier coup d'œil. Quelques sciénoïdes, telles que les nébris, les lépiptères et particulièrement les èques, ont les nageoires écailleuses, presque de la même manière; mais leurs dents ne sont jamais en soies flexibles, et la plupart se distinguent par une tête caverneuse et un museau renflé, qui ne permettent pas de les confondre avec les poissons auxquels nous réservons le nom de *squammipennes*. D'autres sciénoïdes, telles que les hémulons, offrent encore quelque chose d'approchant; mais il s'en faut que leurs nageoires aient la même épaisseur et soient avec le corps dans la même continuité.

L'ancien genre des chétodons, ou les squammipennes à dents en brosse, maintenant très-subdivisé, forme la première tribu de cette famille et de beaucoup la plus nombreuse; une seconde tribu est composée de deux genres à dents tranchantes, les *piméleptères* et les *diptérodons* de Lacépède; et nous réunissons dans la troisième des genres qui ont des dents en velours ou en carde, non-seulement aux mâchoires, mais au palais. Ils s'éloignent déjà assez des autres, et diffèrent même assez entre eux; car il n'est pas possible que les rapports des genres soient toujours du même degré : il suffit pour un arrangement naturel qu'il n'y ait pas de genres plus voisins à placer entre ceux que l'on rapproche. A l'article de chaque tribu, nous entrerons dans plus de détails sur ses caractères et sur ceux des genres qui la composent.[1]

----

1. Voyez le tableau ci-joint.

POISSONS OSSEUX.

ACANTHOPTÉRYGIENS.

SQUAMMIPENNES. A corps comprimé, écailleux, et à nageoires dorsale et anale fortement couvertes d'écailles, au moins dans leur partie molle.

Point de dents au palais.

Dents en brosses aux deux mâchoires.

Préopercule non épineux.

Dorsale unique, entièrement écailleuse.

Aucuns des aiguillons dorsaux prolongés.

CHÉTODONS. Museau court; dents en longues soies.
CHELMONS. Museau prolongé; dents courtes, comme en velours.

Quelques aiguillons dorsaux prolongés en filamens.

HÉNIOCHUS. Corps couvert de grandes et fortes écailles.
ZANCLUS. Écailles petites, réduites pour l'œil à de simples âpretés.

Dorsale double; la portion molle seule écailleuse.

Trois épines à l'anale; écailles grandes.

ÉPHIPPUS. Pectorales courtes.
DRÉPANES. Pectorales longues, et taillées en faux.

Quatre épines à l'anale; écailles petites, absorbées sous l'épiderme.

SCATOPHAGES. Pectorales courtes.

Dorsale seulement échancrée.

TAURICHTES. Deux cornes au-dessus des yeux, au-devant d'une forte protubérance occipitale.

Préopercule armé d'une forte épine.

HOLACANTHES. Corps ovalaire; les aiguillons de la dorsale presque égaux; le sous-orbitaire et le préopercule dentelés.
POMACANTHES. Corps plus élevé ou arrondi; les épines de la dorsale augmentant rapidement de longueur; le sous-orbitaire et le préopercule sans dentelures.

Dents de la rangée extérieure tranchantes, divisées en trois lobes ou dentelures; les autres sétiformes.

PLATAX. Corps, dorsale et anale très-élevés; une épine et cinq rayons aux ventrales.

Dents en velours ras aux mâchoires.

PSETTUS. Corps très-élevé; les ventrales presque réduites à une très-courte épine.

Des dents au palais.

Dents tranchantes aux deux mâchoires.

PIMÉLEPTÈRES. Dorsale unique; les dents implantées sur les mâchoires au moyen d'un talon prolongé horizontalement en arrière.
DIPTÉRODONS. Dorsale double; les dents sans talon.

Dents en cardes aux deux mâchoires.

CASTAGNOLES. Dorsale et anale longues, et étendues sur la plus grande portion du dos ou du ventre.

Dents en velours.

PEMPHÉRIDES. Dorsale courte et à épines faibles, avancée sur le dos; anale longue et étendue le long de la partie inférieure du poisson.

ARCHERS. Dorsale courte, reculée en arrière, à épines très-fortes; anale courte sous la dorsale.

PREMIÈRE TRIBU.

DES SQUAMMIPENNES A DENTS EN BROSSE.
(*CHÆTODON*, Linn.)

Les mers de la zone torride n'ont rien à envier aux terres dont elles arrosent les côtes pour la vivacité et l'agréable disposition des couleurs de leurs productions. Si les contrées chaudes de l'Afrique et de l'Amérique ont leurs souï-mangas, leurs colibris, leurs cotingas et leurs tangaras, l'Océan indien et celui des Antilles possèdent des milliers de poissons encore plus éclatans, dónt les écailles reflètent les teintes dés métaux et des pierres précieuses, relevées par des taches et des bandes plus sombres, et distribuées avec une symétrie et une variété également admirables. Les chétodons surtout forment une famille presque innombrable, et que la nature semble s'être jouée à revêtir des ornemens les plus propres à plaire à la vue; le rose, le pourpre, l'azur, le noir velouté, sont répartis à la surface de leurs corps en raies, en écharpes, en anneaux, en taches ocellées, sur des fonds dorés et argentés, ou nuancés, comme le plus beau nacre, de toutes les couleurs de l'iris; et l'œil de l'homme jouit d'autant plus de toutes ces beautés, que ces poissons, peu volumineux, habitués à se tenir près de la côte et entre les rochers où il y a peu d'eau, s'y agitent sans cesse à la lumière du soleil, comme pour lui faire éclairer d'un jour plus vif tous les ornemens qu'ils ont reçus de la nature.

Ce genre a été créé par Artedi, qui en connaissait seulement six espèces véritables, mais qui y avait réuni, contre le caractère qu'il lui assignait, des acanthures et des glyphisodons. Ses successeurs ont porté encore plus loin cet abus, et les genres que nous avons formés ou adoptés sous les noms d'*amphacanthes*, de *pomacentres*, de *dascylles*, de *premnades*, ont été en tout ou en partie placés au nombre des chétodons par Linnæus, Bloch, Gmelin, Shaw et les autres naturalistes de leur temps.

Bloch dans son *Systema*, et M. de Lacépède dans sa grande Histoire des poissons, ont commencé à débarrasser ce genre de ces richesses incommodes, et nous avons terminé leur ouvrage en composant cette première tribu, dans laquelle nous avons cherché à renfermer les vrais chétodons à eux seuls, mais en les subdivisant en plusieurs genres. Cette tribu ne comprend plus que des espèces caractérisées par des dents grêles, flexibles, serrées comme les soies d'une brosse, et par des nageoires dorsales et anales enveloppées presque jusqu'aux bords par des écailles semblables à celles du corps. Leur forme est généralement comprimée et plutôt courte qu'alongée, souvent même plus haute que longue.

Le nom de *chétodon* exprime la nature singulière de leurs dents, et signifie *dents en forme de soies* (de χαίτη, soie, et d'ὀδὼς, dent). Ces poissons n'en ont qu'aux mâchoires, et leur palais ni leur langue n'en portent aucune. Leur bouche est très-petite; leurs ouïes médiocrement fendues; leur membrane branchiostège soutenue par six rayons seulement.

Plusieurs chétodons ont des particularités remarquables dans leur ostéologie : des renflemens à la crête du crâne et à quelques-uns de leurs interépineux, ou même aux apophyses de leurs vertèbres, qui ont fait remarquer et recueillir ces os avant que l'on connût bien les espèces dont ils provenaient.

Définis comme nous venons de le faire, débarrassés des acanthures, des amphacanthes et des autres genres qu'on leur avait associés si mal à propos, ils forment une réunion très-naturelle, dont il ne serait possible de rien écarter; néanmoins leur grand nombre nous a engagés à les subdiviser, et nous en avons trouvé les moyens dans l'armure de leur préopercule, les inégalités de leur dor-sale, et le plus ou moins de développement de leurs ventrales.

M. de Lacépède nous a déjà prévenus à l'égard de plusieurs de ces divisions, et nous avons cru devoir conserver ses *holacanthes,* reconnaissables à la forte épine du bas de leur préopercule, et ses *acanthopodes,* dont les ventrales se réduisent à un petit aiguillon; mais nous réunissons au premier de ces genres ses *pomacanthes,* qui n'en différaient que par l'absence de dentelure à leur préopercule, et au second, ses *monodactyles,* qui ont seulement le corps moins élevé.

Quant à ses chétodons proprement dits, qui n'ont point d'aiguillon au préopercule et dont la dorsale est continue, nous les subdivisons en *chétodons* plus particulièrement ainsi nommés, à corps ovale, à dorsale peu élevée, et tenant ses bords à peu près parallèles à ceux du dos; en *chelmons,* semblables aux chétodons pour le corps, mais dont le museau s'alonge en un tube fendu seulement au bout; en *heniochus,* qui ont à peu près la forme des chétodons, mais dont un des rayons épineux s'élève comme un fouet beaucoup au-dessus des autres; en *platax,* dont le museau est si court et dont la dorsale s'élève si rapidement que, l'anale descendant à peu près de même, leur corps avec ces nageoires a plus d'élévation que de longueur : leurs dents du rang extérieur se divisent en trois pointes.

Nous subdivisons aussi ses *chétodiptères,* où la dorsale est divisée en deux, en *éphippus,* en *drépanes* et en *scatophages,* d'après la forme de leurs pectorales et d'autres caractères.

Les Hollandais des Moluques, dans les parages desquelles on voit le plus de ces poissons, leur donnent le nom générique de *klip-visch* (poisson de roche), ou celui de *douwing,* auquel ils ajoutent, pour distinguer les espèces, des titres de dignités, tels que *ducs, marquis,* etc. Les Espagnols leur donnent des noms de femmes au diminutif : *isabelita, catalineta,* etc. Nos colons des Antilles lesappellent *demoiselles.*

Le nom de *bandoulière,* par lequel Bloch les a désignés en français, est d'un usage beaucoup moins général.

Ces poissons, ainsi que l'a remarqué M. Schneider, n'étaient pas inconnus des anciens. Ælien (l. XI, c. 23) en décrit, sous le nom de *citharædus,* deux espèces de la mer Rouge. Nous avons même trouvé ses descriptions assez exactes pour qu'on puisse reconnaître les poissons sur lesquels elles portent; le premier de ces citharædus nous paraît l'*holacanthe empereur,* et le second, le *chætodon vittatus.*

Aucun chétodon n'habite nos mers d'Europe; mais il paraît qu'il y en a qui s'y égarent quelquefois et qui y arrivent attirés par les substances alimentaires qui sortent de certains navires.

C'est ainsi que le *chætodon capistratus* a été pris une

fois à Nice, selon M. Risso[1]: M. Naccari cite le *chœtodon octofasciatus* parmi les poissons de Chioggia[2]; mais il est contredit en ce point par M. de Martens[3]. Quant au chétodon que M. Couch décrit[4] comme ayant été pris une fois sur les côtes de Cornouailles, sa description ne me met pas en état de le reconnaître; mais les quatre longues dents que cet auteur lui attribue en avant de la mâchoire inférieure, ne me permettent pas de croire qu'il appartienne à ce genre. C'est peut-être une castagnole (*sparus Raii*, Bl.), poisson que l'on trouve quelquefois sur cette côte d'Angleterre.

CHAPITRE PREMIER.

Des Chétodons proprement dits (Chœtodon, nob.).

Nos chétodons proprement dits forment la tribu la plus nombreuse de la famille. On en voit des variétés infinies le long des côtes rocheuses des deux hémisphères, et surtout des Indes orientales, car le nombre des espèces américaines est assez petit. Partout ils se meuvent avec rapidité et comme en se jouant au soleil; partout ils offrent des couleurs brillantes et agréablement combinées. Leur forme est presque toujours la même: un corps comprimé; une circonscription verticale elliptique ou presque orbiculaire; la queue courte et la caudale tronquée; la tête

---

1. Ichtyologie de Nice, 2.ᵉ édit., p. 432. — 2. *Giornale di fisica*, t. XV, p. 335. — 3. Voyage à Venise, t. II, p. 436. — 4. *Trans. linn.*, t. XIV, p. 78 et 79.

petite; la bouche très-petite, peu ou point saillante; presque toujours douze ou treize aiguillons à la dorsale et trois à l'anale; les rayons épineux et mous de la dorsale se continuant en une courbe à peu près uniforme; sa partie molle terminée en angle arrondi, ou au moins faiblement aiguisé.

Leur taille demeure médiocre ou petite; leur chair est généralement de bon goût.

Ils ont même de la constance dans certaines parties de leur coloration, et l'on voit dans presque tous une bande noire, qui prend de la nuque, descend à l'œil, et de là au milieu de l'interopercule : nous l'appellerons *la bande oculaire.* Les bandes, les points et les lignes de diverses directions qu'ils ont sur le corps, à défaut de caractères plus essentiels, seront nos principaux guides dans l'arrangement des espèces.

Celles dont les bandes sont verticales paraîtront les premières.

Le Chétodon barré.

(*Chœtodon striatus*, Linn.)

Nous en commencerons l'énumération par l'une de celles qui se pêchent le plus abondamment aux Antilles, et nous lui donnons cette préférence parce que la simplicité de ses couleurs la rend facile à distinguer parmi les autres.

Seba[1], Klein[2], Linnæus[3], Duhamel[4] et Bloch[5] en ont publié de bonnes figures.

---

1. Seba, t. III, pl. 25, fig. 9. — 2. *Miss. IV*, pl. 10, fig. 4, et pl. 11, fig. 4. — 3. *Mus. Ad. Fred.*, t. I, pl. 33, fig. 7. — 4. Pêches, sect. 4, pl. 13, fig. 3. C'est la meilleure. — 5. Bloch, pl. 205, fig. 1; copiée dans l'Encyclopédie méthodique, planches ichtyologiques, fig. 177.

Selon Duhamel, ce poisson portait de son temps à la Guadeloupe les noms de *zèbre* ou d'*onagre*. Il n'est connu aujourd'hui dans nos îles que sous celui de *demoiselle,* qui lui est commun avec les autres espèces du genre; on l'y nomme aussi quelquefois *portugais.* Choris nous l'a envoyé sous ce nom. Nous l'avons reçu de Saint-Domingue, de la Martinique et de Saint-Thomas.

Bloch prétend l'avoir trouvé dans une collection du Japon, et y rapporte l'*ikan-batoe-moelia* de Valentyn (n.° 163); mais d'une part on sait trop combien Bloch a été trompé sur l'origine des poissons qu'il achetait des marchands hollandais; de l'autre, cette figure de Valentyn n'est point assez exactement dessinée, et les couleurs indiquées dans le texte sont trop différentes[1], pour que l'on puisse admettre sans autre preuve l'existence de ce poisson dans les deux océans.

Son corps représente un disque presque rond, deux fois échancré en arrière pour la distinction des trois nageoires verticales, et un peu pointu en avant pour la proéminence du museau. Sa hauteur est une fois et demie dans sa longueur totale; son épaisseur quatre fois et demie dans sa hauteur. Sa tête a le quart de la longueur totale, et est aussi haute que longue. La courbe convexe du dos devient, au-dessus de l'œil, légèrement concave jusqu'au museau, dont la proéminence répond au milieu de la hauteur de la tête, mais est un peu au-dessous du milieu de celle du corps. La courbe de la gorge et du ventre est moins convexe que celle du dos. La dorsale et l'anale ont leur partie molle terminée en angle obtus, et la caudale est tronquée carrément. La fente de la bouche est à peine du cinquième de la longueur de la tête. Sa protractilité est médiocre; la partie visible du maxillaire petite, oblongue; le

---

1. Il le dit vert de mer et les bandes pourpres.

sous-orbitaire oblong, un peu pointu en avant, caché sous la peau.
Les dents, comme dans tout le genre, représentent les soies d'une
brosse; celles d'en bas sont les plus longues. L'œil est au-dessus
du milieu de la hauteur de la tête; mais à peu près au milieu de sa
longueur, dont son diamètre fait le tiers. Les orifices de la narine
sont très-près l'un de l'autre et du bord antérieur de l'œil, et fort
visibles. L'antérieur a un léger rebord; le postérieur est un peu
plus rond et un peu plus large. Les deux bords du préopercule sont
rectilignes et à peu près à angle droit; mais son angle est arrondi;
il n'a ni épine ni dentelure. L'opercule, du double plus haut que
large, a à son bord postérieur, vers le tiers inférieur, un angle un
peu obtus. La fente de l'ouïe n'est ouverte que jusque sous l'œil où
la membrane s'unit à l'isthme; les deux interopercules sont serrés
contre l'isthme et l'un contre l'autre, de manière que l'appareil
operculaire n'a pas beaucoup de jeu. Il y a six rayons branchiaux;
mais le premier est caché dans l'endroit où la membrane s'unit à
l'isthme, en sorte qu'on ne le trouve qu'en la disséquant. L'épaule n'a
point d'armure. La pectorale n'a pas non plus d'écaille particulière
sur son aisselle; elle est demi-ovale; sa longueur est comprise quatre
fois et demie dans la longueur totale, et l'on y compte quinze
rayons, dont le premier est moitié moindre que ceux qui le suivent,
et dont les derniers sont fort petits. L'attache des ventrales est
exactement sous celle des pectorales. Leur longueur est la même.
Au-dessus est une pièce écailleuse et pointue, des deux tiers plus
courte. Leur épine n'a qu'un quart de moins en longueur que
leurs premiers rayons mous. La dorsale a douze aiguillons et vingt
ou vingt-un rayons mous. Les quatre premières épines ne sont
point garnies d'écailles; mais les suivantes en sont de plus en
plus garnies, et l'on n'en voit plus sortir que la pointe des dernières; la partie molle est entièrement écailleuse à un petit bord
près: ce sont les troisième, quatrième et cinquième aiguillons
qui sont les plus forts, et ils le sont considérablement, surtout
le cinquième. L'anale commence à l'aplomb du cinquième rayon
de la dorsale; elle a trois aiguillons, dont le deuxième est très-fort,
et seize ou dix-sept rayons mous; le troisième aiguillon est seul

un peu compris dans les écailles; mais toute la partie molle est
écailleuse. La portion de queue derrière les deux nageoires n'a
guère plus du dixième de la longueur totale, soit en longueur,
soit en hauteur. La caudale en a le septième; elle s'arrondit un peu
quand on étale ses rayons, qui sont, comme dans presque tous
les acanthoptérygiens, au nombre de dix-sept. Sa base est sensiblement écailleuse; mais les écailles diminuent tellement sur le reste
de sa longueur, qu'elles y disparaissent à l'œil.

B. 6; D. 12/20; A. 3/16; C. 17; P. 15; V. 1/5.

Les écailles du corps sont presque arrondies, un peu plus hautes
que larges, très-finement ciliées dans leur partie visible et striées
sur leur limbe, et ont un éventail de quinze rayons et autant de
crénelures peu saillantes à leur bord radical : on en compte environ trente-six sur une ligne depuis l'ouïe jusqu'à l'endroit où elles
deviennent très-petites sur la caudale, et dix-neuf ou vingt sur
une ligne verticale; mais leurs rangées supérieures suivent en avant
la courbe du dos, et les inférieures celle du ventre, en sorte qu'en
arrière il s'en intercale entre elles. Toute la tête est écailleuse,
même le museau, le sous-opercule et les mâchoires. Les lèvres,
petites et minces, sont seules exceptées. La ligne latérale, au quart
supérieur de la hauteur, décrit une courbe à peu près parallèle à
celle de la dorsale, et se marque par une légère élevure longitudinale sur chaque écaille.

Le fond de la couleur est un blanc légèrement irisé. Des lignes
grisâtres suivent le milieu de chaque rangée d'écailles, en sorte
que celles de la moitié supérieure vont en montant en arrière;
celles de l'inférieure marchent à peu près longitudinalement. Cinq
bandes noires diversifient ce fond: la première est la bande oculaire
ordinaire; elle part d'au-devant du premier rayon dorsal, descend
obliquement jusqu'au bord supérieur de l'œil, reprend de son
bord inférieur et descend verticalement au milieu de celui de
l'interopercule; la seconde est plus large, et, partant des deuxième,
troisième et quatrième aiguillons de la dorsale, passe sous la pectorale et aboutit au ventre vis-à-vis la deuxième moitié des ven-

trales; la troisième, plus large encore, part des quatre derniers aiguillons de la dorsale, et arrive au milieu de l'anale. De son extrémité supérieure part la quatrième, qui couvre la base de la partie molle de la dorsale, presque toute la queue et la base de la partie molle de l'anale, pour s'unir de nouveau à la troisième par son extrémité inférieure. La dorsale et l'anale ont en outre une large bordure noire et un liséré jaunâtre. Sur la caudale il y a d'abord une bande du blanc du fond, puis une bande noire, puis une ligne étroite blanche ou jaunâtre, et enfin un petit liséré gris.

L'espèce ne paraît pas devenir très-grande; nos individus les plus forts n'ont que cinq pouces de longueur.

La cavité abdominale des chétodons n'a d'étendue qu'en hauteur. Il en résulte que chaque viscère en particulier n'a pas un gros volume, et que l'intestin n'a de longueur que par les nombreuses circonvolutions qu'il fait avant de s'ouvrir à l'anus.

Le foie du *chætodon striatus* se compose de deux lobes inégaux, triangulaires et pointus, placés de chaque côté de l'œsophage. Le lobe droit est le plus petit.

La vésicule du fiel est assez grande, à proportion du volume du foie; elle est cachée par le duodénum.

Le canal cholédoque est gros, court, et débouche à la crosse antérieure du duodénum en arrière des appendices cœcales. Sa tunique est épaisse et de couleur de blanc d'argent mat.

L'œsophage est court, étroit, et descend obliquement dans l'abdomen.

L'estomac est ovoïde, comprimé de droite à gauche; ses parois sont minces et sillonnées par de nombreuses et grosses rides irrégulières. Le pylore s'ouvre sur la face dorsale de l'estomac, au-dessus du cardia. Il a huit appendices cœcales, dont sept, longues et grêles, sont appliquées sur la face inférieure de l'estomac; la huitième est petite, courte, et se contourne sur la face gauche de l'estomac, de manière à ce que sa pointe se dirige vers le dos du poisson. Le duodénum s'appuie sur les deux tiers de la face supérieure de l'estomac, qu'il entoure. Son diamètre est plus que le double de celui du reste de l'intestin, qui, après s'être roulé en spirale plus de huit fois dans l'hypocondre gauche, se dilate de nouveau peu avant de déboucher à l'anus.

La rate est petite, globuleuse, noirâtre, et située entre le duodénum et l'estomac.

Les ovaires de la femelle que nous avons disséquée, sont rejetés vers l'arrière de l'abdomen; ils ne forment presque qu'un seul sac, faiblement fourchu vers le diaphragme.

La vessie aérienne est grande, alongée; elle donne en avant deux petites cornes courtes et obtuses. Sa tunique externe est épaisse, solide, fibreuse, et d'une couleur argentée matte. La tunique propre est mince et brille d'un bel éclat d'argent poli. Le péritoine est noirâtre.

Dans le squelette[1], tout le crâne jusqu'à l'occiput est solide, convexe, lisse : on ne voit de crêtes qu'à l'occiput. La mitoyenne est en triangle vertical, plus haut que long. Son sommet s'unit immédiatement à une petite pièce osseuse, qui sert de tête commune aux deux premiers interépineux, lesquels sont grêles et ne portent pas d'épines. Ceux des sept ou huit premières épines dorsales ont au contraire des lames longitudinales et transversales larges, quoique minces. Il en est de même du premier de la queue, qui porte les trois épines anales; les autres sont grêles. Il y a dix vertèbres abdominales et quatorze caudales. Les côtes embrassent une grande partie de l'abdomen, et sont augmentées en arrière d'une lame mince qui en suit toute la longueur.

Le Chétodon a huit bandes.

(*Chætodon octofasciatus*, Bl., Gmel. et Lacép.)

Le chétodon à huit bandes, représenté par Seba (t. III, pl. 25, fig. 12), par Klein (*Miss. IV*, pl. 9, fig. 3) et par Bloch (pl. 215, fig. 1),

---

1. M. Rosenthal (Planch. ichtyotom., 3.ᵉ cah., pl. 13, fig. 2) donne un squelette sous le nom de *chœtodon striatus*, mais qui n'est point de cette espèce. C'est celui d'un *ephippus*, probablement du *fasciatus*.

a la dorsale et l'anale arrondies, et le museau médiocre. Huit bandes brunes traversent verticalement le blanc de son corps. La première, ou la bande oculaire, est quelquefois divisée en deux; la seconde passe par le bord postérieur de l'opercule; la troisième répond à la fin des ventrales, la quatrième à la naissance de l'anale: ces deux sont un peu rapprochées; la cinquième et la sixième, aussi un peu rapprochées, aboutissent au milieu de l'anale; la septième traverse l'extrémité de la dorsale, de l'anale et la base de la queue; la huitième enfin est sur la caudale.

D. 11/22; A. 3/17; C. 17; P. 15; V. 1/5.

Le Cabinet du Roi possède un petit individu de cette espèce, mais sans note sur son origine. Bloch assure que l'espèce vient des Indes orientales, mais sans nous apprendre comment il le sait, car les auteurs qu'il cite n'en disent rien; il paraît n'en avoir eu qu'un individu desséché, dont il a mal compté les rayons mous. [1]

Linnæus avait rapporté la figure de Seba à son *perca nobilis,* poisson de l'Amérique septentrionale, qui, d'après les nombres de ses rayons, ne peut guère être un chétodon [2]. Aussi Gmelin l'a-t-il laissé dans les perches, en supprimant la citation, et a-t-il placé dans les chétodons le poisson de Seba et de Bloch.

Ce *perca nobilis* est devenu le *lutjan magnifique* de M. de Lacépède (t. IV, p. 222).

———

Après ces espèces distinguées par des bandes verticales,

---

1. Il les donne comme il suit, chiffrés à notre manière :
D. 11/17; A. 3/14; C. 12; P. 16; V. 1/5;
mais sa figure ne laisse pas de doute sur l'espèce.
2. Voici ces nombres rendus à notre manière :
D. 12/13; A. 3/7; C. 17; P. 15; V. 1/5.

nous en placerons où les bandes (l'oculaire exceptée)
sont obliques ou longitudinales.

Le CHÉTODON DE MEYER.

(*Chætodon Meyeri*, Bl.[1])

La première est celle que M. de Lacépède, la croyant
nouvelle, a nommée *holacanthe jaune-et-noir*[2], en quoi
il a commis plus d'une erreur; car ce n'est point un holacanthe, mais un chétodon proprement dit, dont le préopercule n'a aucune armure : il n'est pas jaune et noir, mais
blanc ou gris et noir; et loin que l'espèce n'ait pas été
décrite, elle l'a été plusieurs fois. Renard l'a représentée
(1.re partie, pl. 25, fig. 135) sous le nom de *douwing-marquis*, et même cette figure est meilleure que beaucoup
de celles de son livre. Gmelin a eu grand tort de la rapporter au *chætodon annularis*, qui est un holacanthe.

Elle paraît aussi dans Valentyn (n.º 347), mais altérée,
et s'y nomme *ikan-batoe-jang-aboe-aboe-betina*, ce qui,
dit-il, signifie *femelle du poisson de roche gris*. On la
revoit beaucoup mieux (n.º 428) sous le nom de *pampus de Camboje*.

Bloch a introduit cette espèce dans son Système posthume, et l'y appelle *chætodon Meyeri*, d'après un médecin
de Leyde, dans le cabinet duquel il l'avait vue : il y
rapporte avec raison la figure de Renard.

C'est un très-beau poisson, bien remarquable par la direction
des nombreuses raies qui le diversifient. Il y a d'abord une bande
noire à la lèvre inférieure; puis un anneau noir qui entoure le

---

1. *Syst. posth.*, p. 223, n.º 27.
2. *Holacanthe jaune-et-noir*, Lacépède, t. IV, p. 529 et 538, pl. 13, fig. 2.

museau derrière les lèvres. La bande oculaire est noire, lisérée en avant et en arrière de blanc; de sa partie supérieure part une petite bande noire, qui va rejoindre les deux premiers aiguillons de la dorsale. Une autre bande noire, qui traverse sur la jonction de l'opercule avec le préopercule, se courbe en haut et en bas; sa partie supérieure se continue tout le long du bord de la dorsale, dont elle n'est séparée que par un léger liséré jaune; sa partie inférieure passe sur la base de la ventrale, et suit la base de l'anale jusqu'au bout, ayant à son bord supérieur et à l'inférieur une ligne blanche, suivie en dessous, à l'anale, d'une ligne noire, puis d'une autre blanche, puis d'une brune lisérée de noir, enfin, du liséré de la nageoire elle-même, qui est jaune. Derrière cette grande bande elliptique, mais sur l'opercule seulement, il y a une ligne blanche. Une autre grande bande noire part du bord même de l'opercule, et se dirige en dessus vers le milieu de la partie épineuse de la dorsale, où elle se recourbe sur elle-même, et redescend à la base de la pectorale, traverse cette base, et se dirige parallèlement à la partie inférieure de la précédente, et en suivant la base de l'anale jusque sur la queue, qu'elle traverse obliquement. Entre les deux dernières branches sont encore deux bandes, partant de la région derrière l'aisselle de la pectorale, et montant obliquement en arrière pour se recourber en avant et se terminer l'une à la fin de la partie épineuse, l'autre sur le milieu de la partie molle de la dorsale. Ajoutez deux lignes brunes ou noires; l'une au tiers postérieur, l'autre tout près du bord de la caudale, et deux lisérés blanchâtres à cette dernière, et vous aurez une idée de la singulière distribution des bandes et des traits qui distinguent ce poisson. Dans la liqueur le fond de sa couleur paraît jaune; mais, d'après la figure originale de Vlaming, ce doit être dans le frais un blanc bleuâtre.

Ses nombres de rayons sont :

D. 12/22; A. 3/19; C. 17; P. 16; V. 1/5.

Sa dorsale et son anale sont arrondies en arrière, et son museau est peu saillant. Sa hauteur est une fois et deux tiers dans sa longueur.

L'individu que nous avons décrit est long de cinq pouces.

Il vient des Moluques. C'est le même que M. de Lacépède a fait représenter. La figure qu'il en a donnée est assez exacte, à la bouche près, qui est un peu déformée : elle ne montre pas plus que l'original de trace de piquant à l'opercule; en sorte que nous ne comprenons pas comment M. de Lacépède a pu faire de ce poisson un holacanthe.

Valentyn assure que c'est un mets délicieux.

Le CHÉTODON TRÈS-ORNÉ.

(*Chætodon ornatissimus*, Soland.)

La seule espèce qui se rapproche un peu de la précédente par la distribution de ses rubans, a été rapportée récemment d'Otaïti par MM. Lesson et Garnot; mais elle y avait déjà été décrite, et fort exactement, par Solander, qui l'avait nommée *chætodon ornatissimus*.

Sa beauté est aussi très-grande. La lèvre inférieure, l'anneau autour de la bouche, la bande oculaire, y sont comme dans le *chætodon Meyeri*, et avec des lisérés citron. Une bande noire, lisérée aussi de jaune en arrière, monte parallèlement à l'oculaire, sur le préopercule et derrière l'œil, jusqu'à la ligne du dos, où elle suit les bases des épines et ensuite tout le bord de la partie molle, qui a encore une ligne jaune et un petit liséré noir. La jonction du préopercule et de l'opercule est aussi marquée par une ligne noire, et l'on en voit une petite sur le bord même de l'opercule, dont le disque est citron. Dans la partie antérieure du dos il y a, derrière la ligne qui va border la dorsale, une large teinte citron; ensuite le disque du poisson est dessiné de sept bandes qui paraissent orangées et lisérées de violet, et courent obliquement sur un fond blanchâtre. Les quatre premières vont en montant se perdre sur la dorsale; la cinquième arrive à son bord postérieur; la sixième coupe obliquement la queue, et est interrompue sous la pectorale; la septième marche parallèlement à la ligne du ventre, et suit la base de l'anale. Il y a en outre le long du bord de l'anale une bande noire, suivie d'une ligne jaune et d'un petit liséré noir comme à la dorsale. La caudale a sur son milieu une bande noire, et vers son bord une brune, précédée d'un liséré jaune et suivie d'un liséré blanc. Les pectorales et les ventrales sont de la couleur du fond, qui paraît un blanc jaunâtre, mais qui dans le frais est un blanc bleuâtre. Entre la pectorale et la gorge il y a trois lignes parallèles orangées. La hauteur de ce poisson est une fois et demie dans sa longueur. Sa dorsale et son anale se terminent en angle obtus et un peu arrondi. Ses épines sont fortes, mais sortent peu d'entre les écailles.

D. 12/26; A. 3/21; C. 17, etc.

Il est long de six pouces.

Solander a entendu nommer ce poisson *parahah* à Otaïti; mais c'est un nom générique. Selon MM. Lesson et Garnot son nom propre y est *param-outou.*

Le Chétodon de Frehmle.

(*Chœtodon Frehmlii,* Bennet.)

M. Valenciennes a dessiné dans le Cabinet de la société zoologique de Londres un beau chétodon des îles Sandwich, que M. Ed. Bennet a nommé *chœtodon Frehmlii,* et qui, par les lignes longitudinales qui le décorent, doit se placer auprès des précédens.

Son museau est assez saillant; sa dorsale et son anale sont arrondies en arrière. Le fond de sa couleur est jaune, et il a sept lignes longitudinales bleues, un peu obliques, dont la première se rattache à la troisième, derrière le bout de la seconde. Sur la nuque, en avant de la dorsale, est une tache noire; et une large bande verticale noire occupe l'arrière de la dorsale et la base de la queue. La caudale a deux lignes verticales noires, et le bord blanc. Nous n'avons pas ses nombres de rayons.

L'individu est long de cinq pouces.

Le Chétodon rubanné.

(*Chætodon strigatus*, Langsd.)

M. Langsdorf a rapporté du Japon un chétodon qu'il nomme *strigatus*,

et dont les préopercules sont sensiblement, mais finement dentelés tout autour. Son museau est d'ailleurs avancé comme dans le *striatus*; mais ses nageoires verticales sont moins hautes proportionnellement. Sa troisième épine dorsale dépasse la première et la deuxième, et les autres lui demeurent à peu près égales. Sa deuxième épine anale est très-forte, beaucoup plus que la première et la troisième, qui sont aussi, la première de moitié, la troisième d'un quart plus courtes.

D. 11/17; A. 3/14; C. 17; P. 16; V. 1/5.

Il a de larges bandes noirâtres, disposées en longueur, comme le *striatus* en a de verticales. La première règne le long du bord de la portion épineuse de la dorsale; la deuxième, sur le dos, le long de la base de cette portion, et s'étend sur le milieu de la portion molle; la troisième part du dos devant la dorsale, et se termine sur la fin de la portion molle, et en partie sur le tranchant supérieur de la queue; la quatrième, de la nuque, et aboutit au milieu de la base de la caudale, en coupant deux fois la ligne latérale; la cinquième, du front, et se termine sur la fin de l'anale; la sixième, qui est moins marquée, part de l'aisselle, et se perd vers la base de la partie molle de l'anale, ou descend même un peu sur ses premiers rayons.

Le fond de la couleur paraît avoir été blanchâtre ou jaunâtre.

L'individu est long de huit pouces, et haut de quatre.

Il y a aussi de ces chétodons qui ont les flancs semés de points ou de taches brunes sur un fond clair. Tel est

Le Chétodon miliaire,

(*Chœtodon miliaris,* Q. et G.)

que MM. Quoy et Gaimard ont rapporté des îles Sandwich, et dont ils ont publié une bonne figure. [1]

Son museau est un peu pointu. Sa dorsale et son anale se terminent en angle très-obtus. Son corps est blanc jaunâtre, marqué d'à peu près autant de points ou de petites taches brunes que d'écailles, disposées comme en séries verticales, alternativement plus grosses et plus petites. Sa tête, sa poitrine et ses nageoires n'en ont pas. Il a d'ailleurs, comme la plupart des autres, la bande oculaire noire, et le dessus et le dessous de sa queue ont aussi un peu de cette couleur.

D. 12/22; A. 3/19; C. 17; P. 14; V. 1/5.

L'individu n'est pas long de plus de trois pouces.

La bibliothèque de Banks possède une figure faite aux îles Sandwich par Weber, qui représente un individu long de quatre pouces et demi, que nous rapportons à cette espèce; il ne diffère du nôtre que parce que ses points sont moins nombreux et que sa bande oculaire s'élargit davantage dans le haut: il est intitulé *bowe-eparra.* MM. Quoy et Gaimard ont entendu appeler l'espèce *manini* dans ces mêmes îles.

---

1. Zoologie du Voyage de Freycinet, pl. 62, fig. 5, et Dictionnaire classique d'histoire naturelle.

Le CHÉTODON CITRONNET.

(*Chœtodon citrinellus*, Brouss.; *Douwing-princesse*, Ren.)

Les mêmes naturalistes ont rapporté de l'île Guam un chétodon assez semblable au précédent,

mais où les taches du dos sont disposées sur un fond jaunâtre, en lignes qui suivent les écailles et paraissent bleuâtres. Le long de la base de la dorsale, qui est une partie roussâtre, a des points bruns. La bande oculaire est plus oblique qu'au précédent, et lisérée de blanc à ses deux bords. Son anale a une bordure noire et un liséré jaune au bord intérieur du noir. On ne voit de noir ni sur sa dorsale ni sur sa queue. Ses ventrales et ses pectorales sont jaunes.

D. 14/21; A. 3/16; C. 17; P. 15; V. 1/5.

Notre individu n'a que deux pouces de longueur.

C'est manifestement un jeune de l'espèce que Renard représente (1.re part., pl. 8, fig. 59) sous le nom de *douwing-princesse*.

Il existe dans la bibliothèque de Banks un dessin de Parkinson, fait à Otaïti, qui en représente un plus grand que le nôtre, mais de même forme et colorié de même. Il n'y a pas à douter qu'il ne soit de cette espèce : il est intitulé *chœtodon punctatus*. Une description correspondante de Solander nous dit que dans le frais les points du corps sont violets, qu'il y en a de verdâtres sur la dorsale, laquelle est lisérée de blanchâtre. Nous avons aussi reconnu l'espèce dans un individu de la collection de Broussonnet, qui est étiqueté *citrinellus*, nom porté dans le catalogue de Gmelin, et que par cette raison nous avons dû conserver. Enfin, nous en avons vu tout récemment de belles figures dans les recueils de MM. de Mertens et de Ketlitz, naturalistes de la dernière expédition russe. A·Otaïti l'espèce se nomme *parahah* et *hereaota-parha.*

Le Chétodon a points et lignes.

(*Chætodon punctato-fasciatus,* nob.)

Un troisième de ces chétodons mouchetés

a sa bande oculaire pâle dans le milieu, et presque réduite à une ligne brune sur chaque bord. Ses taches paraissent rousses, et il a en outre six bandes verticales pâles et peu marquées, descendant jusque vers le milieu du flanc, où elles s'effacent. Sa dorsale et son anale ont chacune une ligne brune ou noire parallèle au bord, lisérée d'une ligne blanche. Sur le milieu de sa caudale est une bande noire, qui représente un croissant, parce qu'elle est plus large dans le milieu. Sa dorsale et son anale sont arrondies en arrière. La seconde épine de son anale est longue et forte.

D. 13/22; A. 3/16; C. 17; P. 14; V. 1/5.

Ce chétodon est depuis long-temps au Cabinet du Roi sans note sur son origine. Mais nous en avons vu une figure parfaitement ressemblante parmi les dessins de l'ex-pédition russe.

———

Un grand nombre de chétodons manquent de ces ban-des ou de ces points multipliés, et joignent seulement à la bande oculaire une ou deux bandes interrompues sur l'arrière du corps, et quelquefois une ou deux taches ou ocelles plus ou moins distinctement lisérés.

Il y en a même qui sont absolument réduits à la bande oculaire. Tel est

Le CHÉTODON VERDATRE;

(*Chœtodon virescens,* nob.)

espèce rapportée de Timor par Péron, et que M. Desjardins vient de nous envoyer de l'Isle-de-France.

Son corps et ses nageoires paraissent d'un vert prononcé sur la tête, olivâtre sur le dos et les flancs, plus pâle cependant sur un espace assez large en avant et en arrière de la bande oculaire, et sur un autre au milieu du corps. Cette bande seule et le front y sont noirs ou d'un brun foncé. Ses ventrales sont un peu teintes de noirâtre. Il a le museau peu saillant. Sa dorsale et son anale sont arrondies.

D. 13/25; A. 3/20, etc.

Les individus n'ont que trois pouces.

Le *coitade* de Renard (t. I, pl. 5, fig. 59) pourrait bien être voisin de cette espèce; mais ses couleurs sont variées de verdâtre, de jaunâtre et de rougeâtre dans des directions longitudinales.

Le CHÉTODON DE KLEIN.

(*Chœtodon Kleinii,* Bl., pl. 218, fig. 2.)

Le *chœtodon Kleinii* de Bloch paraît ressembler à celui que nous venons de décrire par sa forme et par sa couleur; mais l'auteur lui donne des nombres de rayons assez différens, et qui seraient même uniques dans ce sous-genre.

D. 17/19; A. 3/20.

Il le croit le même que celui qu'a représenté Klein (*Miss. IV,* pl. 10, fig. 2), et en effet ce nombre de dix-sept rayons s'observe dans cette figure ainsi que la forme et la couleur égales, sauf la bande oculaire. Au surplus, rien ne nous assure que cette couleur uniforme soit bien celle de l'état frais. Klein et Bloch disent l'espèce des Indes.

On en a des individus de quatre et cinq pouces.

———

Les nombreuses espèces qui ont outre la bande oculaire quelque partie noire en arrière, mais sans ocelles et sans filet à la dorsale, nous paraissent pouvoir être réparties d'après la direction des stries ou lignes de reflets qui se montrent sur les côtés de leur corps.

Il y en a par exemple où ces lignes, entourant les bords des écailles, se croisent de manière à faire paraître les flancs maillés.

Le Chétodon maillé.

(*Chætodon reticulatus*, nob.; *Chætodon superbus*, Brouss.)

C'est ainsi qu'Otaïti a procuré à MM. Lesson et Garnot un beau chétodon remarquable par ses flancs maillés ou réticulés en séries longitudinales.

Le petit bord des lèvres est jaune, le museau noir, séparé seulement par une ligne jaune citron de la bande oculaire, qui est très-large et qui a en arrière un autre liséré citron. Entre les yeux ces deux parties noires sont aussi séparées par le front, qui est gris. Le noir de la bande oculaire se continue sous la gorge et la poitrine jusqu'aux ventrales, qui sont aussi noires. Les côtés de la poitrine entre les pectorales et ce noir du dessous sont citron, et cette couleur passe au gris sur l'opercule et en montant jusqu'au dos. Tout le reste du côté est d'un brun violet, avec une tache ronde de couleur citron sur chaque écaille, ce qui le fait paraître comme réticulé. Le violet devient uniforme et plus pâle, ou presque cendré, sur la dorsale; il devient uniforme aussi, mais plus foncé et presque noir, sur l'anale et sur la queue. Le bord de la dorsale est citron, avec un très-petit liséré noirâtre. Sur l'anale le jaune est plus étroit et le bord noir plus large; mais son bord postérieur derrière l'angle est tout rouge. La caudale est d'un gris violâtre, et a vers son bord deux lignes d'un noir violet, entre lesquelles est une ligne citron. Le dernier liséré est citron.

Ce poisson est long de près de six pouces. Sa hauteur est une fois et demie dans sa longueur. Il a le museau court, et la dorsale et l'anale terminées en angle un peu arrondi.

D. 12/27; A. 3/22; C. 17, etc.

Les Otaïtiens le nomment *pararacia*. Nous l'avons trouvé dans la collection de Broussonnet; il y porte l'épithète de *superbus*, que l'on ne voit pas dans la liste donnée par Gmelin (p. 1269). Les naturalistes de l'expédition russe commandée par le capitaine Lütke, l'ont pris à Uléa, une des Carolines.

Le Chétodon princesse.

(*Chætodon princeps*, nob.)

MM. Lesson et Garnot ont rapporté de la Nouvelle-Irlande une autre espèce maillée, dont nous avons trouvé une excellente figure dans le recueil inédit de Vlaming (n.° 211), sous le nom de *douwing-princess* : elle est copiée sous celui de *douwing-prince* dans Renard (1.re part., pl. 8, fig. 58); mais cette copie est altérée, et l'on y a transformé en taches et en lignes ce qui dans l'original n'est que le reflet des bords des écailles.

Son museau est saillant, et son chanfrein concave. Sa dorsale est un peu anguleuse. Tout le fond de sa couleur est jaune. Ses écailles sont grandes et rhomboïdales, en sorte que les reflets de leurs bords représentent un réseau à larges mailles ou un pavé. La bande oculaire est presque verticale. La partie molle de la dorsale a un ruban noir parallèle à ses bords, et plus large en arrière, placé entre deux lignes blanches. Sur l'anale il n'y a qu'une ligne noire très-étroite et un bord blanc. La caudale a une bande noire en forme de croissant, suivie d'un ruban blanc, d'une très-fine ligne noire et d'un liséré gris. Ses pectorales et ses ventrales sont blanches ou jaunâtres.

D. 13/21; A. 3/19; C. 17; P. 14; V. 1/5.

Notre individu est long de quatre pouces et demi.

Gmelin rapporte le *douwing-prince* de Renard au *chœtodon vagabundus;* mais c'est une espèce différente.

———

En d'autres de ces chétodons à bandes noires vers l'arrière, les stries sont longitudinales.

Le Chétodon trois-bandes.

(*Chœtodon vittatus,* Bl. Schn.; *Chœtodon trifasciatus,* Mungo-Park.)

Tel est le *douwing-baron* de Renard (t. I, pl. 20, fig. 109); figure fort reconnaissable d'une espèce que Seba représente aussi fort bien (t. III, pl. 29, n.° 18), et dont nous trouvons un bon dessin parmi ceux de Parkinson que l'on conserve dans la bibliothèque de Banks. Ce dessin a été fait à Otaïti, et il nous est venu des individus de la même espèce de l'île Guam et de l'île d'Oualan par les expéditions de MM. Freycinet et Duperrey. Les peintres de Renard et de Valentyn l'ont observée à Amboine, et

MM. Quoy et Gaimard, pendant leur séjour à Bourbon, en ont reçu des individus de Madagascar. Enfin, M. Julien Desjardins vient de nous en envoyer un dessin fait par lui-même à l'Isle-de-France. Ainsi elle est répandue dans toutes les parties chaudes de la mer des Indes et de la mer du Sud.

C'est une de celles dont le museau est le plus court; il dépasse à peine la courbe générale de l'ovale du corps. Sa hauteur n'est qu'une fois et deux tiers dans sa longueur totale. Sa dorsale et son anale sont arrondies. Le tour de sa bouche, la bande oculaire et une ligne qui lui est parallèle et qui descend dès les premières épines de la dorsale sur l'opercule, sont noirs. La bande oculaire est lisérée de citron; une bande noire, également lisérée de citron, commence en pointe sur la partie molle de la dorsale, suit sa base, et descend même sur une partie de la base de la queue. Une bande semblable règne sur la base de l'anale, mais se termine à son bord postérieur. Sur le milieu de la caudale est une bande verticale noire. Sur la partie de la dorsale, en dehors de la bande, sont deux lignes étroites brunes, sur un fond de couleur orangée pâle, comme celui de tout le corps, sur lequel des lignes brunâtres suivent les rangées des écailles, qui, dans cette espèce, sont toutes dirigées longitudinalement.

D. 13/21; A. 3/20; C. 17; P. 14; V. 1/5.

Nous n'avons pas d'individus de plus de quatre pouces.

Valentyn, qui en donne (n.° 93) la même figure que Renard, dit qu'on le nomme en malais *ikan-badjoue-besi* ou poisson cuirassé, parce qu'on trouve quelque rapport entre la distribution de ses couleurs et celles d'une armure, apparemment telle que la portent les indigènes. Il ajoute que c'est un excellent manger. Au n.° 450 il le reproduit sous le nom de *pampus du Tonquin,* et lui attribue la même qualité.

La description que Mungo-Park[1] donne de son *chœtodon trifasciatus,* qui est nommé *vittatus* dans le Bloch posthume (p. 227, n.° 41)[2], nous paraît très-bien convenir à ce poisson, et les nombres de rayons qu'il lui assigne (D. 13/22; A. 3/18, etc.), ne sont pas assez différens pour que nous ne jugions pas que cet auteur a vu la même espèce que nous. Il l'avait observée à Sumatra parmi les bancs de corail, et l'y avait vue longue de trois pouces seulement.

Ce poisson de Mungo-Park est devenu le *chétodon trois-bandes* de M. de Lacépède (t. IV, p. 498).

C'est l'espèce actuelle qu'Ælien nous paraît avoir décrite comme le deuxième *citharœdus* de la mer Érythrée.[3]
« D'autres citharèdes, dit-il, sont pourpres, et ont des
« lignes dorées disposées par intervalles : leur tête est en-
« tourée de ceintures violettes; une au-devant de l'œil,
« jusqu'aux branchies; une à l'œil même, jusqu'au milieu
« de la tête ; la troisième entourant le cou, comme un
« collier. »

Le Chétodon en deuil.

(*Chœtodon luctuosus,* nob.)

Le Cabinet du Roi possède depuis long-temps un chétodon dont je ne puis indiquer les couleurs, parce qu'il est devenu entièrement noir,

---

1. *Trans. linn. soc.,* t. III, p. 34.

2. *Chœtodon longitudinaliter striatus, fasciis tribus capitis nigris; striis sedecim, fuscis, longitudinalibus; squamis ciliatis, in trunco magnis, in capite exilibus; fascia nigra, flavo-marginata in pinna dorsali; altera ad basin pinnæ analis; tertia per medium caudæ insignitus; pinnis flavis.*

3. Ælien, l. XI, c. 23.

mais qui a les formes, le museau court et les stries longitudinales du *vittatus*. Ses nombres de rayons, différens de tous les autres, prouvent que c'est une espèce à part, quelles que soient ses couleurs dans l'état naturel.

D. 14/17; A. 3/16; C. 17; P. 15; V. 1/5.

Les individus sont longs de cinq à six pouces.

Je l'appelle en attendant *chætodon luctuosus*. On en ignore l'origine. Je ne le place ici, comme on dit dans les comptes, que pour mémoire.

Le Chétodon T-noir.

(*Chætodon tau-nigrum*, nob.)

Un très-petit chétodon, encore découvert dans l'île Guam par MM. Quoy et Gaimard,

a le museau court et les stries longitudinales du *vittatus*. Sur sa queue, entre la fin de sa dorsale et de son anale, est une ligne noire, à l'arrière de laquelle se joint un triangle de même couleur, en sorte que le tout ressemble à un marteau ou à un T. Sa bande oculaire est étroite. Toutes ses nageoires sont pâles.

D. 13/21; A. 3/20, etc.

C'est au plus s'il est long d'un pouce.

———

En d'autres de ces chétodons les stries sont verticales.

Le Chétodon demi-masqué.

(*Chætodon semilarvatus*, Ehrenb.)

M. Ehrenberg a rapporté de la mer Rouge une espèce qu'il appelle *semilarvatus*, et dont il a bien voulu don-

ner un échantillon au Cabinet du Roi. Les Arabes de
Lohaia la nomment *makahal.*

Son museau est avancé ; sa dorsale et son anale sont arrondies
et élevées, en sorte que sa hauteur totale, les nageoires comprises,
n'est que d'un cinquième ou d'un sixième moindre que sa longueur. Il est d'un jaune brillant. Son tronc est orné de raies verticales rouges ou orangé vif, au nombre de douze de chaque côté.
Une grande tache noire occupe chaque côté de la tête derrière
l'œil, et couvre les pièces operculaires et une partie de la joue.
La partie molle de sa dorsale et de son anale est orangée, et a une
bordure jaune, le long du milieu de laquelle court un filet noir.
La caudale est jaune, et a au bout une raie brune, suivie d'un bord
blanc.   D. 12/26 ; A. 3/21 ; C. 17 ; P. 15 ; V. 1/5.

Ce beau poisson est long de quatre à cinq pouces.

Le Chétodon d'Uliétéa.

(*Chœtodon ulietensis,* nob.)

Parmi les dessins de Parkinson conservés à la bibliothèque de Banks, nous en trouvons un fait dans l'île
d'Uliétéa, représentant un chétodon qui nous paraît devoir se placer ici.

Son museau est avancé et pointu. Sa dorsale et son anale sont
arrondies, et prennent plus d'élévation à sa partie postérieure. Son
corps a des stries verticales, et en outre deux larges bandes verticales peu marquées ; l'une répondant au milieu de la partie épineuse, l'autre au commencement de la partie molle de sa dorsale.
Sa queue est aussi traversée d'une bande noire entre la fin de la
dorsale et celle de l'anale. Sa bande oculaire monte obliquement
vers la nuque, et son front a des lignes transversales claires.

Je ne puis donner les nombres de ses rayons. La figure
le représente long de trois pouces et demi.

Le Chétodon linéolé.

(*Chœtodon lineolatus*, Q. et G.)

MM. Quoy et Gaimard ont décrit et dessiné à l'Isle-de-France un chétodon assez voisin de *l'ulietensis* et du *semilarvatus*, qu'ils ont apporté au Cabinet du Roi, et auquel ils ont donné le nom de *linéolé*, que nous lui conservons.

Son museau est plus saillant, son corps plus oblong, et sa dorsale et sa caudale plus anguleuses qu'aux deux précédens. Il est d'un gris violâtre, traversé verticalement de lignes noirâtres. Une large bande oculaire noire, verticale, a au milieu entre les yeux une tache jaune. Une autre large bande noire occupe la base de la dorsale, à compter de la huitième épine, traverse la base de la queue, et finit sur la base postérieure de l'anale. Le reste de la dorsale et de l'anale est orangé. La caudale est jaunâtre, avec deux lignes verticales brunes. Les pectorales et les ventrales sont blanchâtres.   D. 12/27; A. 3/22, etc.

Les individus sont longs de sept pouces.

· *Le* Chétodon faucille.

(*Chœtodon falcula*, Bl., pl. 426, fig. 2.)

Nous croyons encore devoir placer ici le *chœtodon falcula* de Bloch,

qui a sur le dos deux bandes noires, lisérées en avant de blanc, et descendant jusque vers le milieu du flanc, où elles finissent en pointe. La première, un peu courbée en S, répond au commencement de la dorsale; la seconde, courbée en croissant, au commencement de l'anale. Tout le corps a des stries verticales. Sa bande oculaire l'est aussi, et lisérée de blanc des deux côtés. Sur la queue est une bande noire, et un ruban de même couleur suit le bord des trois nageoires verticales. Son museau est très-avancé, son profil bien concave; et sa dorsale et son anale sont anguleuses.

B. 6; D. 13/24; A. 3/23; C. 17; P. 15; V. 1/5.

Nous n'avons pas vu ce poisson, et nous en empruntons la description de Bloch. Il l'avait reçu de Coromandel, probablement par son ami, le missionnaire John.

Nous doutons beaucoup que les dentelures du préopercule, s'il en existe, soient aussi fortes que sa figure les marque; cependant c'est cette exagération qui a engagé M. de Lacépède à placer ce poisson parmi ses pomacentres.

———

Il y a de ces chétodons où les stries sont brisées dans leur milieu, et forment ainsi des chevrons dont l'angle est dirigé en avant.

Le Chétodon a chevrons aigus.

(*Chœtodon strigangulus*, Soland.)

Les compagnons de Cook, pendant son premier voyage, en avaient pris un de cette sorte à Otaïti, que Solander décrivit sous le nom de *strigangulus*, et dont Parkinson fit un dessin qui est demeuré dans la bibliothèque de Banks; l'individu même est dans la collection de Broussonnet, et Gmelin le mentionne (p. 1269) parmi les espèces non décrites de ce genre. M. Valenciennes en a vu un autre exemplaire apporté des Moluques au Musée royal des Pays-Bas par M. Reinwardt, qui l'avait nommé *chœtodon triangulum*. Il s'en trouve une figure parmi les dessins des naturalistes de la dernière expédition russe autour du monde. C'est le même poisson que M. Ruppel a donné (pl. 9, fig. 3) sous le nom de *triangularis;* mais le *pesque-douwing* de Renard (pl. 43, n.° 218), qu'il lui rapporte, ne lui appartient pas. M. Ruppel avait pris ce poisson auprès de Tor, et ne l'y a trouvé qu'une seule fois. Les Otaïtiens, selon Solander, le nomment *palhaháh;* mais ce nom est générique.

Il est oblong. Sa hauteur est deux fois dans sa longueur. Son museau est assez saillant. Ses nageoires verticales sont coupées en angle.

D. 14/15; A. 5/14; C. 17; P. 14; V. 1/5.

Tous ses flancs sont occupés par des stries bleuâtres en chevron, dont la pointe est dirigée en avant. Sa bande oculaire noire est lisérée de jaune et de blanc. Sa dorsale et son anale sont orangées, avec un liséré noir et un blanc. Toute la caudale est noire, bordée de jaune par trois côtés. Le bord postérieur a un liséré noir et blanc.

Le fond de la couleur, selon Solander, est *glauque.* La figure de Parkinson le représente d'un vert pâle, et celle des naturalistes russes d'un gris tirant au violet.

Le bord noir de la dorsale est aussi plus large dans cette dernière figure, et l'on n'y voit pas le bord jaune du dessus et du dessous de la caudale; néanmoins nous ne regardons pas ces différences comme spécifiques.

Il n'y a que quatre épines à l'anale dans l'exemplaire de Broussonnet et dans celui des naturalistes russes; mais M. Valenciennes en a compté cinq à celui du Musée des Pays-Bas. Ces nombres seraient l'un et l'autre assez caractéristiques.

La longueur de nos individus est de quatre à cinq pouces.

Le Chétodon triangle.

(*Chætodon triangulum*, K. et V. H.)

MM. Kuhl et Van Hasselt ont fait dessiner à Batavia un chétodon fort semblable au *strigangulus*

par la coloration de sa queue et par ses lignes en chevrons; mais les angles de ses chevrons sont plus ôuverts, et son corps est plus haut à proportion. Il a en outre trois bandes à la tête: une au front et au museau, la bande oculaire, et une troisième qui traverse l'opercule et la poitrine. Ces bandes tirent au roux dans leur partie supérieure. Le fond de la couleur est jaunâtre, et se change en gris-roux sur l'arrière. Une bande claire, lisérée de brun, descend de derrière la dorsale sur la base de l'anale, où elle finit en pointe. La dorsale a son bord postérieur, et l'anale toute sa partie molle, lisérés de noir et ensuite de blanc. Sur la queue est un triangle noir tout entouré de blanc. Il n'y a que trois rayons à son anale.

L'individu est long de quatre pouces.

Nos jeunes naturalistes l'ont nommé *chætodon triangulum.*

Le Chétodon baronne.

(*Chætodon baronessa,* nob.)

Le *douwing-baroness* de Vlaming (n.° 228), copié, mais avec une mauvaise enluminure, par Renard (pl. 43, fig. 218) sous le nom de *pesque-douwing,* doit être fort voisin de ce *triangulum,* si ce n'est pas lui-même.

Il y en a aussi une copie altérée dans Valentyn (n.° 145), intitulée *pampus-flambé.*

Ses raies jaunes en chevron sur un fond gris sont pareilles, et la partie postérieure de son corps est aussi de couleur sombre, avec un bord pâle aux nageoires. Il a aussi trois bandes à la tête;

les deux antérieures noires, la postérieure fauve, et la bande blanche sur la queue. Mais, au lieu d'un triangle noir sur la caudale, cette nageoire est brune, avec un triple liséré noir, blanc et fauve à son bord postérieur.

Il restera à examiner si ses différences viennent du peintre ou de la nature.

Le Chétodon masqué.

(*Chætodon larvatus*, Ehrenb.)

Parmi les poissons de la mer Rouge rapportés par M. Ehrenberg, il en est un qu'il nomme *larvatus*,

qui a aussi des raies disposées en chevron, mais sur un angle plus obtus que les précédens ; elles sont jaunes sur un fond gris. Toute la tête et le museau, depuis la nuque jusqu'à la gorge, est d'un brun rouge de brique. La partie postérieure du corps, y compris l'extrémité de la dorsale et de l'anale, et presque toute la caudale, sont noires, un peu teintes de roux vers le bas. Un trait jaune sépare le roux antérieur, et un autre le noir postérieur, du fond gris du corps. Le bout de la queue est blanc, ainsi que le bord postérieur de la dorsale et de l'anale.

D. 11/27 ; A. 3/22, etc.

Les individus sont longs de trois pouces à trois pouces et demi.

M. Ehrenberg a bien voulu en donner un échantillon au Cabinet du Roi.

Le Chétodon karraf.

(*Chætodon karraf*, nob.)

Un autre petit chétodon de la mer Rouge, dessiné par M. Ehrenberg, a encore des raies en chevron, mais grises sur un fond bleu. Le museau est brun-roux, séparé par une ligne blanche de la bande oculaire noire, qui a une autre ligne blanche à son bord postérieur. L'arrière du corps a aussi du noirâtre, et à la base de la caudale est un anneau noir, séparé du noirâtre du corps par une ligne blanche. La caudale elle-même est bleue.

Nous n'avons malheureusement pas ses nombres.

L'individu n'a guère plus d'un pouce.

Il est encore plus voisin du *baronessa* que le *larvatus.* Les Arabes de Massuah le nomment *karraf.*

Le Chétodon de Mertens.

(*Chœtodon Mertensii*, nob.)

M. de Mertens, l'un des naturalistes de l'expédition russe du capitaine Lütke, nous a montré la figure d'un chétodon dont la forme est à peu près celle du *triangulum,*

mais où l'angle de la dorsale est plus aigu et le museau un peu plus saillant. Le fond de sa couleur est blanc et tire un peu au rosé, avec des stries grises en chevron. Il n'a qu'une seule bande oculaire noire, assez étroite. La partie épineuse de sa dorsale est jonquille. Une large bande orangée occupe la partie molle, et toute la partie du tronc située au-dessous, et se termine en se rétrécissant sur la partie postérieure de l'anale; elle y a un fin liséré noir. Sur le milieu de la caudale est une bande verticale jaune.

Parmi ces espèces à stries en chevron, il y en a qui se distinguent encore des autres par les petits nombres de leurs rayons mous.

Le Chétodon bifascial.

(*Chætodon bifascialis*, nob.; *Chætodon taunay*, Q. et G.[1])

MM. Quoy et Gaimard en ont rapporté de l'île Guam un petit,

oblong, qui, outre sa bande oculaire noire, lisérée d'argent des deux côtés, en a une large, qui descend verticalement et sans interruption de la partie molle de la dorsale, qu'elle couvre en entier, sur la moitié postérieure de celle de l'anale; elle a un liséré d'argent à son bord antérieur. Sur la base de la caudale est une ligne verticale noire. Le fond de la couleur est un gris jaunâtre, plus blanc vers le bas. Le dos a des stries qui descendent, et le ventre en a qui montent obliquement en avant, en sorte qu'elles font des angles très-ouverts.

D. 14/16; A. 4/16.

Sa longueur est de dix-huit lignes.

Cette espèce est représentée dans la zoologie duVoyage de Freycinet (pl. 62, fig. 5) sous le nom de *chætodon taunay;* mais la figure est peu exacte. Quant à la dorsale et aux raies en chevrons, elles y sont oubliées.

Le Chétodon de Leach.

(*Chætodon Leachii*, nob.)

Les mêmes nombres de rayons, si rares dans ce sous-genre (D. 14/16; A. 4/16), se sont retrouvés dans un chétodon que nous a donné le docteur Leach, et qui a malheureusement perdu toutes ses couleurs, dont il ne reste de trace que les deux lisérés blancs de sa bande oculaire.

---

1. Zoologie du Voyage de Freycinet, p. 379.

Il est oblong comme le *bifascialis*, et a le museau encore plus court. La partie molle de sa dorsale est en pointe aiguë, qui va presque aussi loin que la caudale. C'est le cinquième rayon mou, qui est le plus long. L'anale est simplement anguleuse; la caudale est coupée carrément.

D. 14/16; A. 4/16; C. 17; P. 15; V. 1/5.

Sa longueur est de cinq pouces.

Nous devons faire remarquer aussi que dans ces deux espèces les dents inférieures attachées en paquet au-devant de la mâchoire, sont plus longues que les autres et terminées en crochets. Ce sera peut-être un jour un caractère de sous-genre.

———

Le plus grand nombre des chétodons dont nous parlons a ses stries latérales obliques, et très-souvent elles sont à demi croisées, c'est-à-dire que les antérieures descendent obliquement d'arrière en avant, et que les postérieures montent de façon à rencontrer la dernière des antérieures, et à y aboutir par des angles droits ou à peu près. Elles les croiseraient, si elles se prolongeaient.

Le Chétodon vagabond.

(*Chœtodon vagabundus*, Linn.)

Le *chœtodon vagabundus* de Linnæus est l'exemple le plus connu de cette disposition.

Il a le museau un peu saillant, et le profil concave. Sa dorsale et son anale sont arrondies. Les lignes brunes de la partie antérieure de son dos, depuis la dernière épine de la dorsale jusqu'à la pectorale, montent obliquement en arrière. Celles du flanc et du ventre, en arrière de la pectorale, montent au contraire obliquement en avant; en sorte que, si elles étaient continuées, elles croiseraient les autres. Outre la bande oculaire, il a une bande noire, qui suit la base de la partie molle de la dorsale, coupe la base de la queue, et descend sur une moitié de la base de la partie molle de l'anale. En outre, ces parties de nageoires sont bordées de noir, avec un liséré blanc; et sur la caudale il y a deux bandes noires, dont celle qui est plus près de la base est un peu en croissant. Le fond de la couleur est plus ou moins jaune. Dans le frais on voit sur le brunâtre du front quelques lignes transverses jaunes, qui se perdent par la dessiccation.

D. 13/25; A. 3/22; C. 17; P. 17; V. 1/5.

La disposition et même la forme des viscères du *chœtodon vagabundus* ne diffèrent presque pas de ce que nous avons observé dans le *chœtodon striatus*. Le foie est un peu plus gros, et la vésicule du fiel plus petite. Le canal cholédoque s'insère au même endroit sur le duodénum. Il y a deux cœcums de plus au pylore, c'est-à-dire huit à gauche et deux à droite de l'estomac. La vessie natatoire a un peu moins de capacité, et ses parois sont beaucoup plus minces.

Ce poisson a été rapporté de l'Isle-de-France par Péron et M. Freycinet, et de Vanicolo par MM. Quoy et Gaimard lors de leur second voyage. Il habite aussi les Moluques, car les mêmes naturalistes l'ont rapporté d'Amboine. On en trouve dans Renard (1.re part., pl. 23, fig. 156) une figure prise de Vlaming (n.° 214), et correctement dessinée. Les bords y sont seulement enluminés en rouge, au lieu de noir ou de violet. Renard l'appelle *douwing-duchesse*; dans Vlaming elle est en effet étiquetée *douwing-hartoginne*, mais il l'appelle aussi *major*. La figure de Bloch (pl. 204) est aussi très-bien dessinée; mais faite d'après le sec, elle est coloriée trop en brun.

Bloch cite dans sa synonymie quelques figures qui

appartiennent à d'autres espèces, comme Renard, t. I, pl. 8, fig. 58, qui est notre *chætodon princeps;* pl. 21, fig. 116, qui est notre *chætodon decussatus;* et il en est de même de Klein (*Miss. IV,* pl. 9, fig. 2). Les n.ᵒˢ 34, 43 et 157 de Valentyn sont à peu près indéchiffrables.

La figure de Seba (t. III, pl. 25, fig. 18), que Bloch cite aussi, n'a pas du tout les mêmes lignes sur le corps ni les mêmes bandes sur les nageoires. C'est une espèce toute différente.

Parkinson avait dessiné à Otaïti le *chætodon vagabundus,* mais sans le reconnaître, et il l'avait appelé *chætodon speciosus.* Sa figure est conservée dans la collection de Banks, et nous avons vu le poisson même dans celle de Broussonnet. C'est sans doute l'espèce annoncée sous ce nom et comme non décrite dans la liste que Gmelin a placée à la fin de son genre *chætodon* (p. 1269).

Le Chétodon de Seba.

(*Chætodon Sebæ,* nob.)

Il y a une espèce voisine du *vagabundus,* mais moins ornée, que MM. Quoy et Gaimard viennent de rapporter de la Nouvelle-Guinée, et dont nous ne trouvons d'indication que dans Seba (t. III, pl. 26, n.° 36), ce qui nous a engagés à lui donner le nom de ce fameux collecteur.

Elle a les nageoires verticales un peu plus arrondies. Du reste ses formes, ses stries, sa bande oculaire, le bord noir de la dorsale et de l'anale, la bande transverse sur la base de la caudale, sont les mêmes que dans le *vagabundus;* mais il y manque la grande bande verticale de l'arrière du corps, et la seconde ligne de la caudale.

D. 13/26; A. 3/21; C. 17; P. 16; V. 1/5.

Notre individu n'a que deux pouces. Seba en a un de quatre.

Le Chétodon a collier.

(*Chætodon collare*, Bl.)

Il ne serait pas impossible que le *chætodon collare* de Bloch (pl. 216, fig. 1) fût de l'espèce de ce *chætodon Sebæ*, et que le brun d'avant et d'après le liséré pâle de la bande oculaire y eût été exagéré, de manière à présenter comme trois bandes verticales brunes ou noires sur la tête; cependant Bloch lui compte deux rayons mous de plus à la dorsale.

D. 12/28; A. 3/21, etc.

Sa dorsale montre une ligne blanchâtre en dedans du bord, et il y a une bande noirâtre sur le milieu de sa caudale.

La figure lui donne environ cinq pouces de longueur.

Bloch prétend l'avoir reçu du Japon, et lui rapporte le n.° 10 de la planche 25, tome 3, de Seba; mais cette figure, comme celle de Bloch, est faite d'après un individu mal conservé; elle semble avoir le profil moins vertical que celle de Bloch.

Le Chétodon croisé.

(*Chætodon decussatus*, nob.)

Le golfe du Bengale nourrit une belle espèce, dont les stries sont disposées comme dans le *vagabundus*,

et qui, outre sa bande oculaire, a la partie molle de sa dorsale et de son anale entièrement noire. La portion de queue qui est entre elles, est même teinte de noirâtre. On remarque seulement une ligne blanchâtre ou jaunâtre en dedans du bord de l'anale. La caudale est jaune, et a le bord, et une bande en croissant sur son milieu, de couleur noire. Ses pectorales et ses ventrales sont blanches ou jaunes. Le fond de sa couleur est d'un gris blanchâtre. Son museau est assez saillant, son profil un peu concave, et sa dorsale et son anale sont anguleuses.

D. 13/25; A. 3/21; C. 17; P. 16; V. 1/5.

Notre individu est long de six pouces.

Ce poisson nous a été envoyé par M. Leschenault de Pondichéry, où on le nomme *taraté*. Russel l'a parfaitement représenté (fig. 83) sous le nom de *painah*, qu'il porte à Vizagapatam; mais il le soupçonne à tort d'être le *vagabundus* de Linnæus. C'est aussi, à ce qu'il nous semble, cette espèce dont Klein (*Miss. IV*, pl. 9, fig. 2) a donné une figure, que l'on a également rapportée au *vagabundus*.

M. Leschenault nous assure qu'elle est commune dans la rade de Pondichéry, et qu'elle y parvient à une longueur de dix pouces. C'est un bon manger.

Le Chétodon peint.

(*Chætodon pictus,* Forsk.)

Le *chætodon pictus* de Forskal (p. 65, n.° 92) doit bien peu différer de ce *decussatus*.

La disposition de ses stries, les nombres de ses rayons, sa bande oculaire, celle de sa queue, les rubans de sa caudale, sont les mêmes. Sa dorsale est aussi de couleur noire[1]; mais Forskal décrit au *vertex* cinq lignes transverses fauves, dont ni Russel ni moi

---

1. Il y a probablement ici dans le texte de Forskal une faute d'impression : *Pinna dorsalis nigra ante radios spinosos*. On doit supposer qu'il faut écrire *pone* au lieu d'*ante;* car avant les rayons épineux la nageoire dorsale n'est pas; elle ne commence qu'avec eux.

n'avons aperçu aucune trace dans le *decussatus*, et qui sont sans doute analogues à celles du *vagabundus*.

Forskal avait observé ce poisson à Moka.

Le CHÉTODON DEMI-DEUIL.

(*Chœtodon mesoleucos*, Forsk.; *Chœtodon hadjan*, Bl. Schn.)

Le *chœtodon mesoleucos* du même voyageur (p. 61, n.° 83) doit également être fort semblable et au *decussatus* et au *pictus*.

Sa partie antérieure est blanche; la postérieure brune, avec douze stries noirâtres. Sa caudale est noire, bordée de blanc à son extrémité; et elle porte sur sa base une bande en croissant de couleur blanche, à pointe fauve. Sa bande oculaire est comme dans les espèces voisines. Les ventrales sont blanches.

B. 6; D. 13/24; A. 3/22; C. 17; P. 16; V. 1/5.

Forskal avait vu ce poisson à Moka, où on l'appelle *hadjan*.

C'est le *chœtodon hadjan* de Bloch dans son Système posthume, et il ne faut pas le confondre avec son *chœtodon mesoleucos* ou *chœtodon mesomelas* de Gmelin, qui est un holacanthe.

Le CHÉTODON LUNE.

(*Chœtodon lunatus*, Ehrenb.)

M. Ehrenberg a rapporté de la mer Rouge un chétodon fort voisin du *vagabundus*,

mais qui a les nageoires plus arrondies. Sa bande oculaire est plus large, et il a à sa partie frontale, au milieu, une tache de la couleur du corps, qui est argenté. Une large bande noire descend, en se courbant, depuis la moitié postérieure de la dorsale épineuse jusque tout près du commencement de la partie molle de l'anale. Les nageoires sont jaunes et sans bordures, excepté la caudale, qui a vers le bout un large bord noir et un liséré blanc.

D. 12/25; A. 3/15; C. 17; P. 16; V. 1/5.

M. Ehrenberg nomme cette espèce *chœtodon lunatus*. L'échantillon a sept pouces de longueur.

Le CHÉTODON BORDÉ.

(*Chœtodon marginatus*, Ehrenb.)

Une autre espèce, également due à M. Ehrenberg, et qu'il a nommée *marginatus*,

a comme le *lunatus* un museau médiocrement saillant, et les nageoires verticales arrondies. Son corps est argenté, à stries obliques noirâtres. Sa bande oculaire est réduite à une ligne étroite. Il a les nageoires jaunes, une tache noire à la poitrine, une ligne noire sur la base de la caudale, dont le bord postérieur est blanc.

L'individu, long de quatre pouces, a été pris à Massuah.

Le CHÉTODON DE DESJARDINS.

(*Chœtodon Abhortani*, nob.)

M. Desjardins vient de nous envoyer de l'Isle-de-France un chétodon qui se place ici dans la série.

Sa nuque se relève. Son museau est médiocrement saillant. Son corps, argenté, avec des reflets olivâtres, a dix-sept lignes noirâtres, toutes au-dessous de la ligne latérale, toutes descendant obliquement d'arrière en avant; une seule bande oculaire, noire, lisérée de blanc; une large teinte d'un brun noirâtre sur l'arrière du dos et la base de la dorsale; une bande brune, mal terminée, plus large en avant, le long de la base de l'anale ; une bande brune sur la queue et une ligne noire sur la caudale : l'intervalle est jaune ; le reste de la caudale grisâtre. Sur l'arrière de la dorsale et de l'anale est une teinte d'un orangé vif. Ces deux nageoires sont lisérées de blanc. Les ventrales sont jaunes, les pectorales grisâtres.

D. 12/21 ; A. 3/18 ; C. 17 ; P. 15 ; V. 1/5.

Longueur, trois pouces et demi.

Le Chétodon croissant.

(*Chœtodon lunula*, nob. ; *Pomacentre croissant*, Lacép., t. IV,
p. 507 et 513.)

Nous placerons ici un des chétodons de la mer des Indes, qui est peut-être le plus singulièrement coloré. Commerson en a laissé deux individus secs, et une description fort exacte, de laquelle M. de Lacépède a extrait son article du *pomacentre croissant,* quoique rien dans cette description n'indique d'autres caractères que ceux des chétodons. Depuis lors M. Mathieu nous en a rapporté de l'Isle-de-France d'autres individus dans la liqueur, et nous en avons vu parmi les dessins conservés à la bibliothèque de Banks une très-belle figure, faite à l'île du Prince-de-Galles entre la Nouvelle-Guinée et la Nouvelle-Hollande ; enfin, MM. Quoy et Gaimard viennent de le décrire et de le peindre à l'Isle-de-France.

Il y en a aussi une très-bonne figure dans le recueil de Vlaming (n.° 233) ; et je m'étonne beaucoup que ni Valentyn ni Renard ne l'y aient copiée : elle s'y nomme *douwing-zhaar* (czar), titre qui convenait en effet à la bizarre magnificence de son vêtement.

Il est assez élevé. Sa hauteur n'est pas tout-à-fait deux fois dans sa longueur totale. Sa dorsale et son anale sont arrondies. Son museau est saillant, mais assez gros, ce qui fait que son profil est oblique, mais presque rectiligne. Son museau est jaune. Sa bande oculaire, qui est fort large, ne monte pas obliquement vers la nuque; mais elle va directement d'un œil à l'autre en traversant le front : elle se termine de chaque côté au bord inférieur du préopercule. Derrière elle en est une autre, blanche ou même argentée, qui entoure la tête depuis la nuque jusqu'au bas de l'opercule. Une large bande noire, lisérée de jaune, prend de l'épaule, et monte obliquement en se rétrécissant vers le milieu de la partie épineuse de la dorsale. Une tache impaire noire, lisérée aussi de jaune, embrasse le devant de cette nageoire et ses trois premières épines, et va quelquefois rejoindre de chaque côté la bande dont nous venons de parler. L'intervalle entre cette tache, la tête et la bande, tire sur l'orangé ou le brun jaunâtre. Toute la partie du corps qui est derrière la bande humérale, est jaunâtre ou tirant au verdâtre, avec des stries brunes assez fortes, qui descendent obliquement en avant, au nombre de huit ou neuf. La dorsale est orangée. Une ligne noire suit sa base, et se courbe en s'élargissant, pour se terminer, sur le côté de la queue, par une dilatation arrondie, ou une sorte d'ocelle : elle est lisérée aux deux bords de jaune. En outre le bord de la partie molle de la dorsale et de l'anale a un ruban obscur qui, dans nos individus, paraît noir, mais que la figure dont nous avons parlé représente rouge. Celle de MM. Quoy et Gaimard donne à ces deux nageoires un ruban orangé et un noir au bord. Il y a du rouge ou de l'orangé sur la base de la caudale, et un ruban noir ou rouge foncé règne parallèlement à son bord. Les pectorales et les ventrales sont jaunâtres.

D. 12/24; A. 3/19; C. 17; P. 17; V. 1/5.

La longueur de nos différens individus va de quatre à six pouces.

Le Chétodon rubanné.

(*Chætodon fasciatus,* Forsk.; *Chætodon flavus,* Bl. Schn.,
p. 225, n.° 37.)

Le *chœtodon fasciatus* de Forskal (p. 59, n.° 80) est
aussi voisin de ce *lunula* qu'il est possible à deux espèces
de l'être.

Ses formes, ses nombres de rayons, ses stries sont les mêmes. Sa
bande oculaire noire est suivie d'une bande blanche plus courte,
qui s'élargit dans le bas. Le devant du dos est jaune; le reste, jusqu'à la ligne latérale, noir. Une bande fauve suit la base de la dorsale, qui ensuite est noire, puis fauve jaunâtre, et a le bord fauve
terminé par une ligne brune. L'anale est fauve jaunâtre. La caudale
jaunâtre a au milieu une bande brune, et au bord une ligne brune,
une jaune et une blanche. Les ventrales sont jaunes, les pectorales
grises.   B. 6; D. 12/24; A. 3/19 ; C. 17; P. 16; V. 1/5.

, L'individu décrit par Forskal était long de trois pouces, haut
d'un et demi.

Les Arabes de Djidda appellent l'espèce *tabak-el-kus,*
nom qu'ils donnent aussi à d'autres espèces du genre. On
en voit une bonne figure dans le Voyage de M. Ruppel
(pl. 9, fig. 1).

____

Nous passons maintenant aux chétodons qui, avec des
bandes plus ou moins nombreuses et des stries de diverses
directions, ont encore ce qu'on nomme *des ocelles,* c'est-
à-dire des taches rondes, ordinairement entourées d'un
cercle blanc ou jaune. Quelques-uns d'entre eux sont tellement semblables à une partie de ceux que nous venons
de décrire, que l'on pourrait être tenté de croire que ces
ocelles sont seulement des distinctions de sexes.

Le CHÉTODON A DEUX OCELLES.

(*Chœtodon biocellatus,* nob.)

Ainsi MM. Lesson et Garnot ont apporté de l'île d'Oualan un chétodon qui ressemble presque au *lunula* en toute
chose.

Même forme grosse et saillante du museau; mêmes nombres de
rayons; mêmes stries descendant obliquement. La bande oculaire
passant de même en travers du front, suivie de même d'une large
bande blanche ou jaune, qui entoure la tête et d'où une bande
noire remonte vers la partie épineuse de la dorsale. Les nageoires
verticales sont coupées et bordées de même; mais au lieu d'une
bande courbée, qui dans le *lunula* descend le long de la partie
molle de la dorsale et se termine en s'élargissant sur la queue, il y
a dans celui-ci deux grandes taches noires bordées de jaune ou de
blanc : la première bien ronde sur le milieu de la partie molle de
la dorsale; la seconde sur la queue même, dont elle occupe la hauteur entre la fin de la dorsale et de l'anale.

D. 12/24; A. 3/18; C. 17; P. 15; V. 1/5.

L'individu de MM. Lesson et Garnot n'a guère que dix-huit
lignes; mais il y en a un d'ancienne date au Cabinet, qui mesure
deux pouces et demi.

Le CHÉTODON DE L'ISLE-DE-FRANCE.

(*Chœtodon nesogallicus,* nob.)

Il a encore été rapporté de l'Isle-de-France par MM.
Quoy et Gaimard, un petit chétodon extrêmement semblable au *vagabundus*

par la forme, par la direction croisée des stries, par la bande oculaire et celle qui règne sur la dorsale et sur l'anale; mais cette der-

nière est interrompue sur la queue, et, au lieu d'un simple bord
noir, la dorsale porte au milieu du bord de sa partie molle un
ocelle noir bordé de blanc. Il n'y a qu'une seule ligne noire et peu
marquée sur la base de la caudale.

D. 13/24; A. 3/22; C. 17; P. 15; V. 1/5.

Les individus sont à peine longs de deux pouces.

Nous trouvons ce petit poisson dans Vlaming (n.° 193)
sous le nom de *color-œillade.*

Le fond de sa couleur est gris d'argent sur le corps et jaune sur
les nageoires; les deux bandes sont noires, et l'ocelle bleu.

C'est une copie défigurée et tout autrement coloriée
de cette figure que donne Renard (1.re part., fol. 5, fig. 37),
sous le nom de *douwing-color.*

C'est probablement aussi cette espèce que Nieuhof a représentée sous le nom de *klip-visch* ou *soldaten-visch*
(poisson de roche ou poisson soldat), et que Willughby
a reproduite (appendice, p. 6, tab. 5, fig. 4).

Nieuhof dit que c'est un des meilleurs poissons des
Indes, ce qui me paraît devoir s'appliquer à une grande
partie du genre.

Le Chétodon bridé

(*Chætodon capistratus,* Linn.)

a le museau médiocrement saillant, et la dorsale et l'anale terminées en angle, mais peu marquées. Sa hauteur est une fois et deux
tiers dans sa longueur totale. Des stries brunes, assez foncées, couvrent son corps, et se dirigent obliquement en avant; mais les supérieures en descendant, les inférieures en montant, de manière à
faire ensemble des angles ou des chevrons. Une grande tache ronde,
noire, entourée d'un cercle blanc, est placée en arrière tout près
de l'angle rentrant qui sépare la fin de la dorsale et la queue. Une

ligne brune, accompagnée d'une ligne blanchâtre, règne sur la dorsale et sur l'anale parallèlement à leurs bords, et il y en a deux semblables qui coupent verticalement la caudale. La bande oculaire est lisérée de blanc des deux côtés, et monte obliquement à la nuque. Le fond de la couleur, qui paraît jaunâtre dans nos individus secs ou conservés dans la liqueur, est dans le frais, selon M. Poey, d'un violet clair. Le tour de la bouche et la gorge y sont jaunâtres; les ventrales, la base des pectorales et le bord de l'opercule, jaunes. M. Ricord l'a vu d'un jaune verdâtre, rayé de gris foncé; le bout du museau, la base de la queue, celle de l'anale, d'un jaune serin; l'ocelle noir velouté, bordé du même jaune; les ventrales jaunes.

D. 13/19; A. 3/17; C. 17, etc.

Les viscères du *chætodon capistratus* diffèrent très-peu de ceux du *striatus*.

Le foie est un peu plus petit; la vésicule du fiel est grande, et placée comme celle du *chætodon striatus*.

L'estomac est étroit et alongé. Il y a huit appendices cœcales longues et grêles, réunies sur le côté gauche de l'estomac; une neuvième sur le côté droit, pliée en V, et qui embrasse dans sa fourche la rate, qui est petite et globuleuse.

L'intestin fait de nombreux replis dans l'hypocondre droit.

La vessie aérienne est grande; sa tunique externe a des parois fibreuses fortes et de couleur argentée. La membrane propre est mince et faiblement argentée. La vessie donne deux cornes minces, bifides, dont la bifurcation supérieure s'élève entre les muscles du cou derrière l'occiput. L'inférieure a une direction horizontale, traverse le diaphragme, et pénètre dans le crâne derrière la sortie des nerfs de la huitième paire.

C'est ici une des espèces les plus connues, parce qu'elle habite les côtes des colonies d'Amérique les plus fréquentées des Européens. Nous l'avons reçue de la Martinique, de Saint-Domingue, de Saint-Thomas et de Cuba. On la nomme dans les premières de ces îles *demoiselle,* comme ses congénères, et à Saint-Thomas *joung-girl,* ce qui revient au même, et c'est une de celles qui ont reçu à la Havane le nom de *catalineta.* Linnæus[1], Seba[2], Klein[3], en ont publié des figures avant Bloch, et Duhamel surtout en a une excellente[4]. De son temps on donnait à l'espèce à la Guadeloupe le nom particulier de *grisette* ou de *coquette.* Brown l'a décrite à la Jamaïque sous le nom de *striped-angelfish;* mais il n'en est question ni dans Margrave, ni dans Parra, ni dans Catesby.

On en prend toute l'année dans des nasses le long des côtes rocailleuses des îles. Sa chair est peu estimée, et il n'y a guère que les Nègres qui s'en nourrissent.

Le Chétodon a deux taches.

(*Chætodon bimaculatus,* Bl., pl. 219, fig. 1.)

Bloch, ignorant l'origine de son *chætodon bimaculatus,* suppose qu'il vient des Indes orientales; mais c'est une erreur : il est américain, comme le *capistratus,* et il ne paraît pas rare dans le golfe du Mexique. Nous l'avons reçu plusieurs fois de la Havane, et M. Poey y en a fait une description et une figure qu'il a bien voulu nous communiquer. M. Achard nous l'a envoyé de la Martinique; plus récemment il en est arrivé de Porto-Rico dans les collections laissées par feu Plée, et M. Ricord en a envoyé de Saint-Domingue.

Son museau est saillant et assez gros, son profil légèrement concave; sa dorsale et son anale un peu anguleuses. Les stries de son

---

1. *Mus. Ad. Fred.,* pl. 33, fig. 4. — 2. *Mus.,* t. III, pl. 25, fig. 16. — 3. *Miss. IV,* pl. 11, fig. 5. — 4. Pêches, 2.ᵉ part., sect. 4, pl. 13, fig. 2.

corps montent presque toutes obliquement d'avant en arrière, excepté les quatre ou cinq inférieures, qui se dirigent parallèlement à la ligne du ventre; elles sont au reste toutes assez peu marquées. Sa bande oculaire va de la gorge à la nuque. Il y a sur la base de la partie molle de la dorsale une tache ronde noirâtre, et à sa pointe un petit ocelle très-noir et bien tranché. L'anale a un double liséré noirâtre, très-fin et très-peu marqué.

Dans la liqueur, et desséché, tout ce poisson paraît jaunâtre; mais à l'état frais, d'après la description de M. Poey, le fond de sa couleur est blanc, et ses nageoires sont d'un beau jaune. Le bord de la caudale est transparent, et il y a quelquefois une ou deux lignes brunâtres. D. 12/21; A. 3/17; C. 17; P. 15; V. 1/5.

A la Martinique on l'appelle *demoiselle*, comme beaucoup d'autres poissons de ce genre. C'est aussi une des espèces que les colons espagnols de la Havane nomment *catalineta*; mais à Porto-Rico ils l'appellent *mariquita*.

Je n'en trouve pas plus de mention que de la précédente, ni dans Parra ni dans Margrave.

Le Chétodon plébéien.

(*Chœtodon plebeius*, Brouss.)

C'est ici que vient se placer d'après ses taches, quoiqu'il ait des nombres de rayons bien différens, le *chœtodon plebeius* nommé seulement par Gmelin (p. 1269), et que nous avons trouvé dans la collection de Broussonnet.

Son ocelle noir, bordé de blanc, occupe la moitié supérieure de l'espace entre sa dorsale et sa caudale. Sa bande oculaire est lisérée de blanc ou de jaune, et tout son corps paraît avoir été plus ou moins jaunâtre ou verdâtre, tirant au gris ou au brun sur les nageoires verticales. Sa forme est ovale, son museau peu saillant; sa dorsale et son anale terminées en angle arrondi. Il est long de près de quatre pouces. D. 14/17; A. 4/15.

Ces nombres répondent à ceux du *chætodon fascialis* et du *chætodon Leachii*.

Il vient de la mer du Sud.

Le CHÉTODON A QUEUE OCELLÉE.

(*Chætodon ocellicaudus*, nob.)

Le Cabinet du Roi possède, du voyage de Péron, un petit chétodon remarquable

par un ocelle noir bordé de blanc, qui occupe précisément toute la hauteur de sa queue à la base de la caudale. La bande oculaire s'y voit comme à l'ordinaire, et descend jusque sous la gorge; mais il n'a pas d'autre marque noire. Toutes les stries de son corps ont la même direction, et montent obliquement en arrière. Son museau est médiocrement saillant; sa dorsale et son anale sont arrondies.

D. 12/20; A. 3/17; C. 17; P. 15; V. 1/5.

Il est long de dix-huit lignes.

Le CHÉTODON DORSAL.

(*Chætodon dorsalis*, Reinw.)

M. Reinwardt a nommé *dorsalis* un chétodon des Moluques, qui paraît devoir être placé ici. M. Valenciennes en a fait la description à Leyde.

Sa forme est celle du *decussatus*, du *vagabundus*, etc.; mais toutes ses stries montent obliquement en arrière. Sa bande oculaire est étroite. Une grande partie noire, le long de la base de la dorsale, se perd par nuances sur le dos. Sur le troisième rayon de l'anale est une tache noirâtre peu marquée, et il y en a deux noires sur la queue; l'une à son tranchant supérieur, l'autre à l'inférieur. Le bord de la partie molle de la dorsale et le milieu de la caudale ont chacun un trait fin et noir. Le fond de la couleur est jaunâtre. Les ventrales sont jaunes. D. 12/23; A. 3/19; C. 17; P. 14; V. 1/5.

Il est long de cinq pouces.

M. Ruppel a donné le même poisson (pl. 9, fig. 2), du moins tout semble l'annoncer; mais il compte :

D. 12/19; A. 3/18.

Ses couleurs, prises sur le frais, sont un peu différentes; le fond tire au cendré bleuâtre, prend vers le dos une teinte noirâtre. La tête est jaune, avec une bande oculaire noire. Le bord inférieur du corps et toutes les nageoires sont jaunes : il y a un liséré noir à la partie molle de la dorsale et de l'anale, une tache ovale noire à la base de l'anale, près des aiguillons, et une double tache noire à la base de la caudale, dont la moitié postérieure est cendrée.

L'individu, long de cinq pouces, a été pris à Mohila, où l'espèce ne paraît pas fort commune.

Le Chétodon a dos noir.

(*Chœtodon melanotus*, Reinw.)

Un autre chétodon, rapporté également des Moluques par M. Reinwardt, et nommé par lui *melanotus*,

a le corps orbiculaire, le museau pointu; mais le front élevé et droit, comme dans le *collare*. Sa hauteur fait plus de moitié de sa longueur totale. Outre sa bande oculaire, il a un bord noirâtre à la partie molle de sa dorsale et de son anale, et deux taches noires sur la caudale, une en dessus et l'autre en dessous. Ses ventrales sont noires; mais ses autres nageoires et tout le fond de sa couleur sont jaunâtres.   D. 12/25; A. 3/13; C. 17; P. 15; V. 1/5.

L'individu est long de quatre pouces.

Le *melanotus* de Bloch[1] a aussi deux taches sur la queue;

____

1. *Syst. posth.*, p. 224, n.° 29.

mais on lui en donne une de plus à la base de l'anale,
avec des stries obliques et le dos brun.

D. 12/20; A. 3/20.

Il venait de Tranquebar.

Le Chétodon a une seule tache

(*Chœtodon unimaculatus,* Bl., pl. 201, fig. 1.[1])

a le museau court, les nageoires dorsale et anale arrondies. Outre
sa bande oculaire il porte une tache ronde et noire sur le milieu
de sa ligne latérale, une bande autour de la queue, et un bord de
même couleur à la partie molle de sa dorsale et de son anale. Le
fond de sa couleur est jaunâtre vers le dos, blanchâtre au ventre.
Au-dessus de la pectorale est une grande aire blanche, avec six ou
sept lignes jaunes. Il paraît qu'il y a des stries verticales sur la partie
antérieure de son dos, et d'autres obliques sur ses flancs et sur l'arrière du corps. Les ventrales et l'anale sont jaunes, les pectorales et
la caudale transparentes.

D. 13/22; A. 3/20; C. 17; P. 14; V. 1/5.

C'est une des espèces que nous n'avons pas vues. Nous
en empruntons les caractères de Bloch, d'un dessin que
Parkinson en avait fait à Otaïti, et qui est dans la bibliothèque de Banks, intitulé *chœtodon ocellatus,* et d'une
description de Solander correspondante à ce dessin. Nous
ajoutons peu de foi à l'assertion de Bloch, qu'il lui avait
été envoyé du Japon, puisque lui-même, une ligne auparavant, dit qu'il habite les Indes orientales. Dans plusieurs
autres circonstances nous nous sommes convaincus qu'il
avait été trompé par les marchands hollandais, ou même
qu'il ne distinguait point Java du Japon, non plus que le

---

1. Copié dans l'Encyclopédie méthodique, fig. 387.

malais du malabare. A Otaïti l'espèce se nomme, comme beaucoup d'autres, *palhala*, ou aussi *parha-parhahatiani*.

Le CHÉTODON A MIROIR.

(*Chætodon speculum*, K. et V. H.)

MM. Kuhl et Van Hasselt ont fait dessiner à Batavia un chétodon très-voisin de *l'unimaculatus*,

et qui a la même forme et la même bande oculaire ; mais sa tache noire est ovale et beaucoup plus grande, et il est tout entier d'un jaune d'or très-brillant, sans aucun anneau noir sur la queue, ni aucun liséré noir aux nageoires. Nous croyons voir treize épines à la dorsale, et trois à l'anale ; mais les autres rayons ne sont pas figurés distinctement.

L'individu est long de cinq pouces.

Nous lui conservons le nom de *speculum*, qui lui a été donné par ces deux voyageurs.

Le CHÉTODON A TACHE AU FLANC.

(*Chætodon spilopleura*, Reinw.)

M. Reinwardt a rapporté des Moluques une espèce qui doit fort ressembler à *l'unimaculatus* par les couleurs ;

mais ses nombres de rayons sont assez différens. Selon la description que M. Valenciennes en a faite, ses formes générales sont les mêmes. Le fond de sa couleur est jaune. Une très-grande tache ovale se montre de chaque côté près de la dorsale. La base de la dorsale et de l'anale est brune, et la première de ces nageoires a dans ce brun une tache noirâtre. La bande oculaire est comme à l'ordinaire.

D. 14/17 ; A. 3/16 ; C. 17 ; P. 14 ; V. 1/5.

L'individu est long de six pouces.

Le CHÉTODON SEBAN.

(*Chœtodon sebanus*, nob.)

Il est venu de diverses parties de la mer des Indes, de Timor, de Guam, de Tongatabou et de l'Isle-de-France par MM. Quoy et Gaimard, d'Oualan par MM. Lesson et Garnot, et de Batavia par M. Raynaud, etc., un chétodon à peu près de la forme du *decussatus,*

et qui a les stries disposées de même, c'est-à-dire celles de la partie antérieure du dos descendant en avant, et celles du reste du corps montant en avant, ou dans une direction croisée avec les premières; mais ces stries sont plus larges. Il n'a outre sa bande oculaire qu'une seule marque, savoir un ocelle rond, bordé de blanc à la partie molle de sa dorsale, près de son angle. Cette dorsale a aussi un léger liséré brun. Tout le reste des nageoires paraît de la couleur pâle ou gris-jaunâtre du fond. D'après un dessin de M. Raynaud, on voit seulement une teinte brune sur la base de la dorsale, et sur le bord de l'anale et de la caudale. La caudale et la partie postérieure de la dorsale ont un liséré cendré.

D. 13/24; A. 3/21; C. 17; P. 15; V. 1/5.

Nous en avons des individus depuis un pouce jusqu'à cinq.

C'est, à ce qu'il nous paraît, cette espèce que Seba a représentée (t. III, pl. 25, fig. 11), et aucun autre auteur n'en ayant parlé, nous lui donnons le nom de *chœtodon sebanus.*

M. Raynaud nous apprend que l'espèce est commune à Batavia, et que sa chair y est peu estimée.

Le Chétodon oeillé.

(*Chœtodon ocellatus,* Bl.)

Bloch rapporte la figure de Seba (t. III, pl. 25, fig. 11) què nous venons de citer, à son *chœtodon ocellatus;* mais celui-ci (pl. 211, fig. 2), si la figure est exacte,

a son ocelle plus grand et posé différemment : il n'est pas près du bord ni à la partie la plus saillante de la nageoire, mais vers sa base, et plus près des rayons épineux. Pour tout le reste, il est très-vrai que le poisson de Bloch est fort semblable au nôtre.

D. 12/22; A. 3/19; C. 17; P. 16; V. 1/5.

Il l'avait reçu des Indes orientales.

Nous placerons ici des espèces distinguées des autres par un long fil qui résulte du prolongement d'un ou de plusieurs des premiers rayons mous de leur dorsale.

Celles qu'on connaît viennent de la mer des Indes.

Le Chétodon séton.

(*Chœtodon setifer,* Bl., pl. 426, fig. 1.[1])

Le *chœtodon setifer* ou *séton* de Bloch ressemble tellement au *chœtodon sebanus* que nous venons de décrire, que c'est une question de savoir s'il n'est pas le mâle de l'espèce dont le *sebanus* serait la femelle, et si le long filet qui prolonge le cinquième rayon mou de sa dorsale n'est pas une marque de son sexe.

Il a le museau pointu et saillant, le profil concave jusqu'au-

---

1. *Pomacentre filament,* Lacépède, t. IV, p. 506 et 511.

dessus des yeux, ensuite montant droit à la nuque; la dorsale et l'anale arrondies; une large bande oculaire, allant verticalement de la gorge à la nuque; quatre traits rouges ou jaunes, allant d'un œil à l'autre au travers du front; le corps grisâtre pâle, passant au jaune orangé sur les nageoires verticales; cinq stries d'un gris plus foncé, montant obliquement en arrière à la partie antérieure de son dos; le reste de son corps portant douze ou treize de ces stries, la plupart assez larges, et montant obliquement en avant jusqu'à ce qu'elles rencontrent la cinquième des précédentes; un ocelle noir, bordé de blanc près du bord de sa dorsale, depuis le cinquième jusqu'au dixième rayon; un fin liséré noir à la dorsale et à l'anale, une bande jaune, suivie d'une double ligne noirâtre près du bord de sa caudale, qui est transparente. Le filet de sa dorsale, qui égale quelquefois la moitié de la longueur de son corps, est de couleur jaune.

D. 13/24; A. 3/21; C. 17; P. 15; V. 1/5.

La longueur de l'espèce va à six ou sept pouces.

Ce beau chétodon habite toutes les parties chaudes de la mer des Indes et de l'océan Pacifique.

Renard et Valentyn le comptent parmi les poissons des Moluques, et en ont déjà donné des figures reconnaissables. Le premier le nomme *douwing - duc*[1], le second simplement *poisson-douwing*[2]. Commerson l'avait parfaitement fait dessiner à l'Isle-de-France sous le nom de *porte-queue*, et en avait laissé une description très-détaillée; mais M. de Lacépède n'a point fait graver la figure, et a simplement rapporté la phrase caractéristique de cet observateur au *chætodon auriga* de Forskal, qui n'en diffère guère, en effet, que par l'absence d'une tache à la dorsale.

Bloch, ayant reçu un bel individu de cette espèce de

---

1. Renard, 1.re part., fol. 39, fig. 198; 2.e part., pl. 31, fig. 145.
2. Valentyn, n.° 116.

Coromandel par son ami le missionnaire John, en a donné
vers la fin de son grand ouvrage (pl. 426, fig. 1) une figure
très-bien dessinée; mais il l'a enluminée d'un rouge vif,
tandis qu'elle devait l'être d'un gris argenté et d'un jaune
d'ocre. C'est ce qui est arrivé trop souvent à ce naturaliste,
pour avoir voulu colorier des figures qui n'étaient point
faites d'après le frais. Il a commis une faute encore plus
grave, en donnant au préopercule des dentelures qui n'y
sont point, et il a induit M. de Lacépède à reproduire ce
poisson dans les pomacentres, ne se rappelant pas qu'il
l'avait déjà mis parmi les chétodons, comme appartenant
à l'*auriga*.

M. Lesson, qui nous l'a récemment apporté de Bolabola,
l'une des îles de la Société, y a joint un dessin colorié fait
sur les lieux, et c'est d'après ce document et d'après la description de Commerson que nous avons décrit les couleurs.

Le Chétodon cocher.

(*Chætodon auriga*, Forsk.)

Le *chætodon auriga* de Forskal (p. 60, n.° 81) pourrait
être appelé un *chætodon setifer* sans ocelle à la dorsale;
car, ce point excepté, il en a tous les autres caractères, et
particulièrement ce long fil formé par le cinquième rayon
mou de la dorsale.

Il est d'un blanc bleuâtre. Ses six premières stries descendent en
avant, les dix autres montent. Tout l'arrière et la queue sont fauves.
Le bord postérieur de la dorsale est noir. L'anale a une ligne noire,
une blanche, et un bord jaune. La caudale est fauve, avec une ligne
jaune en croissant et un bord blanc. Sur son front sont quatre lignes
transverses fauves. Sa longueur est de cinq pouces, sa hauteur de
trois.   B. 6; D. 13/24; A. 3/21; C. 17; P. 16; V. 1/5.

Forskal l'avait vu à Djidda et à Lohaia. M. Ehrenberg l'a aussi rapporté de Massuah, et en a donné un échantillon au Cabinet du Roi. Les Arabes l'appellent *mokti, schausch* et *tabak-el-kuss.*

Le CHÉTODON A HOUSSE.

(*Chœtodon ephippium,* nob.)

Les mêmes mers produisent une espèce très-voisine du *setifer,*

et portant de même un filet à sa dorsale, mais formé du prolongement de trois rayons, et où de plus l'ocelle est si grand, qu'il couvre comme une housse presque toute la dorsale et une partie du dos. Il s'avance sur la partie épineuse jusqu'au huitième rayon. Un large ruban jaune, suivi d'une ligne noire et d'un bord blanc liséré de noirâtre, empêche qu'il ne couvre toute la partie molle. Une large écharpe blanche le borde inférieurement, allant en ligne courbe du sixième et du septième aiguillon du dos au bord supérieur de la queue. Tout le reste du corps et des nageoires paraît dans la liqueur jaune ou rougeâtre, mais est verdâtre dans le frais. Le museau est pointu, le profil concave, la nuque relevée, et en général toutes les formes sont semblables à celles des deux précédens; mais il n'y a point de stries sur le corps. Ce sont le troisième, le quatrième et le cinquième rayons mous de la dorsale qui forment le filet.

D. 13/24; A. 3/21; C. 17; P. 15; V. 1/5.

Ce beau poisson est long de six à sept pouces.

M. Reinwardt l'a rapporté des Moluques, et MM. Lesson et Garnot de Bolabola, l'une des îles de la Société. Il y en a dans la bibliothèque de Banks une belle figure coloriée, faite à Otaïti par Weber lors du troisième voyage de Cook.

Le Chétodon de prince.

(*Chætodon principalis*, nob.)

On trouve dans Renard (2.ᵉ part., pl. 56, fig. 239), et
dans Valentyn (n.° 407) la figure d'un chétodon entièrement semblable à celui que nous venons de décrire,

> par les formes, par le filet, et par la grande tache noire de la dor-
> sale; mais qui s'en distingue parce que son anale a aussi une tache
> pareille. Le fond de sa couleur est gris bleuâtre, et l'on y voit quel-
> ques stries longitudinales.

Je ne doute pas que ces figures n'aient été faites d'après
un poisson réel, et très-voisin de notre *ephippium*. Renard
le nomme *chietse-visch*, ou *poisson toile-peinte*, nom que
les Hollandais des Indes donnent à plusieurs chétodons,
et Valentyn *ikan-poetra-jang-adjaib*, ce qui en malais
signifie, dit-il, *admirable poisson de prince*.

———

Nous terminerons cette longue liste de chétodons proprement dits, par quelques espèces qui, au moyen du petit
nombre des épines de leur dorsale, nous conduisent aux
chelmons. Elles viennent aussi de la mer des Indes.

Le Chétodon a rubans d'or.

(*Chætodon chrysozonus*, K. et V. H.)

MM. Kuhl et Van Hasselt en ont découvert à Java une
très-belle, de forme orbiculaire.

> Sa longueur sans la caudale est égale à sa hauteur. Ses nageoires
> sont arrondies; son museau est peu saillant, et néanmoins son profil
> est un peu concave. Elle se distingue éminemment des précédentes
> par le nombre de ses épines dorsales, qui n'est que de neuf, fortes

et élevées. Sa bande oculaire, quoique verticale, atteint la nuque :
en dessous elle se prolonge sur la poitrine. Le museau et un espace
derrière cette bande qui s'élargit vers le bas jusqu'aux ventrales,
sont argentés ou dorés. Le corps a des lignes nombreuses de points
argentés, contigus, qui remplacent les stries des autres espèces. Sur
le dos elles descendent obliquement en avant; sur les flancs et sur
le ventre elles marchent horizontalement. Il n'en paraît rien sur les
nageoires verticales, qui sont jaunes. La dorsale a sur le milieu de
sa partie molle un ocelle noir, bordé de blanc. Une bande noire
entoure la queue près de la base de la caudale. L'anale a un très-fin
liséré brun. Les ventrales, prolongées en pointe et atteignant jusqu'à
la seconde épine de l'anale, sont entièrement noires. Les pectorales
sont plus courtes, demi-ovales et transparentes.

D. 9/29; A. 3/21; C. 17; P. 15; V. 1/5.

Sa longueur est de cinq pouces.

On possédait depuis long-temps au Cabinet du Roi un
individu sec de cette espèce, que nous avions même appelé
chætodon enneacanthus; mais nous aimons mieux lui conserver le nom que lui avaient donné les jeunes et mal-
heureux naturalistes à qui nous en devons de plus beaux
échantillons.

Le Chétodon lévré.

(*Chætodon labiatus*, K. et V. H.)

Ces naturalistes ont encore fait dessiner un poisson de
la même côte, qu'ils ont nommé *labiatus*, et qui ressemble à leur *chrysozonus*

par les nombres des rayons, par les longues ventrales noires, par la
bande oculaire, par l'ocelle noir de la dorsale, et même par celui
qui occupe comme une bande le côté de la queue; mais il a sur un
fond blanc deux larges bandes verticales jaunes, nuancées d'aurore;
l'une allant de la partie antérieure de la dorsale aux ventrales; l'autre
occupant la partie postérieure de la dorsale, l'anale et l'espace inter-

médiaire. Le fond blanc de leur intervalle est tout semé de points assez serrés. La dorsale et l'anale sont lisérées de bleu et de blanc. Le bord des ocelles est bleu, et il y a un long trait bleu, recourbé sur la bande jaune postérieure. L'antérieure a vers le bas des stries noirâtres irrégulières. La caudale est jaunâtre, et a le bout cendré.

L'individu n'a aussi que cinq pouces.

Le CHÉTODON A VENTRALES NOIRES.

(*Chœtodon melanopus*, nob.)

M. Reinwardt a rapporté des Moluques une espèce trèsvoisine des deux précédentes,

et de même forme, avec les mêmes longues ventrales noires, la même bande noire sur la queue, et un ocelle au même endroit de la dorsale; mais qui en a aussi un sur l'anale, et où l'on ne voit pas les lignes de points argentés, si remarquables dans le *chrysozonus*, ni les points jaunes du *labiatus*.

D. 10/27; A. 3/17; C. 17; P. 14; V. 1/5.

L'individu est long de quatre pouces six lignes.

Nous l'appelons *melanopus*, à cause de la couleur de ses ventrales.

Le CHÉTODON DE BENNET.

(*Chœtodon Bennetti*, nob.)

M. Éd. Bennet nous a fait voir au Muséum de la Société zoologique de Londres un chétodon de Sumatra, à neuf épines dorsales, différent des précédens

par la forme plus oblongue de son corps, qui est deux fois aussi long que haut. Le fond de sa couleur est jaune. Sa bande oculaire et un grand ocelle ovale, sur le tiers postérieur du dos, sont noirs, lisérés de bleu, et il a sur le côté deux lignes longitudinales bleues, descendant un peu obliquement en arrière, l'une au-dessus, l'autre au-dessous de la pectorale.

CHAPITRE II.

Des Chelmons (*Chelmon,* nob.).

Nous avons distingué les *chelmons* des chétodons proprement dits, seulement à cause de la forme extraordinaire de leur museau, qui est long et grêle, formé par l'inter-maxillaire, qui se prolonge horizontalement outre mesure, et par la mâchoire inférieure, prolongée également et dans le même sens. Une membrane les unit sur moitié ou les deux tiers de leur longueur, en sorte que la bouche n'est qu'une petite fente horizontale au bout de cette espèce de cylindre ou de cône alongé. Les dents entourent les bords des mâchoires, et sont en fin velours plutôt qu'en soies. Le maxillaire se montre verticalement au côté de la base de ce cône, comme un petit disque presque rond. Leur profil, concave au-devant des yeux, se relève presque verticalement, de manière que le museau répond au quart ou au cinquième inférieur de la hauteur de la tête, et que l'œil est plus élevé d'un autre cinquième. Pour tout le reste les chelmons ressemblent aux chétodons proprement dits : leur corps est très-élevé ; leur dorsale et leur anale sont hautes et écailleuses ; leur caudale est coupée carrément ; leurs écailles sont assez grandes ; leur ligne latérale est rapprochée du dos, dont elle suit à peu près la courbure : ils ont même des rapports avec certains chétodons pour les couleurs, ainsi que pour les bandes et les taches qui les diversifient.

Χελμὼν, dans Hesychius, est le nom d'un poisson indéterminé.

7.   9

On n'en connaît que deux espèces, toutes les deux de la mer des Indes.

Le Chelmon a bec médiocre,

(Chœtodon rostratus, Linn.; *Chœtodon enceladus,* Shaw.)

qui est le plus anciennement connu,

a le museau du sixième seulement de sa longueur totale, laquelle n'est pas tout-à-fait double de la hauteur; et si l'on comprend la dorsale et l'anale dans la hauteur, elle n'est comprise qu'une fois et un tiers dans la longueur. Ces nageoires sont anguleuses, surtout la dorsale. Le corps a des stries longitudinales et cinq bandes verticales, savoir : l'oculaire; une deuxième, qui descend de la nuque sur l'opercule et jusqu'à la base des ventrales; une troisième, qui va des derniers aiguillons de la dorsale au-devant de l'anale; une quatrième, allant du milieu de la partie molle d'une de ces nageoires à l'autre, et la cinquième sur la queue, à la base de la caudale. Elles sont d'une couleur plus foncée que le fond, lisérées de brun encore plus foncé, et de blanc en dessous du brun. On voit de plus sur la dorsale, au tiers de la longueur des rayons mous, du neuvième au treizième, un ocelle ou grande tache ronde, noire, entourée de blanc. N'ayant observé ce poisson qu'à l'état sec, et n'en trouvant point de description faite d'après le frais, nous ne pouvons indiquer ses véritables teintes. Il n'y a à la dorsale que neuf aiguillons comprimés, légèrement arqués et assez forts. L'aiguillon de la ventrale est également assez fort, comprimé et un peu arqué.

D. 9/29; A. 3/19; C. 16; P. 15; V. 1/5.

Notre individu est long de près de six pouces.

On assure que ce poisson habite les côtes de la mer et des rivières de l'île de Java, et que, lorsqu'il voit un insecte sur quelque brin d'herbe du rivage, il a l'instinct de lui lancer d'assez loin et avec la plus grande adresse une goutte, qui le fait tomber dans l'eau, de manière qu'il peut le saisir. Schlosser a décrit cette industrie dans les Transactions philosophiques de 1764 (p. 89), d'après Hummel, directeur de l'hôpital de Batavia. M. Reinwardt en a été récemment témoin. C'est même un amusement des Chinois de Java de tenir de ces poissons dans des vases, au-dessus desquels ils placent un insecte sur un fil ou sur un bâton. Le chelmon, pour le faire tomber, lance des gouttes d'eau à plus d'un pied de hauteur. Nous parlerons ailleurs d'un poisson d'un tout autre genre, le toxotes, qui a reçu le même instinct de la nature.

Seba (t. III, pl. 25, fig. 17) et Bloch (pl. 202) ont donné des figures de cette espèce, conformes à l'individu que nous avons sous les yeux. Celle de Linnæus[1] est d'une forme plus alongée, et montre sur son anale des traces de bandes qui ne sont pas dans les autres. Dans celle de Shaw[2] la dorsale est trop arrondie, les écailles trop petites et les bandes mal distribuées. Celle de Schlosser[3] est encore plus mauvaise, en ce qu'elle ne montre aucune des bandes du corps.

Le CHELMON A LONG BEC,

(*Chætodon longirostris*, Brouss., Déc. ichtyol.)

qui n'a été encore décrit que par Broussonnet,

a le bec bien plus long que le précédent, et contenu seulement quatre fois et demie dans sa longueur. Sa hauteur est moindre, et

---

1. *Mus. Ad. Fred.*, pl. 33, fig. 2. — 2. *Chætodon enceladus, Nat. Misc.*, p. 67. — 3. *Trans. phil.*, 1764, pl. 9.

est dans sa longueur près de deux fois et demie. Ses écailles sont beaucoup plus petites, ses aiguillons plus forts à proportion, et au nombre de onze ou de douze à sa dorsale[1], entre lesquels la membrane est profondément échancrée, ainsi qu'entre les trois de l'anale, qui sont également très-forts. Ces deux nageoires ont leur partie molle arrondie. La pectorale est très-pointue, du tiers de la longueur totale; et la ventrale a son premier rayon mou prolongé en pointe, en sorte qu'elle égale presque la pectorale. Le bord postérieur de la caudale est à peine concave.

Tout le corps de ce poisson, dans la liqueur, paraît d'un gris roussâtre; mais, selon Broussonnet, il est, dans le frais, d'un jaune citron. Au lieu de bande oculaire, il a une grande tache brune en forme de triangle, dont la base est à la hauteur du milieu de l'œil, le sommet à la nuque, un des angles à l'angle de l'opercule, et dont l'autre se prolonge en avant et se joint à son semblable pour former une ligne brune sur le haut du bec. Entre ces deux taches il y a sur le front un espace gris. La partie molle de la dorsale et de l'anale a un liséré brun ou noirâtre fort étroit. Un ocelle très-noir, entouré de blanc, est sur les six derniers rayons de l'anale, près de son bord.

B. 5? D. 12/22; A. 3/18; C. 17; P. 15; V. 1/5.

Notre individu est long de six pouces; celui de Broussonnet était à peu près de la même taille. La figure qu'il en a donnée est fort exacte. Le Muséum de Banks avait reçu cette espèce des îles de la Société et de celles de Sandwich; mais on la trouve aussi dans la mer des Indes, car M. Matthieu l'a envoyée de l'Isle-de-France au Cabinet du Roi, et il y en a une excellente figure dans le Recueil de Vlaming (n.° 212), intitulée *douwing-songo*. C'est une de celles que ni Renard ni Valentyn n'ont co-

---

1. Broussonnet n'en compte que onze; nous en trouvons douze.

piées. Conforme pour les couleurs avec la description de Broussonnet, elle nous apprend de plus que la caudale est verdâtre.

On ne nous dit pas si cette espèce a les mêmes habitudes que la précédente, mais cela paraît assez probable d'après son organisation.

—

CHAPITRE III.

Des Héniochus et des Zanclus.

Il y a des chétodons assez semblables à ceux auxquels nous laissons ce nom en particulier, mais qui s'en distinguent par la croissance rapide de leurs premiers aiguillons du dos, et surtout parce que le troisième ou le quatrième se prolonge en un filet quelquefois double de la longueur du corps; il ressemble à une espèce de fouet, et c'est de là que, dans notre Règne animal, nous avons d'abord tiré leur nom, qui signifie *cocher*.[1]

Depuis lors un examen plus attentif de leurs caractères nous a déterminé à les subdiviser, et à rétablir pour ceux qui n'ont que de petites écailles le genre *zanclus,* ou *tranchoir,* autrefois créé pour eux par Commerson.

DES HÉNIOCHUS PROPRES.

Ils se reconnaissent aisément aux grandes écailles dont ils sont couverts. Nous en possédons maintenant deux ou trois espèces.

*L'*HÉNIOCHUS COMMUN.

(*Heniochus macrolepidotus*, nob.; *Chœtodon macrolepidotus,*
L. Bl., pl. 200, fig. 1.)

La première est un grand poisson célèbre dans les Indes par son excellent goût, et connu des colons hollandais sous

---

1. Règne animal, 1.ʳᵉ édit., t. II, p. 335; 2.ᵉ édit., t. II, p. 191.

les noms de *porte-enseigne, porte-pavillon*[1], par où ils ont voulu rappeler cette espèce de long mât qu'il a sur le milieu du dos. Ils l'appellent aussi *tafel-visch*, parce que c'est le poisson dont ils se nourrissent le plus, et Ruysch assure qu'à Amboine on ne donne point de repas un peu recherché sans l'y servir. Il le compare pour le goût aux meilleurs pleuronectes.[2]

Linnæus l'a appelé *chætodon macrolepidotus*, bien que plusieurs autres chétodons aient les écailles proportionnellement aussi grandes; mais cette épithète rappelait le caractère le plus apparent qui le distingue de l'espèce, alors la plus voisine : du *chætodon cornutus*, qui est maintenant de notre genre *zanclus*.

Son corps est très-élevé; la courbe supérieure presque en demi-cercle, sur laquelle la dorsale élève un angle obtus d'où part le long filet; la courbe inférieure presque droite et terminée en arrière par l'angle de l'anale. La hauteur n'est qu'une fois et demie dans la longueur totale, la caudale comprise. Le museau, quoique court, est assez pointu, attendu que le profil est concave. Le front et la crête du crâne s'élèvent presque perpendiculairement, en sorte que la longueur de la tête ne fait que les deux tiers de sa hauteur. La nuque est presque verticale, et la hauteur de la tête n'est que des trois cinquièmes de la hauteur totale, qui paraît encore augmentée par la saillie de la dorsale. Le diamètre de l'œil est du tiers de la longueur de la tête, et il est placé un peu au-dessus du milieu, très-près du profil. Les deux orifices de la narine en sont

---

1. Vlaming, n.° 202, *alpherus*. Renard, t. I, pl. 31, fig. 168, *vlagman* (porte-pavillon); t. II, pl. 14, fig. 66, et Ruysch, pl. 1, n.° 3, *vaandrager* (porte-drapeau). Valentyn, n.° 18, *ikan-alferes-hidam-hidjæ* (poisson porte-enseigne noir et vert); mais dans d'autres figures (n.°⁵ 201 et 324) il lui donne des noms différens, soit malais, soit même composés de malais et de portugais, comme (n.° 372) *ikan-pampus-jang-balejar* (pampus voilier).

2. Ruysch, pl. 1, fig. 1.

très-voisins; le postérieur, plus petit et rond, est un peu plus élevé que l'antérieur, qui est ovale et plus grand, sans rebord ni à l'un ni à l'autre. La bouche est fort petite, peu protractile; la mâchoire inférieure plus saillante que l'autre; les dents simples et très-menues. Un petit bout ovale de maxillaire paraît derrière la commissure. Ni le sous-orbitaire ni le préopercule n'ont de dentelures; mais ce dernier a une légère échancrure au-dessus de son angle, qui est arrondi. L'opercule finit en angle obtus, surmonté d'un arc rentrant. La membrane branchiostège est fort cachée, et contient cinq rayons; elle n'est séparée de celle de l'autre côté que par un isthme fort étroit. La dorsale s'élève d'abord assez rapidement, ses deuxième et troisième aiguillons étant chacun à peu près double du précédent. Le quatrième se prolonge en un filet autant et plus long que le corps, accompagné sur toute sa longueur en arrière d'une prolongation étroite de la membrane qui se dilate quelquefois au bout. Il en vient ensuite sept et quelquefois huit autres. Le premier des sept, ou le cinquième, est seulement un peu plus long que le quatrième, et les suivans diminuent, mais lentement. Les rayons mous se relèvent lentement aussi, et suivent pour cette partie de la nageoire la courbure d'un arc de cercle. Cette partie molle égale l'autre en longueur. Le nombre des rayons y est de vingt-quatre ou de vingt-cinq. L'anale a trois aiguillons et dix-sept ou dix-huit rayons mous; elle est taillée en angle saillant, dont le sommet appartient au cinquième et au sixième rayon. La caudale est coupée carrément. La pectorale est en demi-ovale assez pointu: sa longueur, ainsi que celle de la caudale, est du quart de celle du corps. La ventrale finit en pointe, qui atteint le premier rayon de l'anale; son épine, forte et comprimée, n'est que d'un quart plus courte que le grand rayon mou.

D. 11 ou 12/24; A. 3/18; C. 17; P. 17; V. 1/5.

Il y a environ quarante-cinq écailles sur une ligne longitudinale, et trente et quelques sur une verticale : en y ajoutant celles de la dorsale, on en aurait plus de quarante en hauteur; il y en a de plus larges que longues, et d'autres dont les dimensions sont égales.

Leur limbe est si finement strié, qu'il faut la loupe pour s'en apercevoir. Leur éventail a douze et quinze rayons; mais les crénelures de leur bord radical sont insensibles ou peu marquées. Il y en a sur toute la tête, et la dorsale et l'anale en sont garnies jusque très-près du bord.

Le fond de sa couleur est d'un blanc argenté. Le dessus du bout du museau et l'intervalle des yeux, quelquefois même tout le chanfrein, sont colorés de noir. Deux larges bandes noires traversent le corps: la première va depuis les trois premiers rayons de la dorsale, en s'élargissant, jusqu'au ventre, où elle occupe depuis la base des ventrales jusqu'à la naissance de l'anale; en passant elle occupe aussi le bord de l'opercule. La pectorale est implantée sur cette bande et a sa base noire; mais le reste de la nageoire est jaune citron. Les ventrales, implantées sous le bord antérieur de la bande, sont entièrement noires. La deuxième bande descend des sixième, septième et huitième rayons épineux de la dorsale, en se portant obliquement en arrière; elle finit sur l'anale, dont elle couvre la moitié postérieure, au-dessus de son angle. La partie molle de la dorsale et toute la caudale sont d'un jaune citron, comme la pectorale.

Je juge par les enluminures de Vlaming, que, dans le frais, le noir a une teinte bleuâtre, et l'argenté une teinte verdâtre.

Nos plus grands individus n'ont que dix pouces de longueur.

Mais l'espèce atteint une taille beaucoup plus grande, si, comme Renard et Valentyn l'assurent, il y en a de vingt et vingt-cinq livres; cependant M. Leschenault nous dit qu'à Pondichéry, où on le nomme *tal-parété,* on n'en voit que de neuf à dix pouces. Il est vrai que ce poisson y est rare; mais il abonde dans tout le reste de la mer des Indes. Les Hollandais que nous avons cités, en ont reçu les figures des Moluques. Commerson l'a fait dessiner à l'Isle-de-France[1], où MM. Dussumier, Desjardins, Quoy et Gaimard

---

1. M. de Lacépède a fait graver ses figures tome IV, pl. 11, fig. 3, et pl. 12, fig. 1.

l'ont vu également. M. Dussumier nous l'a rapporté de Manille; MM. Quoy et Gaimard de Célèbes et de la Nouvelle-Guinée, et M. Raynaud de Trinquemalé.

Les viscères de l'*heniochus* à grandes écailles occupent peu de place dans l'abdomen de ce poisson. Le foie remplit l'hypocondre droit, et l'intestin est roulé sur lui-même cinq à six fois dans le côté gauche. L'œsophage est assez long; les parois s'épaississent un peu vers le cardia. L'estomac est un sac pointu, assez grand, dont les parois sont minces. Le pylore s'ouvre sous le cardia; tout auprès de lui il y a six appendices cœcales courtes, dont trois du côté droit de l'estomac.

La vessie aérienne est petite, et ses parois sont très-minces.

Le squelette a la surface du crâne très-lisse; sa crête haute comme la moitié du reste de la tête, très-pointue au sommet; son bord inférieur un peu élargi à droite et à gauche par un rebord; une petite proéminence au bord antérieur de l'orbite, qui se voit aussi dans le poisson desséché; vingt-trois vertèbres, dont quatorze à la queue et neuf à l'abdomen; les côtes comprimées, un peu canaliculées à chaque face, avec de petits appendices grêles près de leur base; deux interépineux très-grêles, à sommet recourbé en avant, entre le crâne et celui qui porte la première épine dorsale, lequel a lui-même son sommet en forme d'épine couchée en avant. Celui de l'anale n'a point dans le bas de partie dirigée en avant.

*L'*Héniochus pointu.

(*Heniochus acuminatus,* nob.; *Chœtodon acuminatus,* Linn.)

Le *chœtodon acuminatus* de Linnæus, tel qu'il l'a représenté[1], ne diffère de notre héniochus à grandes écailles que parce que sa quatrième épine est plus courte, ce qui peut être un accident de l'individu, et parce que sa deuxième grande bande

---

1. *Mus. Ad. Fred.*, pl. 33, fig. 3.

noire semble s'étendre sur l'arrière du dos, jusqu'à la base de la partie molle de la dorsale.

Je doute que l'on puisse établir une espèce sur des caractères aussi peu importans. Ce qui aura contribué à faire conserver celle-là dans les listes, c'est que Linnæus donne à sa dorsale des nombres étranges (3/25); mais sa figure même montre douze ou treize aiguillons bien distincts, ainsi que l'a déjà fait remarquer Schneider[1] : peut-être n'est-ce qu'une faute d'impression, 3 pour 13.

*L'*HÉNIOCHUS RENVERSÉ.

(*Heniochus permutatus,* Éd. Benn.)

Peut-être est-ce aussi parmi les variétés qu'il faut placer un individu que M. Éd. Bennet nous a montré dans le Cabinet de la Société zoologique de Londres,

et dont les couleurs sont changées de manière que ce qui est blanc dans les individus ordinaires, y est noir, et *vice versâ.*

Nous devons attendre une description plus exacte de ce poisson, que promet l'excellent ichtyologiste à qui nous en devons la communication.

*L'*HÉNIOCHUS BOUCHE-D'OR.

(*Heniochus chrysostomus,* nob.; *Chætodon chrysostomus,* Park.)

Mais il se trouve dans la Bibliothèque de Banks un dessin de Parkinson, fait à Otaïti, et intitulé *chætodon chrysostomus,* qui, s'il est fidèle, pourrait annoncer plus qu'une variété.

---

1. Bloch, Système posthume, pl. 232.

La première bande noire prend du front, couvre la tempe et l'opercule, et passe devant la pectorale pour aboutir sur les ventrales ; la seconde prend des troisième, quatrième et cinquième aiguillons dorsaux, et se rend obliquement, comme dans la première espèce, sur la moitié postérieure de l'anale, et il y en a une troisième, contiguë dans le haut à celle-là, mais qui suit le dos le long de la base de la dorsale jusqu'à la caudale exclusivement. Du reste, cette dernière nageoire, ainsi que la partie molle de la dorsale et la pectorale, sont jaunes. Il y a aussi du jaune dans l'intervalle des deux dernières bandes, et le dessus du museau est orangé. On voit distinctement dans ce dessin une petite pointe au-dessus de chaque orbite.

*L'*Héniochus licorne,

(*Heniochus monoceros,* nob.)

rapporté récemment de l'Isle-de-France par MM. Quoy et Gaimard, paraît devoir être regardé avec plus de probabilité comme une espèce particulière.

Ses formes, ses nombres de rayons ne diffèrent pas de l'espèce commune, si ce n'est qu'il a au milieu de sa crête frontale, à une distance au-dessus de l'orbite égale à celle de l'orbite au museau, une saillie conique, obtuse, tout-à-fait caractéristique. Ses pointes aux orbites sont aussi plus marquées. Le noir et le blanc ne sont pas tout-à-fait distribués de même. Une bande brune occupe toute la crête antérieure du crâne. Arrivée à la hauteur des yeux, elle prend de chaque côté une petite tache noire : il y a ensuite une bande transverse pâle ; puis une bande transverse noire d'un œil à l'autre, sous laquelle est encore une bande pâle. Tout le museau au-dessous de l'orbite est noir, excepté les lèvres. La grande bande noire antérieure du tronc ne part pas des premiers rayons épineux, en avant du grand, mais au contraire des deux qui suivent ce grand rayon ; cependant elle se termine inférieurement comme dans l'espèce commune, et le noir y teint de même les ventrales et le bord antérieur de l'anale. La deuxième bande ne remonte pas sur la dorsale, et n'occupe que la partie postérieure du tronc; elle prend de même la moitié postérieure de l'anale, et elle est plutôt brune que noire.

D. 12/26; A. 3/19, etc.

Notre individu est long de sept pouces.

Il se pourrait qu'il y eût encore parmi les figures que nous avons citées des anciens auteurs hollandais, des poissons qui, malgré leur ressemblance avec l'*heniochus macrolepidotus,* en diffèrent par quelque caractère, que l'observation parviendra à mieux déterminer un jour. Leur *porte-drapeau,* par exemple, qu'ils disent[1] ne pas servir à la nourriture, demeurer petit et vivre en troupes, pourrait bien n'être pas le même que le grand *tafel-visch;* mais nous ne pourrions le placer dans notre liste qu'autant que nous lui aurions reconnu des différences positives. Nous n'en parlons donc ici que pour engager les voyageurs à le rechercher.

DES TRANCHOIRS (*Zanclus*, Commers.)

Avec le long filet des héniochus, les zanclus ont les écailles réduites pour l'œil à une légère âpreté, qui fait ressembler leur peau à un cuir pareil à celui qui couvre certains acanthures.

---

1. Ruysch, pl. 1, n.º 3; Renard, 2.ᵉ part., pl. 14, fig. 66.

Le TRANCHOIR CORNU.

(*Zanclus cornutus,* nob.; *Chætodon cornutus,* Linn. Bl.,
pl. 200, fig. 2.)

L'espèce la plus répandue, celle que les petites pointes
de ses orbites ont fait nommer *cornue,* assez semblable
aux héniochus pour les formes et les couleurs, en diffère
beaucoup pour les écailles et pour d'autres particularités
extérieures et intérieures.

Son corps, moins le museau et les nageoires, offre un
contour circulaire, ce qui lui a fait donner par les Hollandais des Moluques le nom de *besan* [1]. Ils lui donnent
aussi ceux de *piquier* [2], de *trompette* [3] et de *porte-enseigne* [4]. Sa figure extraordinaire et ses petites cornes l'ont
rendu l'objet de la superstition de certaines peuplades,
et Renard assure que les pêcheurs des Moluques, lorsqu'il
leur arrive d'en prendre un, le rejettent à la mer après
lui avoir fait des génuflexions [5], et donné d'autres marques
de respect. C'est d'ailleurs comme la grande-écaille un excellent poisson, qui a le goût du turbot, et pèse jusqu'à
douze et quinze livres [6]. On en a de bonnes figures dans
Seba [7], dans Klein [8], dans Bloch (pl. 200, fig. 2). Commerson
l'avait décrit à Otaïti en 1767, et en avait fait un genre
sous le nom de *zanclus* (tranchoir) : l'ayant retrouvé en
1770 à l'Isle-de-France, où l'on nomme ce poisson *fil-en-*

---

1. *Besaantje,* Vlaming, n.° 203 ; Renard, 1.ʳᵉ part., pl. 13, fig. 76. — 2. *Idem,*
2.ᵉ part., pl. 16, fig. 75. — 3. Valentyn, n.° 168 ; bonne figure. — 4. *Idem,*
n.° 456. — 5. *Moorse-afgodt* (idole des Maures), Renard, 2.ᵉ part., pl. 9, fig. 44.
Ruysch, pl. 1, fig. 3. — 6. Renard, 2.ᵉ part., pl. 9, fig. 44.
7. Copié dans l'Encyclopédie méthodique, ichtyologie, fig. 168.
8. *Miss. IV,* pl. 12, fig. 2 et 3.

dos, il l'y décrivit une seconde fois comme un chétodon, et, à ce qu'il paraît, sans se rappeler son genre zanclus.

Des individus entièrement semblables aux siens ont été rapportés des Carolines par MM. Lesson et Garnot, et des îles Sandwich, de Tongataboo, de Vanicolo et de Célèbes par MM. Quoy et Gaimard. Ainsi l'espèce ne s'étend pas moins dans l'océan Pacifique que dans la mer des Indes.

Nous avons déjà dit que la forme de son tronc est presque circulaire; mais de ce cercle sortent un museau conique et pointu, une dorsale et une anale pointues, et la pointe de la dorsale se prolongeant en filet deux fois plus long que le corps; enfin, une caudale qui s'évase un peu en croissant.

Sa hauteur, prise du devant de la dorsale à la base des ventrales, est une fois et deux cinquièmes dans sa longueur, prise du bout du museau à celui de la caudale. Son épaisseur est cinq ou six fois dans sa hauteur. A compter de la dorsale, la nuque ou plutôt le crâne descend rapidement; et à compter des yeux, la courbe du profil est très-concave, ce qui fait saillir le museau comme un cône une fois aussi long que large; et malgré cette saillie, la longueur toute entière de la tête ne fait que les trois cinquièmes de sa hauteur. La bouche est très-peu fendue et garnie de dents en soies simples, inclinées en avant : on ne distingue ni le maxillaire ni le sous-orbitaire au travers de la peau. Les deux bords du préopercule forment un angle très-obtus, et dont le sommet est arrondi. L'opercule, trois fois plus haut que long, a son bord arrondi et sans angle.

Ce qui donne au tronc de ce poisson une forme circulaire, c'est surtout la convexité de la poitrine vers le bas, produite par le grand élargissement des os de l'épaule. Il en résulte que le museau est presque au milieu de la hauteur du corps. L'œil est près du profil, et à peu près au milieu de la hauteur de la tête; son diamètre est du septième de cette hauteur. Près de son bord, vers le bas, sont les deux orifices de la narine, fort rapprochés, petits, à peu près égaux. L'antérieur est un peu inférieur, et a un léger renflement à son bord supérieur. Un peu au-dessus de la narine, et au-devant de l'œil, est de chaque côté une petite pointe ou corne aiguë, mais à base large, dirigée obliquement en avant et en haut. La fente des ouïes ne s'étend que depuis la hauteur de l'œil à celle de la bouche, et il reste entre elle et sa correspondante de l'autre côté un isthme charnu et épais. On ne distingue pas les rayons branchiostèges au travers de la peau; mais la dissection m'en a montré quatre. Commerson dit qu'il n'y en a qu'un, mais c'est une erreur; il se trompe aussi en ajoutant que la quatrième branchie avorte : il y en a quatre de chaque côté, divisées chacune assez profondément en deux feuillets. La dorsale commence près du sommet de la tête, qui est aussi le point le plus élevé du corps, par deux très-petits aiguillons; mais le troisième se prolonge en un fil flexible deux fois plus long que le corps. Le quatrième l'égale presque. Les suivans décroissent assez vite jusqu'au septième, après lequel commencent les rayons articulés, qui eux-mêmes décroissent aussi très-vite, en sorte que la nageoire est basse sur les deux tiers de sa longueur; elle a quarante de ces rayons mous. L'anale est aussi bien plus haute en avant, où son premier rayon mou a les deux cinquièmes de la hauteur du tronc : il y en a en tout trente-trois, précédés de deux aiguillons; le premier très-petit, le second du tiers de la longueur du premier rayon mou. La portion de queue derrière les nageoires n'a pas le douzième de la longueur totale; mais sa hauteur est du huitième. Les pointes de la caudale, dont le bord est légèrement concave, en ont le huitième. La pectorale est en demi-ovale, d'un peu moins du quart de la longueur. La ventrale est un peu plus longue, et surtout beaucoup plus pointue.

B. 4? D. 11/40; A. 2/33; C. 17; P. 16; V. 1/5.

Lorsqu'on examine avec une forte loupe la peau de ce poisson, elle montre pour toutes écailles des lames verticales fort étroites, assez courtes, très-serrées les unes contre les autres, et finement dentelées à leur bord antérieur et postérieur. Il s'en porte de semblables sur la moitié de la hauteur de la dorsale et de l'anale. La ligne latérale, qui ne se marque que par un léger reflet, suit la forte courbure du dos, en demeurant à une distance de la nageoire égale au septième de la hauteur totale.

Toutes les figures montrent à ce poisson trois larges bandes noires. La première, la plus large de toutes, part de la nuque, embrasse l'œil, couvre l'épaule, l'opercule, la moitié de la joue et tout l'intervalle entre l'ouïe, la pectorale et la ventrale, qu'elle teint aussi en noir; la deuxième règne depuis la seconde moitié de la pointe de la dorsale jusque sur une partie plus considérable de celle de l'anale; la troisième couvre la caudale, excepté son bord, qui forme un croissant blanc. Le museau et la partie antérieure de la joue sont blancs, et ce blanc se prolonge en pointe sous la gorge dans le noir de la première bande; mais il y a une tache noire sur le dessus de la mâchoire inférieure, et tout le bout de l'inférieure est aussi noir. Une ligne noire descend le long du profil, et donne à droite et à gauche une branche qui entoure un triangle orangé, dont chaque côté du museau est orné. Deux lignes blanches partent du haut de l'œil, et se rendent, la première, en travers du front, la seconde, obliquement vers la nuque. Une autre ligne blanche part de l'ouïe et descend obliquement en se courbant un peu vers la racine de la ventrale; souvent il y a aussi une ligne blanche qui descend de la base de la pectorale vers le ventre, en se tenant parallèle au bord postérieur de la première bande noire. Une ligne blanche semblable suit aussi de près le bord postérieur de la deuxième, et il y a un liséré blanc au bord antérieur de la troisième. L'intervalle de la première à la seconde bande est blanc antérieurement, et jaune sur le reste de son étendue; celui de la deuxième à la troisième est tout jaune. Le blanc et le jaune s'étendent sur les portions correspondantes de la dorsale et de l'anale, qui ont en outre dans leurs parties basses une ligne orangée, une blanche et une noire tout-à-fait au bord. La pectorale est grise.

Cette description des couleurs est prise d'une figure coloriée laissée par Commerson[1], et conforme à des indi-

---

1. M. de Lacépède en donne une copie rapetissée (t. IV, pl. 11, fig. 1).

vidus très-frais, rapportés récemment par MM. Lesson et Garnot; mais dans les sujets desséchés ou conservés dans la liqueur, le jaune disparaît, et l'on ne voit que du noir et du blanchâtre.

Il arrive aussi très-souvent que les petites cornes des sourcils sont usées jusqu'à la racine, et il paraît que dans les très-jeunes individus elles ne se montrent point encore.

Nous avons de ces poissons de neuf à dix pouces de longueur, mais ils deviennent plus grands.

Les différences que nous présentent les viscères de l'héniochus cornu, comparés à ceux du chétodon macrolépidote, sont tout aussi grandes que celles que nous avons trouvées dans leurs formes extérieures.

Le foie est grand, placé sous l'œsophage, qu'il embrasse à peine dans ses lobes. Le lobe gauche est le plus petit; il est d'une forme alongée et un peu renflée à sa réunion avec le droit. Celui-ci est grand et divisé en cinq lobules, dont deux internes sont minces et pénètrent entre les replis du tube intestinal.

La vésicule du fiel est grosse, arrondie, un peu alongée; elle est suspendue à un canal cholédoque très-grêle, très-long, qui reçoit plusieurs vaisseaux hépato-cystiques, et qui débouche ensuite à la base d'un des cœcums.

L'œsophage est un gros tube cylindrique, à parois épaisses et chargées en dedans de grosses rides longitudinales. Il s'étend jusqu'à la moitié de la longueur de la cavité abdominale; il s'infléchit vers le bas, et se dilate en une grande poche qui forme l'estomac. Ce viscère se trouve ainsi placé dans une position oblique, de haut en bas et d'arrière en avant, dans l'abdomen. Sa capacité est médiocre; ses parois sont épaisses; sa veloutée est chargée en dedans de grosses rides, qui sont les prolongemens de celles de l'œsophage. Le pylore, placé à l'extrémité de ce sac, presque sous le diaphragme, s'ouvre par un trou assez large; il est entouré de quatorze appendices cœcales, longues, appuyées sur l'estomac, dont elles suivent le contour.

L'intestin remonte sous le diaphragme entre les lobes du foie; il passe sous l'œsophage, se courbe en même temps que lui, et revient auprès du duodénum; se courbe de nouveau, se porte en arrière en suivant la face inférieure de l'estomac, de manière à remonter jusqu'auprès de l'épine derrière l'œsophage; se courbe encore, descend sous l'autre pli, et se porte vers le diaphragme jusques entre les lobes du foie en avant du duodénum; il remonte alors dans l'hypocondre gauche, et, le traversant obliquement sans faire aucun autre repli, il débouche à l'anus.

La rate est petite, alongée, et repose sur l'estomac entre les replis de l'intestin et les appendices cœcales.

Les ovaires sont de médiocre grandeur, et rejetés vers l'arrière de l'abdomen.

Le squelette de l'héniochus cornu [1] est surtout remarquable par le développement que prennent la lame postérieure de l'huméral et tout le cubital : ce sont ces larges lames qui enveloppent la poitrine de ce poisson dans une espèce de coffre osseux, tranchant en dessous. Je ne lui trouve que vingt-deux vertèbres, dont neuf abdominales; elles ont des apophyses transverses, assez larges. La neuvième se dilate de chaque côté en dessous, et forme ainsi un petit bassin pour la fin de la vessie natatoire. L'interépineux, qui porte la première épine dorsale, forme à son sommet en avant de cette épine, comme dans plusieurs scombéroïdes, une petite pointe aiguë, couchée et dirigée en avant. Au-devant de cet interépineux en est un seul sans épine, simple, droit et grêle. Celui qui porte les deux premières épines anales, se termine dans le bas par une lame triangulaire, dont la pointe est dirigée en avant.

Le *chœtodon canescens* de Linnæus (*chétodon grison,* Lacép.), établi sur une figure de Seba (t. III, pl. 25,

---

1. Il y a une figure de ce squelette dans les Planches ichtyotomiques de M. Rosenthal, 3.ᵉ cah., pl. 13, fig. 3.

n.° 7)[1], n'est qu'un jeune individu de cette espèce, desséché et décoloré. L'échantillon même de Seba est au Cabinet du Roi, et ne laisse pas de doute sur cette identité ; mais nous n'oserions affirmer que dans les nombreuses figures de Renard et de Valentyn, qui ne semblent différer que par l'enluminure, il n'y en ait point qui n'appartiennent à des espèces vraiment distinctes. Ce sera un sujet intéressant d'observations pour les naturalistes voyageurs.

---

1. Copiée dans l'Encyclopédie méthodique, fig. 166.

CHAPITRE IV.

Des Éphippus, des Drépanes, des Scatophages et des Taurichtes.

Nous avions appelé *éphippus* (cavaliers) [1] les chétodons qui ont deux dorsales, ou du moins dont la dorsale est profondément échancrée entre sa partie épineuse et sa partie molle, et qui se distinguent encore des autres, parce que la partie épineuse n'est point garnie d'écailles, et peut se replier, comme celle des sciènes, dans un sillon formé par la peau du dos.

Leur corps est généralement de forme ovale ou approchant de l'orbiculaire.

On en distingue trois petites subdivisions, dont nous avons cru devoir former autant de genres. La première, à laquelle nous conservons le nom d'*éphippus,* a trois épines à l'anale, et les pectorales ovales; elle possède des espèces en Amérique et aux Indes. La seconde, que nous appelons *drepanis,* est exclusivement des Indes, et, avec les mêmes épines à l'anale, a de longues pectorales pointues, taillées en faux. La troisième, les *scatophages,* aussi des Indes, a les pectorales courtes, et quatre épines à l'anale. Ses écailles sont beaucoup plus petites.

---

1. Règne animal, 1.ʳᵉ édit., t. II, p. 335; 2.ᵉ édit., t. II, p. 191.

DES ÉPHIPPUS.

L'ÉPHIPPUS FORGERON.

(*Ephippus faber*, nob.; *Chætodon triostegus*, L.; *Chætodon faber*, Brouss., Bl. et Lacép.)

L'éphippus d'Amérique le plus connu a été décrit et représenté par Sloane [1] sous les noms de *faber marinus, fere quadratus* ou de *pilot-fish*. Linnæus [2] a placé ensuite cet article de Sloane parmi les synonymes de son *chætodon triostegus*, qui dans la réalité était un acanthure, ainsi que le prouvent la description qu'il en a insérée dans le Prodrome du deuxième volume du Musée d'Adolphe-Fréderic (p. 70), et l'autre synonyme, qu'il a tiré de Seba (t. III, pl. 25, fig. 4); mais il embrouille encore son histoire en y joignant un troisième synonyme, tiré de Brown [3], et qui est un chétodon proprement dit (le *chætodon capistratus*).

Broussonnet crut avec raison devoir considérer ce nom de *chætodon triostegus* comme appartenant particulièrement à l'acanthure [4], et donna à l'éphippus qui nous occupe, et dont il a publié une bonne figure et une des-

1. *Jam.*, t. II, pl. 251, fig. 4. — 2. Douzième édition, p. 463. — 3. *Jam.*, p. 454.
4. La phrase caractéristique de Linnæus et la description qu'il y ajoute, telles qu'elles se trouvent dans la douzième édition du *Systema naturæ*, n'indiquent pas exclusivement l'acanthure. Les trois rayons branchiaux mêmes ne s'y rapporteraient pas, car les acanthures en ont quatre; et quoique les éphippus en aient six, ils n'en montrent que trois à l'extérieur, et pour voir les trois autres, il faut enlever la peau de l'isthme. Mais ce qui ne laisse aucun doute, c'est la description des dents dans le tome II du Musée d'Adolphe-Fréderic (*dentes octo seu decem, pectinati, quinquedentati*). Cependant il n'y est pas parlé d'épines aux côtés de la queue : peut-être étaient-elles tombées, ou l'auteur ne les a-t-il pas remarquées; peut-être a-t-il lui-même confondu deux poissons différens.

cription détaillée, celui de *faber*, qu'il prit dans Sloane,
et que Bloch et M. de Lacépède lui ont conservé; mais
Broussonnet, de son côté, confondit ce *faber* avec le
stront-visch des Indes de Nieuhof et de Willughby, qui
est le *chœtodon argus* ou l'un de nos *scatophages*, ce qui
lui a fait avancer que l'espèce appartient aux deux océans.
Bloch (pl. 212, fig. 2), qui a à peu près copié sa figure [1], n'a
pas adopté cette erreur; mais il réduit ce poisson à des
limites trop étroites, en bornant son séjour aux côtes de
l'Amérique méridionale. Nous sommes certains qu'on en
prend depuis New-York jusqu'à Rio-Janéiro. Nous l'avons
reçu du premier de ces ports par M. Milbert, et du second
par M. Delalande et MM. Quoy et Gaimard. Les points
intermédiaires nous en ont aussi envoyé : Cuba, par M. Poey;
Porto-Rico et Saint-Barthélemy, par M. Plée ; la Martinique, par M. Achard; Cayenne, par M. Poiteau. Il avait
été adressé de la Caroline à Linnæus par Garden ; et
M. Mitchill l'a représenté (pl. 5, fig. 4), mais sous le nom
de *cloudy-chœtodon*, parce qu'à tort il le jugeait nouveau.
A Rio-Janéiro il se nomme *inchada*. Parmi les colons espagnols il partage avec d'autres chétodons les noms de
chirivita et de *palometa*, et chez nos colons de la Martinique on lui donne celui de *monbin*, en commun avec
l'*holacanthe tricolor*, et probablement aussi avec d'autres,
tant il est vrai que les nomenclatures populaires n'ont jamais de fixité. Ce qui le prouve encore, c'est qu'à Saint-
Domingue on l'appelle *demoiselle*, et qu'une variété un
peu plus pâle s'y nomme *demoiselle-marguerite*.

---

1. Bloch dit avoir pris cette figure de Plumier; mais tout annonce qu'il en a au
moins corrigé les détails d'après celle de Broussonnet.

Au reste, il n'en est que trop souvent de même des nomenclatures scientifiques, et, outre ce que nous avons dit au commencement de cet article, le poisson dont nous parlons en offre encore un autre exemple. Gmelin[1] a fait de la figure de Sloane un zeus, qu'il nomme *zeus quadratus*, et M. de Lacépède a fait de ce zeus de Gmelin sa *sélène quadrangulaire*[2], tout en conservant dans sa liste des chétodons le *chétodon forgeron*, qui est la même chose.

Le corps de cet *ephippus* est presque orbiculaire, et paraît prendre de la hauteur avec l'âge; car nous trouvons les grands individus plus élevés que les petits. En général, sa hauteur serait égale à sa longueur, si l'on en retranchait la queue[3] et la caudale, et lorsqu'on les y comprend, elle en fait un peu moins des trois quarts. La courbe du dos descend par un arc de cercle uniforme au museau, qui ne saille point hors de cet arc. La tête a en longueur un peu moins du quart de celle du poisson, et cette longueur fait les trois cinquièmes de sa hauteur. L'œil est au-milieu de la hauteur, un peu plus près du profil que de l'ouïe, et a le tiers de la longueur en diamètre. La bouche est au cinquième inférieur de la hauteur, horizontale, et fendue seulement jusque sous le bord antérieur de l'œil. Les dents sont en soies simples et pointues. L'orifice postérieur de la narine est une fente verticale, très-près du bord antérieur de l'orbite; l'antérieur un petit trou rond, entre le précédent et le bout du museau. L'intervalle des yeux est arrondi transversalement; mais la crête du crâne est tranchante. Le préopercule est rectangulaire; mais son angle est arrondi; ses bords n'ont aucune dentelure, ou tout au plus le doigt en perçoit-il quelque vestige près de l'angle. L'opercule osseux a un angle obtus. La fente des ouïes est presque verticale; sa partie inférieure répond sous l'angle

---

1. Linn. Gmel., p. 1225. — 2. Lacépède, t. IV, p. 564.
3. J'entends la portion de queue derrière la dorsale et l'anale.

du préopercule, et se montre un peu à découvert, mais est fort séparée de sa correspondante, tout le dessous de la mâchoire inférieure restant entier. On voit assez aisément les trois rayons branchiostèges supérieurs ; mais il y en a trois autres, que l'on ne découvre qu'en enlevant la peau de l'isthme. La pectorale est petite et arrondie, ou demi-ovale, et s'attache au quart inférieur de la hauteur. Sa longueur n'est que du sixième de celle du corps ; elle a dix-sept rayons. Les ventrales sont deux fois plus longues ; leur premier rayon mou, aiguisé en pointe, atteint la naissance de l'anale. L'épine n'a que moitié de sa longueur. La dorsale épineuse commence au point le plus élevé du dos, à l'aplomb du milieu de la pectorale, par un aiguillon à peine visible, suivi d'un second un peu plus grand, et d'un troisième qui a le quart de la hauteur totale et est encore prolongé du double par un filament membraneux ; le quatrième est trois fois plus petit, et les quatre suivans diminuent encore ; mais le neuvième, qui est adossé à la partie molle, se relève un peu. Il n'y a vraiment de membrane que jusqu'au cinquième. La dorsale molle a d'abord une partie pointue, des deux cinquièmes de la hauteur du corps ; puis elle diminue de manière à faire la faux : ses derniers rayons sont assez courts ; il y en a en tout vingt-deux ; c'est le quatrième qui est le plus long et va former le sommet de la pointe. L'anale a trois aiguillons courts et forts, qui forment en quelque sorte une première nageoire, comme dans beaucoup de scombres. Sa partie molle ressemble à celle de la dorsale ; mais est un peu moins longue, et n'a que dix-huit rayons. La portion de queue derrière elle a le dixième de la longueur totale, et est d'un tiers plus haute. La caudale a un cinquième de plus en longueur, et est coupée carrément ; quand on l'étale, la distance entre ses angles est du tiers de la longueur totale.

B. 6 ; D. 8 — 1/22 ; A. 3/18 ; C. 17 ; P. 17 ; V. 1/5.

Les écailles sont presque orbiculaires, très-finement striées à leur partie visible, et divisées en quatre ou cinq crénelures à leur bord caché. Elles ne sont pas grandes : on en compte au moins cinquante entre l'ouïe et la caudale, et plus de quarante entre le dos et le ventre; il n'en manque à la tête que dans la partie inférieure du museau et aux mâchoires. Sur la seconde dorsale et l'anale elles s'étendent presque jusqu'au bord. La ligne latérale, courbée comme le dos et demeurant un peu au-dessus du tiers supérieur, se marque par une légère élevure tubuleuse à chacune de ses écailles; elle atteint jusqu'à la caudale.

Tout ce poisson paraît dans la liqueur teint de brunâtre, et cependant, quand on le regarde de près, on voit que chaque écaille a le milieu couleur de laiton, et les bords couleur d'étain. Six bandes verticales obscures, peu prononcées et de couleur inégale, se dessinent sur ce fond. La première va du sommet de la tête à l'œil, et de l'œil à la gorge; c'est une vraie bande oculaire; la deuxième va de la nuque à la pectorale; la troisième, qui est plus étroite, de la partie épineuse de la dorsale au tiers inférieur de la hauteur du corps; la quatrième, de la fin de la dorsale épineuse à la portion correspondante de l'anale : c'est la plus large; la cinquième, du milieu de la partie molle de la dorsale à celui de l'anale; enfin, il y en a une sur la fin de la queue, à la base de la caudale. La membrane de la dorsale épineuse et les bords antérieurs de la seconde dorsale et de l'anale molle sont plus bruns que le fond, et les ventrales sont noires. D'après les notes que nous a communiquées M. Poëy, ces bandes verticales ont dans le poisson frais une teinte bleue, et le fond de sa couleur est plus blanchâtre que brun.

Les bandes, comme il arrive d'ordinaire, sont moins prononcées dans les grands individus que dans les petits.

Nos individus ont depuis trois jusqu'à neuf pouces.

Le squelette du *faber* a la crête du crâne comprimée, mince, de la hauteur de moitié du reste de la tête. Le bord antérieur en est à peine un peu épaissi. Il y a trois interépineux grêles entre cette crête et celui qui porte le premier aiguillon dorsal. Aucun interépineux n'a de renflement. Les premiers de l'anale sont seulement plus forts, et soudés ensemble pour en porter les aiguillons comme dans tous les chétodons et la plupart des acanthoptérygiens. Il y a neuf vertèbres abdominales et quatorze caudales; leurs apophyses épineuses sont comprimées, et il se pourrait qu'avec l'âge quelques-unes prissent des nodosités, dont il semble que l'on voit déjà des vestiges.

Il y a quelque variété dans la longueur des pointes des nageoires de l'*ephippus faber;* on en voit où elles se réduisent presque à une saillie anguleuse, et d'autres où elles vont aussi loin en arrière que la caudale. Je soupçonne que c'est une de ces dernières variétés, esquissée par Plumier, et copiée de lui dans le grand ouvrage de Bloch (pl. 211, fig. 1), qui est devenue le *chætodon Plumieri.* Cette idée me paraît d'autant plus plausible, qu'une peinture faite par Aubriet d'après le même dessin, ou la même esquisse de Plumier, donne aux bandes non pas une teinte verte comme l'enluminure de Bloch, mais une teinte bleue telle qu'on l'observe dans le *faber* frais. Il est certain aussi qu'il ne nous est jamais venu des îles d'éphippus dessiné comme cette figure le représente (avec six bandes entières et sans l'oculaire).

Le *chætodon Plumieri* n'existerait donc pas, et Bloch semble l'avoir pensé lui-même, puisqu'il a exclu cette espèce de son Système posthume. Cependant c'est uniquement de ce *chætodon Plumieri* que M. de Lacépède a composé son genre *chétodiptère,* dont la définition est à peu près la même que celle de nos éphippus, mais dont nous n'avons pas voulu conserver le nom trop mal composé : il aurait dû, d'après cette définition même, y placer aussi le *faber,* l'*orbis,* le *falcatus* et le *punctatus;* et il serait difficile de deviner pourquoi il ne l'a pas fait, si l'on ne savait qu'il s'en est presque toujours rapporté à Gmelin ou à Bloch, et que le *chætodon Plumieri* est le seul dans le caractère duquel ces auteurs aient fait entrer l'expression de deux dorsales (*dorso bipinnato*).

L'Éphippus géant.

(*Ephippus gigas*, nob.; *Chœtodon gigas*, Parkins.)

L'Amérique produit un autre éphippus qui devient beaucoup plus grand, et se distingue par une teinte argentée ou plombée uniforme; qui de plus est remarquable par le renflement de sa crête du crâne, et surtout par celui du premier interépineux de son anale, qui donne à cet os la forme d'un maillet ou d'une massue très-grosse au bout. C'est ce dernier os que l'on a apporté d'Amérique dans les cabinets de curiosité, que Wormius a décrit le premier [1], et dont on a long-temps depuis ignoré la véritable origine. Ces deux circonstances d'organisation lui sont communes avec le *chœtodon arthriticus* de Bell, qui est un *platax;* mais les formes de ces renflemens ne sont pas les mêmes dans les deux poissons.

Le Cabinet du Roi reçut en 1808 de celui de Lisbonne un individu de cette espèce préparé en herbier, et étiqueté *enxada* et *guarerva*. Nous en trouvâmes ensuite une figure dans les dessins que Parkinson avait faits au Brésil en 1768 pour le chevalier Banks, et une autre dans la belle collection de peintures faite au Mexique par les soins de MM. Sessé et Mocigno; enfin, nous avons reçu le poisson lui-même de New-York par M. Milbert, de Cayenne par M. Frère, ét de Rio-Janéiro par M. Delalande; en sorte que nous avons la certitude qu'il est répandu sur la même étendue de côtes que le *faber*. Parkinson le nomme *chœtodon gigas,* et M. Mocigno *chœtodon*

---

1. *Mus. Worm.*, p. 170.

albicans. Je suppose que c'est lui qui est indiqué par Gmelin (p. 1269) sous le nom de *chætodon gigas* parmi les espèces que Broussonnet se proposait de décrire, et en conséquence je lui ai laissé ce nom. Nos Français des Antilles l'appellent *poisson-lune.*

Son corps présente latéralement un ovale assez régulier. La plus grande hauteur, qui est au milieu, est une fois et demie dans la longueur sans la caudale, et une fois et trois quarts en l'y comprenant; l'épaisseur est du quart de la hauteur. La courbe du dos s'arrondit également en avant vers le museau et en arrière vers la queue. Le profil de la crête du crâne est obtus; entre les yeux le front est un peu bombé et arrondi en travers, puis il y a une légère concavité au-dessus du museau, qui lui-même est très-court. Les yeux, les narines, la bouche, les dents, toutes les pièces operculaires, les nageoires et la ligne latérale sont disposées comme dans le *faber.* Les épines de la première dorsale paraissent moins hors de la peau; cependant la troisième est aussi la plus longue et garnie de son lambeau membraneux.

Les écailles sont plus hautes que larges, arrondies tout autour. Leur éventail n'a que trois ou quatre rayons.

B. 6; D. 8 — 1/21; A. 3/17; C. 17; P. 17; V. 1/5.

Dans la liqueur ce poisson est argenté, avec une bordure grise à chaque écaille. Les nageoires sont d'un gris-brun plus uniforme. Il paraît, d'après Parkinson, qu'il règne dans le frais une teinte bleuâtre.

Sa taille est considérable pour cette famille. Nous en avons un individu de seize pouces.

Le squelette de cet *ephippus* n'est pas moins remarquable que celui du *platax arthriticus.* La crête de son crâne est en triangle vertical, dont le bord postérieur égale la base, et dont le bord supérieur ou antérieur est plus long d'un quart. Sa base est mince; mais le reste de son étendue est renflé en une masse osseuse, compacte, d'une épaisseur égale à la moitié de sa hauteur. Le bas de l'huméral prend aussi avec l'âge un gros renflement.

L'interépineux, auquel s'articulent les deux premiers aiguillons de l'anale, est renflé en avant, vers le bas, en une grosse masse, qui a en arrière un sillon où s'enchâsse l'interépineux du troisième aiguillon; les deux premiers s'articulent dans deux petits anneaux adhérens à son bord inférieur. Cette masse grandit avec l'âge, surtout dans le sens d'avant en arrière; en sorte que dans les vieux individus elle a toute une autre forme. On pourrait même douter que tous ceux de ces os renflés qui nous arrivent d'Amérique soient de la même espèce.

Les interépineux du dos n'ont pas de renflemens, du moins dans nos individus; mais ils se joignent les uns aux autres par des lames verticales minces. Il y en a trois grêles et sans rayons entre la crête du crâne et les premiers aiguillons du dos. Les vertèbres sont au nombre de vingt-quatre, dont dix abdominales et quatorze caudales. Les deux premières côtes sont très-petites; les sept suivantes embrassent les trois quarts de la hauteur de l'abdomen, et sont comprimées et assez fortes. La dixième vertèbre a en dessous un appendice triangulaire un peu concave, qui donne appui à l'extrémité de la vessie natatoire. Les quatre premières apophyses inférieures de la queue sont comprimées et élargies, et les trois dernières se touchent même dans leur milieu par leurs élargissemens. La dernière de toutes a six rayons à son éventail. Indépendamment du premier sous-orbitaire il y a un cercle osseux étroit autour de l'orbite.

Depuis que nous avons rédigé cet article, nous avons reçu une dissertation publiée à Berlin, par M. Benjamin Wolf, en 1824, où il décrit et représente le squelette de cette espèce, et les singuliers renflemens de son crâne et de son interépineux anal; mais il croit mal à propos que c'est le *chœtodon faber*. Celui-ci n'a point de renflemens, et nous nous en sommes assurés en comparant des squelettes des deux espèces de même grandeur; ces renflemens sont donc des différences d'espèce, et non pas d'âge.

*L'*Éphippus de Gorée.

(*Ephippus goreensis*, nob.)

M. Rang vient de nous envoyer de Gorée un éphippus assez semblable au *gigas*, mais dont les écailles sont plus grandes et les épines de la première dorsale plus longues et plus séparées.

Son corps est un peu moins haut à proportion. Sa hauteur est comprise deux fois dans sa longueur totale. Son profil, la convexité de son front entre les yeux, sont les mêmes. Le diamètre de son œil fait le tiers de la longueur de sa tête. Toutes ses dents sont pointues, et forment une brosse, comme dans les autres chétodons. Sept aiguillons presque séparés, tant leur membrane est échancrée profondément, représentent sa première dorsale. Le premier très-petit; le second presque de moitié de la hauteur du corps, mince, assez flexible; les suivans diminuant par degrés, en sorte que le septième n'est guère plus grand que le premier; le huitième, qui commence la seconde dorsale, se relève un peu; les trois de l'anale sont fort courts. La seconde dorsale et l'anale ne forment pas de pointes saillantes comme dans les deux précédens, et sont seulement un peu plus hautes de l'avant que de l'arrière. La caudale est coupée en arc de cercle légèrement rentrant. Les pectorales sont petites, ovales; et les ventrales, d'un tiers plus longues, ont le premier rayon mou aiguisé en filet. D. 7 — 1/19; A. 3/15; C. 17; P. 15.

On ne compte que quarante écailles demi-circulaires de l'ouïe à la caudale, avec quatre crénelures au bord radical, et cinq stries à l'éventail. Celles des nageoires sont fort petites.

Tout ce poisson paraît argenté; chaque écaille a un bord étroit brunâtre. Les nageoires sont d'un gris brun. Tout le devant de la tête est aussi teint de brun.

Il n'y a aucun renflement ni aux interépineux du dos ni à ceux de l'anale. La crête du crâne est fort élevée, mais non renflée.

Notre individu est long d'un pied.

L'Éphippus orbe.

(*Ephippus orbis*, nob.[1]; *Chætodon orbis*, Bl.)

L'espèce de cette première petite tribu que l'on trouve
aux Indes, a été représentée par Bloch (pl. 202, fig. 2). Il
l'avait reçue de Tranquebar[2]. M. Leschenault nous l'a
envoyée de Pondichéry, et M. Dussumier du Malabar;
mais il ne paraît pas qu'elle soit commune, surtout dans
les îles, et aucun des autres voyageurs qui nous ont procuré tant de poissons de la mer des Indes, ne nous a
apporté celui-là.

Sa forme est un ovale approchant de l'orbiculaire. Son profil antérieur, depuis la nuque jusqu'aux ventrales, représente surtout un
demi-cercle, dont le museau n'interrompt pas même la continuité
par une saillie. Sa hauteur est une fois et trois quarts dans sa longueur totale. Il est fort comprimé; son dos et la crête de son crâne
sont tranchans. La hauteur de sa tête en comprend une fois et
demie la longueur, et en ajoutant la gorge, elle la comprend deux
fois. Ses dents sont courtes; le premier rang est un peu aplati, mais
sans dentelures à la pointe. Les deux premiers aiguillons de sa
dorsale sortent à peine d'entre les écailles; mais le troisième, le quatrième et le cinquième s'alongent en filets minces, mais élastiques;
le troisième, qui est le plus long, a plus de moitié de la hauteur
du corps. Les quatre suivans sont courts; et le dernier est presque
caché dans la base de la dorsale molle. Les épines de l'anale sont
courtes, et la première surtout. Ces deux nageoires sont à peu près
d'égale hauteur sur leur longueur. La caudale est coupée carrément.
Les pectorales sont ovales, obtuses, et n'ont pas tout-à-fait le septième de la longueur totale; mais les ventrales sont du double plus

---

1. *Chætodon orbis*, Bl., pl. 202, fig. 2, copié dans l'Encyclopédie méthodique,
pl. 390. *Chétodon orbe*, Lacép., t. IV, p. 458 et 491.
2. Bl. Schn., p. 232, n.° 60.

longues et très-pointues. Leur épine n'a qu'un cinquième de moins
que leur premier rayon mou. La pièce écailleuse de leur base en
atteint le tiers et au-delà. Les nombres de ses rayons sont :

D. 8 — 1/19[1]; A. 3/15; C. 17; P. 19; V. 1/5.

Les écailles de cette espèce sont grandes : on n'en compte que
trente-cinq sur une ligne longitudinale, et dix-neuf ou vingt sur
une verticale, toutes lisses et membraneuses aux bords, plus hautes
que longues, irrégulièrement crénelées au bord caché, et marquées
de quinze ou dix-huit stries courtes, inégales, et qui ne font pas
l'éventail; celles des nageoires sont petites, et ne s'étendent pas fort
avant.

Sa couleur paraît un bel argenté, un peu teint de violâtre vers le
dos; et ses nageoires sont jaunâtres.

Notre individu est long de six pouces. Celui de Bloch est de même
taille; mais il l'a représenté plus petit.

Bloch dit ses narines simples et loin des yeux; c'est qu'il n'a vu
que l'orifice antérieur. Le postérieur est, comme dans les autres
chétodons, une fente verticale, voisine du bord de l'orbite.

Ni cet auteur ni M. Leschenault ne donnent aucun ren-
seignement sur les habitudes de ce poisson, ni sur ses
qualités comme aliment; M. Dussumier s'en tait également.
Cette espèce, peu commune, n'aura pas attiré l'attention.

———

DES DRÉPANES.

La mer des Indes produit quelques poissons de ce genre
assez semblables entre eux pour que nous puissions en
donner une description commune, et remarquables sur-

---

1. Lacépède (p. 458) dit : D. 7/21. Il n'aura probablement consulté que la
figure de Bonnaterre, copiée de celle de Bloch, mais où l'on a omis les deux
premiers aiguillons du dos. Bloch a compté comme nous.

tout par de longues pectorales taillées en faux, très-pointues, et qui atteignent jusqu'à la base de la caudale. Δρεπάνη signifie une faux.

Leur forme est presque quadrangulaire, très-comprimée. Leur dos s'élève en angle obtus, et il y a un angle obtus à son opposite, au commencement de l'anale. La distance de ces deux sommets est égale à la longueur du corps sans la caudale. Celle-ci est d'un peu plus du cinquième du reste. Du sommet du dos, la ligne de la nuque et du front descend en serpentant un peu, ayant une légère convexité à son origine, une autre à la nuque, une entre les yeux, et une au museau. Son ensemble cependant a une convexité générale; mais le profil tombe rapidement de l'œil à la bouche. Une autre ligne descend plus uniformément de ce même sommet vers la queue. Celle qui va de la bouche à la saillie anale est un peu concave derrière les ventrales, et la quatrième remonte vers la queue, sans presque avoir d'inflexion. La hauteur de la tête n'est pas tout-à-fait double de sa longueur. L'œil est plus haut que le milieu de la hauteur, et la bouche au quart inférieur; elle est très-peu fendue, et a ses dents courtes, serrées, toutes simples et très-fines. Le maxillaire montre en arrière sa moitié postérieure elliptique, posée obliquement. Le préopercule descend plus bas que la bouche, et a son angle arrondi, avec de fines dentelures à son bord inférieur. L'opercule, trois fois plus haut que large, a son bord inférieur très-oblique, et son angle très-obtus. La dorsale naît tout près du sommet du dos par un ou deux aiguillons à peine visibles, en avant desquels est une épine couchée et dirigée vers la nuque. Le troisième aiguillon, au sommet même, est un peu plus grand que ceux qui le précèdent; le quatrième, le plus long de tous, a le cinquième de la hauteur du corps. Les suivans diminuent par degrés; tous sont comprimés et pointus, et ont leur base enveloppée de deux lames écailleuses. La dorsale molle s'élève plus même que l'aiguillon le plus long. Son bord s'arrondit en arrière, et il en est de même de celui de l'anale, dont les trois épines sont courtes; la deuxième est la plus grosse. La caudale est coupée carrément. Les ventrales ont leur deuxième rayon en filet, qui atteint la naissance de l'anale; leur épine est d'un quart plus courte, et la pièce écailleuse de leur base des deux tiers. Les écailles sont médiocres, arrondies, et n'ont que très-peu de rayons à leur éventail : il y en a de petites sur les parties molles des nageoires dorsale et anale jusque très-près des bords. La ligne latérale fait un angle plus obtus que celui du dos. Le limbe du préopercule, la moitié inférieure de l'opercule, et le sous-opercule, n'ont pas d'écailles.

B. 6; D. 8—1/21; A. 3/17; C. 17; P. 16; V. 1/5.

Russel a décrit trois espèces ou variétés de ces poissons.

La première, son *latté* (n.° 79),

se distingue par des suites verticales de points bruns assez gros, écartés, qui descendent jusqu'au milieu des flancs, sur un fond argenté.

La seconde, son *terla* (n.° 80),

est d'une couleur unie, et a seulement les nageoires verticales plus brunes.

La troisième (n.° 81), qu'il nomme aussi *terla*,

a sur ses nageoires verticales une large bande brune, qui suit le milieu de leurs rayons.

Mais l'auteur nous apprend que les pêcheurs confondent souvent ces trois poissons sous ce nom commun de *terla*.

On en fait, selon lui, peu de cas comme aliment. Les deux dernières sortes cependant sont un peu meilleures que la première.

La Drépane ponctuée.

(*Drepane punctata,* nob.; *Chœtodon punctatus,* Linn.; *Latté,* Russel, n.° 79.)

Le *latté* était depuis long-temps au Cabinet du Roi à l'état sec, et on l'a reçu depuis peu, dans la liqueur, du

Malabar, par M. Dussumier, et des envois que MM. Kuhl et Van Hasselt ont faits de Java au Musée royal des Pays-Bas. Tout nouvellement MM. Quoy et Gaimard l'ont rapporté du Havre-Dorey, à la Nouvelle-Guinée. Il nous paraît que c'est le *chœtodon punctatus* décrit par Linnæus d'après un échantillon du Cabinet de l'Académie de Stockholm, et que M. de Lacépède a nommé *chétodon faucheur*.[1]

Il est d'une belle couleur d'argent brillant, avec des reflets dorés; ses points bruns sont disposés sur sept ou huit lignes verticales; ses nageoires sont jaunâtres. Il y a un point brun dans l'aisselle de la pectorale.

Nos individus sont longs de six à huit pouces. Russel en a un d'un pied.

Les individus qui ne passent pas trois ou quatre pouces ont sur la crête du crâne quelques dentelures pointues, qui s'effacent avec l'âge.

Cette espèce habite aussi les côtes méridionales de la Chine et le nord de la Nouvelle-Hollande; car nous en avons vu une belle figure faite à Canton par les soins de M. Dussumier, et Solander, qui la décrit bien, dit l'avoir vue remonter dans les rivières près du détroit de l'Endeavour.

---

1. Linnæus n'a compté que quatre rayons aux branchies et huit aiguillons au dos; mais c'est une faute qui a dû être difficile à éviter, s'il n'a pas eu recours à la dissection. Tout le reste de sa description s'accorde, surtout ces mots : *Pong anum dilatatum*, en les expliquant d'une dilatation dans le sens vertical. Quand il ajoute : *Figura cyprini*, il entendait sans doute la brême.

La Drépane peigne.

(*Drepane longimana,* nob.; *Chœtodon longimanus,* Bl. Schn.;
Terla, Russel, n.ᵒˢ 80 et 81.)

Le premier *terla* de Russel nous a été envoyé de Pondichéry par M. Leschenault. On le nomme sur cette côte *sipou-tarété,* ce qui signifie *tarété-peigne.*

Plus récemment M. Bélenger nous l'a envoyé de Mahé, sur la côte de Malabar, et nous venons de le recevoir en quantité du même pays par M. Dussumier.

C'est le *chœtodon longimanus* de Bloch[1], ainsi que nous nous en sommes assurés par son individu et par l'étiquette de *sipou-sarattei* que Daldorf y avait inscrite à Tranquebar.

Il paraît entièrement d'un gris argenté, avec une teinte brunâtre sur une partie des nageoires, dont le fond est jaunâtre.

Le deuxième *terla* de Russel (n.ᵒ 81) est au plus une légère variété de l'autre.

Les jeunes de cette espèce ont des caractères assez marqués pour que l'on puisse les prendre pour une espèce particulière, si l'on n'en voyait tous les passages.

Leur corps argenté est teint de violâtre vers le dos, surtout à la tête, avec cinq bandes verticales grisâtres. Dans les plus petits la crête du crâne est finement dentelée en scie à sa partie supérieure; et la portion de nuque qui est au-dessus, a des dentelures en sens contraire, dues aux sommets des interépineux qui précèdent l'épine couchée en avant de la dorsale; mais on voit déjà les dentelures diminuées sur les individus un peu plus grands, et les bandes verticales s'y effacent petit à petit.

---

1. *Syst. posth.,* p. 229.

MM. Kuhl et Van Hasselt avaient envoyé de ces jeunes individus de Java, et M. Dussumier vient d'en rapporter avec des adultes.

Nous avons disséqué nos deux drépanes à longues pectorales.

Dans la *ponctuée* le lobe gauche du foie se prolonge dans l'hypocondre en une pointe assez aiguë; il est moins épais que le lobe droit, qui est tronqué et plus court. La vésicule du fiel est globuleuse, argentée et suspendue à un canal cholédoque assez long, qui débouche sous le cœcum droit.

L'œsophage est court, et débouche dans un estomac assez grand, globuleux, un peu comprimé de droite à gauche. Ses parois sont minces, et n'ont de plis qu'à la face supérieure. La branche montante est courte et épaisse. Nous n'avons vu que deux appendices cœcales courtes, assez grosses.

L'intestin est grêle, il n'était pas assez entier pour que nous ayons pu suivre ses replis.

La rate est assez grosse, ovoïde, et placée dans l'hypocondre droit derrière la pointe du foie.

Les laitances sont alongées, placées dans le fond de l'abdomen, et pliées dans le milieu de leur longueur, afin de se porter vers le diaphragme pour déboucher auprès de l'anus.

La vessie natatoire est grosse, alongée, arrondie en avant, et prolongée par deux cornes assez longues, peu grosses, très-pointues, qui se portent de chaque côté des interépineux de l'anale dans l'épaisseur des muscles de la queue.

Les reins sont épais, noirs; ils versent l'urine par deux uretères assez longs, qui passent entre les cornes de la vessie aérienne et débouchent dans une vessie urinaire assez longue, placée sous la portion inférieure des laitances. Ses parois sont minces et transparentes.

Dans la drépane peigne le lobe droit du foie est pointu, et se porte plus en arrière que dans la *ponctuée.*

La vésicule du fiel est un peu plus grosse et plus alongée. Nous avons trouvé trois appendices cœcales au pylore.

Les sacs à ovaires sont rejetés dans le fond de l'abdomen, grands, et non pas pliés comme les laitances de l'autre espèce.

La vessie aérienne est de même forme que dans le précédent; son corps est plus gros, et ses cornes sont un peu plus courtes.

Les reins sont semblables, ainsi que le trajet des uretères et la position de la vessie urinaire.

L'estomac était rempli de pattes d'insectes, que nous croyons être des débris d'araignées aquatiques.

DES SCATOPHAGES.

Le dernier genre de ces chétodons à deux dorsales, celui qui a quatre épines anales, a aussi les épines dorsales plus nombreuses; on lui en compte onze, et il se fait remarquer en outre par l'extrême petitesse de ses écailles.

Le Scatophage argus.

(*Scatophagus argus,* nob.; *Chœtodon argus,* Linn.)

La première de ses espèces a été décrite depuis long-temps par Nieuhof, qui lui attribue un goût singulier pour les excrémens humains, d'après lequel les Hollandais lui ont donné, dit-il, le nom de *stront-visch (piscis stercorarius).* Il ajoute que ce poisson se porte près des latrines et des autres lieux où il peut se repaître de ce mets dégoûtant[1]. Ruysch répète le même fait, et prétend qu'il suit à cet effet les navires[2]. Renard[3] reproduit aussi l'assertion de Nieuhof; mais Valentyn[4] n'en parle pas. Russel[5], qui a vu

---

1. Nieuhof, t. II, p. 269, fig. 6, et Willughby, *App.,* p. 2, pl. 2. — 2. Ruysch, p. 11, n.° 6, *ikan-fay*. — 3. Renard, t. II, pl. 1, n.° 211, *ikan-taci.* — 4. Valentyn, n.° 180. — 5. Russel, t. I, n.° 78.

la même espèce sur la côte de Coromandel, ne fait non plus aucune mention de cette particularité. Bloch [1], sans dire sur quelle autorité, prétend que c'est un poisson d'eau douce qui pénètre dans les marais, et s'y nourrit d'insectes. Il est certain qu'il se trouve dans le Gange ; car nous en avons reçu de cette rivière par M. Raynaud. Il se trouve aussi à la côte de Malabar, d'où M. Dussumier nous en a rapporté.

On n'est pas plus d'accord sur le goût de la chair de ce poisson que sur ses habitudes. Selon Russel, il ne paraît jamais sur les tables des Européens. Ruysch dit que l'on n'en mange que faute d'autres alimens. Nieuhof, au contraire, assure qu'il est très-bon, soit rôti, soit bouilli, et Valentyn le déclare gras et très-délicat au goût. M. Leschenault se borne à nous dire qu'on le mange à Pondichéry, mais n'en fait point d'éloge particulier. Peut-être toutes ces assertions sont-elles vraies selon les lieux et les circonstances.

C'est le *chætodon argus* de Linnæus et des auteurs méthodiques, ainsi nommé à cause des taches rondes dont son corps est couvert. Bloch en a donné une bonne figure (pl. 204, fig. 1), et Russel le représente aussi très-bien (n.° 78) sous le nom de *pool-chitsilloo*.

Il y en a encore une très-bonne figure dans M. Buchanan (pl. 14, fig. 41), sous le nom de *chætodon pairatalis*.

A Pondichéry on l'appelle *pil-sédé*.

Son nom malais est *ikan-cacatoa-babingtang* (*poisson-perroquet tacheté*). [2]

---

1. Bloch, 6.° part., p. 63.
2. Valentyn, n.° 180.

Son corps est comprimé en ovale court. Sa hauteur n'est qu'une fois et demie dans sa longueur, en n'y comprenant pas la queue; en la comptant, elle y est presque deux fois. L'épaisseur varie du quart au cinquième de la hauteur. La tête a un peu plus du quart de la longueur totale, et est de moitié plus haute que longue. Le milieu du dos est presque rectiligne sur plus de moitié de sa longueur, et sa courbe descend à peu près également en avant et en arrière. A la nuque, après être descendue assez rapidement, elle devient un peu concave au-dessus des yeux, et redevient convexe pour former un museau court et bombé dans les deux sens. L'œil est au-dessous du milieu et plus près du museau que de l'ouïe. Son diamètre est de plus du quart de la longueur de la tête. Les orifices de la narine sont à la hauteur du milieu de l'œil, tous deux grands : le postérieur est une fente elliptique verticale, près du bord de l'orbite; l'antérieur, un trou rond, légèrement rebordé plus près du bout du museau. La bouche n'est fendue que jusque sous l'orifice postérieur; elle est médiocrement protractile. Le maxillaire, qui est fort petit, se cache entièrement dans l'état de repos sous le sous-orbitaire, qui est à peu près rectangulaire. Les dents sont très-fines, très-serrées, à pointe simple. Le préopercule a son angle arrondi, sans dentelures. L'opercule a vers le haut une échancrure en segment de cercle entre deux pointes assez aiguës, et son bord, au-dessous de la seconde, descend obliquement en avant. La membrane des ouïes s'unit à sa correspondante, en traversant sous l'isthme, auquel elle s'attache cependant intimement. La pectorale est ovale, obtuse, et du septième à peu près de la longueur totale. Les ventrales s'attachent plus en arrière, sous le milieu à peu près des pectorales, et l'on aurait pu faire de ce poisson un abdominal à aussi juste titre que des cirrhites et des cheilodactyles. Leur épine est très-forte, un peu plus longue que la pectorale. Les rayons mous la dépassent très-peu. La portion épineuse de la dorsale occupe toute la partie rectiligne et supérieure du dos. Ses onze rayons, alternativement plus larges à droite ou à gauche, comme dans beaucoup d'autres acanthoptérygiens, n'ont de membrane que jusqu'à moitié ou aux deux tiers de leur hauteur : c'est le quatrième rayon qui est le plus long;

sa hauteur est deux fois et demie dans celle du corps. En avant et
en arrière ils décroissent, mais lentement. Le onzième se relève un
peu, il adhère à la partie molle, qui elle-même s'élève encore et
prend une forme arrondie. L'anale a quatre épines très-fortes, qui
n'ont aussi qu'une courte membrane; la quatrième adhère à la partie
molle, qui s'arrondit comme la dorsale. La portion de queue derrière les nageoires est du dixième de la longueur totale, et sa hauteur a un quart de plus. La caudale est coupée carrément, et du
sixième de la longueur totale.

B. 6; D. 10 — 1/16; A. 4/14; C. 17; P. 18; V. 1/5.

Les écailles sont très-petites, et par conséquent en très-grand
nombre, presque carrées, à angles arrondis. Leur bord radical n'a
que deux ou trois crénelures; elles deviennent encore beaucoup
plus petites sur les nageoires. La ligne latérale suit à peu près la
courbe du dos.

Ce poisson paraît d'une couleur argentée, légèrement teinte de
verdâtre, et a tout le corps semé de taches brunes, rondes, d'un
diamètre moindre que celui de son œil, un peu nuageuses, assez
rapprochées. On en voit aussi sur la dorsale, entre les rayons de la
partie molle, et même quelquefois sur toutes les nageoires verticales : il n'y en a point au ventre ni à la poitrine.

La taille à laquelle il arrive communément est d'un pied.

Il a le canal intestinal très-long, roulé cinq à six fois sur lui-
même, enveloppé par un tissu cellulaire graisseux très-épais. L'estomac n'est qu'un simple tube, dont le diamètre est triple de celui
de l'intestin. Arrivé aux trois quarts de la longueur de la cavité
abdominale, il se plie subitement, et remonte presque jusque sous
le diaphragme. Un léger rétrécissement marque à cet endroit le
pylore, qui est entouré d'une vingtaine d'appendices cœcales grêles,
serrées l'une contre l'autre. Le duodénum longe la branche montante de l'estomac, sans se recourber; la grandeur de son diamètre
diminue successivement. Le foie est petit. La rate est ronde, noire,
cachée sous le pylore. La vessie aérienne est simple, assez grande;
ses parois sont minces et argentées.

Le squelette de l'*argus*[1] a la surface du crâne médiocrement poreuse; sa crête presque aussi élevée que la moitié du reste de sa tête; dix vertèbres abdominales et quatorze caudales; les deux premiers interépineux, sans aiguillons, grêles, terminés en haut par une pointe couchée; le troisième, qui porte le premier aiguillon, plus grand, mais de même forme à son sommet; le premier interépineux de la queue, qui porte les deux premiers aiguillons de l'anale, terminé dans le bas par une lame verticale triangulaire, dont la pointe est tournée en avant; l'apophyse épineuse, descendante de la première vertèbre caudale, élargie dans le haut par deux lames qui y forment un bassin ovale et peu concave; les côtes grêles, peu canaliculées, n'ayant dans le haut que de petits appendices grêles; le cubital étroit et fort échancré, et le coracoïdien grêle et descendant jusqu'aux ventrales.

M. Duvaucel nous a envoyé du Bengale des individus entièrement semblables à ceux que nous venons de décrire, mais où les taches sont presque effacées; il y en a même quelques-uns où on ne les aperçoit pas du tout.

Le Scatophage de Bougainville.

(*Scatophagus Bougainvillii*, nob.)

M. le baron de Bougainville, fils d'un navigateur célèbre, et qui marche sur les traces de son père, a rapporté de son dernier voyage autour du monde un scatophage très-semblable à l'*argus,*

mais plus épais, dont les rayons du dos sont plus courts à proportion (le quatrième n'a que le quart de la hauteur du corps), et qui

---

1. On peut prendre une idée de ce squelette par la figure que donne M. Rosenthal (Planches ichtyotomiques, pl. 13, fig. 2) sous le nom de *chætodon striatus,* mais qui est du genre actuel, et probablement de notre espèce rubannée. Il faut remarquer cependant qu'il lui manque les deux premiers interépineux.

n'a point de taches sur le corps, mais seulement des points noirs le long du bord supérieur du dos, des deux côtés de la base de la dorsale.

L'individu est long de sept pouces et demi.

Il se pourrait que ce fût une espèce particulière; mais n'en ayant qu'un individu assez mal conservé, nous ne la présentons comme telle qu'avec quelque doute.

Le SCATOPHAGE ORNÉ.

(*Scatophagus ornatus,* nob.)

MM. Quoy et Gaimard ont rapporté d'Amboine un scatophage semblable à l'*argus* pour les formes et le nombre des rayons,

mais dont les taches sont plus petites et plus éparses. Le fond de sa couleur est vert; il a sur le devant du front et de la nuque une ligne verticale et deux chevrons aurore : une ligne aurore règne aussi à côté de la partie antérieure de la dorsale épineuse, et une tache de la même couleur se voit entre les deux dorsales. Les nageoires verticales et les ventrales sont teintes d'aurore, avec du noirâtre vers leur base. Les pectorales sont blanchâtres,

M. Quoy, qui l'a disséqué, lui a vu un estomac oblong, un intestin roulé en spirale, et point de cœcums; mais ce dernier fait aurait besoin d'être revu.

Il a été pris dans l'eau douce.

Le SCATOPHAGE POURPRÉ.

(*Scatophagus purpurascens,* nob.)

M. de Mertens nous a fait voir la figure d'un scatophage de la mer des Indes, aussi très-semblable à l'*argus,*

à taches aussi petites qu'à l'*ornatus*, mais plus nombreuses et plus serrées, et qui est tout entier d'une couleur rosée, avec une teinte jaunâtre vers le dos et vers le ventre. Sa ligne latérale est représentée plus droite, et le naturaliste qui nous en a communiqué ce dessin compte dix-neuf rayons mous à sa dorsale et quinze à son anale.

L'individu est long de six pouces.

Le SCATOPHAGE RUBANNÉ.

(*Scatophagus fasciatus*, nob.; *Chétodon tétracanthe*, Lacép.)

Un dernier de ces scatophages à quatre épines anales n'est connu que par un échantillon et une figure que Commerson en a laissés; c'est le *chétodon tétracanthe* de M. de Lacépède (t. III, pl. 25, n.° 2, et t. IV, p. 727).

Ses formes, les nombres de ses rayons, ses écailles, sont les mêmes que dans l'*argus;* mais tout son corps est gris-brun, varié par cinq larges bandes verticales d'un brun plus foncé; l'une à la nuque, les deux suivantes sous la partie épineuse de la dorsale, la quatrième sous la partie molle, la cinquième sur la queue, à la base de la caudale. Le front est aussi coloré en brun. D'après la figure de Commerson, le tour de la bouche, le dessous de la mâchoire inférieure, les ventrales, la partie molle de la dorsale, et toute l'anale et la caudale, sont jaunes. La partie épineuse de la dorsale et les pectorales sont noirâtres.

L'individu est long de cinq pouces.

Commerson n'a rien écrit sur le dessin ni sur l'échantillon, et l'on ne trouve rien dans ses papiers au sujet de cette espèce, en sorte que l'on ne sait pas où il l'a recueillie.[1]

———

Le rédacteur de l'*Ittiolitologia veronese* a considéré comme identique avec l'*argus* un poisson fossile de Mon-

———

1. Le squelette donné par M. Rosenthal (Planches ichtyotomiques, 3.ᵉ cah., pl. 13, fig. 2) pour celui du *chœtodon striatus*, me paraît celui de l'espèce actuelle, du *scatophagus fasciatus*.

tebolca, qu'il représente planche 5, fig. 2 ; et en effet ce fossile est un scatophage à quatre épines anales et onze dorsales, et avec des premiers interépineux de même forme que dans l'*argus;* mais la différence spécifique est bien facile à trouver. Dans le fossile, la seconde épine dorsale est plus haute que toutes les autres ; dans le vivant, c'est une des plus basses : il en résulte tout une autre forme dans la partie épineuse de cette nageoire.

Nous ne citerons quelques-uns de ces chétodons fossiles et préluderons ainsi à notre traité des ichtyolites, que parce que ces espèces étant celles sur lesquelles on s'est le plus appuyé pour établir l'identité des fossiles avec les êtres vivans, et parce que la considération de leurs formes, prises en général, étant en effet propre à donner cette illusion, il était bon de montrer dès à présent combien ces ressemblances sont incomplètes.

On le verra beaucoup mieux encore lorsque nous en serons arrivés à la partie de notre ouvrage où nous traiterons *ex professo* des poissons fossiles.

DES TAURICHTES.

Parmi les figures étranges de poissons qui nous ont été conservées par Ruysch, Renard et Valentyn, et qui ont pendant si long-temps excité la défiance des naturalistes, il n'en est point qui soit faite pour provoquer ce sentiment plus que celle qu'ils ont désignée par le nom malais d'*ikan-karbauw* ou *poisson-buffle*[1], et cependant il n'en

---

1. Vlaming, n.° 217, *chinees-joosje, of ikan-carbauw* (poisson-buffle) ; Ruysch, pl. 20, fig. 6, *see-koe* (vache de mer) ; Renard, t. I, pl. 3o, fig. 164, *joosje, of*

est peut-être pas de plus exactement conforme à la nature : ces cornes aiguës et recourbées, cette protubérance
au-dessus de la tête, ces aiguillons comprimés et inégaux,
cette singulière distribution de couleurs, existent en effet
dans un poisson de l'archipel des Indes, dont nous avons
déjà trois échantillons sous les yeux. Sa dorsale, sans être
aussi échancrée que dans les éphippus et leurs démem-
bremens, l'est cependant d'une manière assez sensible pour
qu'on ne puisse pas le laisser parmi les chétodons proprement dits, et son troisième rayon, quoique élevé au-
dessus des autres, et paraissant même quelquefois augmenté d'un filament, ne se prolonge pas assez pour qu'on
puisse en faire un héniochus ou un zanclus ; d'ailleurs la
protubérance de sa crête du crâne lui donne un caractère assez marqué pour l'ériger en genre, et tout nous fait
croire que d'autres espèces viendront se ranger sous cette
nouvelle subdivision. Nous lui avons donné le nom de
taurichthys, en traduisant en grec son nom malais.

Le Taurichte varié.

(*Taurichthys varius,* nob.)

L'espèce s'appellera *taurichthys varius.*

Sa hauteur est une fois et trois cinquièmes dans sa longueur, et
son épaisseur trois fois dans sa hauteur. La longueur de sa tête est
le quart de sa longueur totale, et sa hauteur, en y comprenant,
comme on le doit, toute la crête du crâne, est presque le double
de sa longueur. Son profil se divise en trois parties : une supérieure,
légèrement convexe, comprimée, qui descend obliquement jusqu'à

---

chineese-duivel (diable chinois), copié de Vlaming ; Valentyn, n.° 71, *ikan-carbauw-
hitammanis* (poisson-buffle brun), copié de Vlaming.

une proéminence osseuse, obtuse, dirigée en avant; une moyenne, très-concave, arrondie transversalement, qui descend de cette proéminence jusqu'au milieu du dessus des orbites; sa terminaison est marquée de chaque côté par une corne aiguë, recourbée latéralement, et qui tient à l'orbite, à la partie antérieure de son bord supérieur; enfin, une troisième, également concave, qui descend depuis les cornes jusqu'au bout du museau, lequel est court, pointu, et singulièrement peu fendu pour l'ouverture de la bouche. La portion du crâne qui s'élève ainsi au-dessus du sourcil, est un peu plus haute que le reste de la tête, l'œil compris. Le diamètre de l'orbite est du tiers de la longueur de la tête, et du sixième de sa hauteur. Le préopercule a son angle arrondi, avec une légère apparence de dentelure. L'opercule, deux fois plus haut qu'il n'est long, a un angle obtus, et au-dessus un arc un peu rentrant. La dorsale naît un peu au-dessus du sommet de la crête du crâne, qui est aussi le point le plus élevé du corps, par un aiguillon court, suivi de deux autres un peu plus longs. Le quatrième, qui est le plus haut, est plus que double du troisième; ensuite ils décroissent, mais plus lentement qu'ils n'ont augmenté. Tous sont comprimés et en forme de lames de sabre. Le onzième et dernier est encore presque aussi haut que le premier des mous : il y en a vingt-cinq de ceux-ci, formant une partie molle à bord légèrement arrondi. L'anale est un peu plus alongée en demi-ellipse, et a trois aiguillons très-forts, bien que comprimés, et dix-sept rayons mous. C'est à peine s'il y a un peu de queue nue avant la caudale, dont la longueur est un peu plus du sixième de la longueur totale, et qui a son bord à peine en arc légèrement rentrant. La pectorale est un peu en faux, et du quart à peu près de la longueur. Les ventrales égalent les pectorales, et leur pointe atteint le commencement de l'anale.

D. 11/25; A. 3/17; C. 17; P. 14; V. 1/5.

Les écailles sont de grandeur médiocre : il y en a environ cinquante sur une ligne de l'ouïe à la caudale, et trente-cinq ou quarante sur une ligne verticale à l'endroit où elles s'élèvent le plus sur la dorsale. Elles sont presque carrées; les stries de leur partie antérieure sont à peine visibles à la loupe, leur éventail a sept ou huit rayons; les crénelures en sont peu marquées. Il ne s'en étend que jusque sur la moitié de la hauteur des nageoires verticales.

Conservé dans la liqueur, le fond de sa couleur paraît d'un brun plus roussâtre vers le dos, plus noirâtre vers le ventre. Une bande verticale d'un vert argenté descend des premiers rayons de la dorsale sur l'opercule et sur la poitrine, où elle s'élargit. Le brun du dos monte sur les écailles qui couvrent le devant de la dorsale; mais sur le reste de cette nageoire il y a une large bande orangée, qui en occupe le milieu, et est séparée du dos par une autre d'un argenté verdâtre. La position de la nageoire fait que ces deux bandes sont obliques à l'axe du poisson; elles s'étendent l'une et l'autre sur la queue. La partie supérieure de la dorsale est blanchâtre; mais il y a du noir entre les troisième, quatrième et cinquième rayons. La caudale est blanchâtre, la pectorale grise, l'anale toute brune, la ventrale noire.

Ces couleurs paraissent peu différer de l'état frais, et répondent assez bien à celles de la figure de Vlaming; mais Renard, dans sa copie, en a exagéré toutes les teintes, et en a fait un habit d'arlequin.

L'individu qui a servi de sujet pour cette description, est long de quatre pouces, et en comptant les aiguillons dorsaux, sa hauteur est à peu près égale à sa longueur. Nous en avons un squelette de six pouces.

Il ne paraît pas que l'espèce devienne beaucoup plus grande, car Valentyn la traite de *petit poisson*.
Il ajoute qu'elle est d'un goût très-délicat.

Le squelette du taurichte se distingue de tous les autres par cette crête du crâne, presque aussi élevée que le reste de la tête, et produisant en avant une protubérance conique. Derrière elle sont deux interépineux grêles, sans rayons. Les interépineux suivans se touchent par leurs lames antéro-postérieures, et il y a des lames semblables aux apophyses épineuses des sept ou huit premières vertèbres abdominales. Je compte dix de ces vertèbres, et quatorze de celles de la queue. Les côtes sont canaliculées en avant et en arrière dans une bonne partie de leur longueur, mais peu élargies. Elles embrassent presque toute la hauteur de l'abdomen.

Le TAURICHTE VERT.

(*Taurichthys viridis*, nob.)

Indépendamment de ce premier *poisson-buffle*, que nous avons décrit d'après nature, les auteurs que nous avons cités en représentent un second[1], qui nous est inconnu, et auquel ils donnent entre autres caractères un filet prolongeant l'un de ses premiers aiguillons dorsaux, qui le rapprocherait beaucoup des héniochus.

La distribution de ses couleurs est à peu près comme dans le précédent ; mais les teintes en sont fort différentes : le fond en est vert ; la tête et le ventre brun, et les deux bandes d'un bleu foncé.

Renard prétend que les habitans d'Amboine regardent la cendre de ses arêtes comme un remède contre la fièvre, et que les femmes portent au cou le long aiguillon de sa dorsale, dans l'idée de se préserver des maladies de matrice. Si ces récits ont quelque fondement, ils doivent aisément faire retrouver l'espèce, ce qui donnera les moyens d'en faire une description plus complète.

---

1. Vlaming n'a pas cette figure ; mais elle est dans Ruysch (pl. 20, fig. 5) sous le nom de *see-os* (bœuf marin), dans Renard (t. II, pl. 10, fig. 49) sous le nom de *joosje-joosje*, et dans Valentyn (n.° 161) sous celui de *ikan-carbauw-hidjoe* (poisson-buffle vert).

CHAPITRE V.

Des Holacanthes et des Pomacanthes.

DES HOLACANTHES.

Le genre des *holacanthes* se distingue facilement des autres chétodonoïdes par un grand aiguillon qui tient à l'angle de leur préopercule et se dirige en arrière dans l'état de repos, mais qu'ils peuvent écarter avec le préopercule lui-même, et qui devient alors pour eux une arme très-puissante à ajouter à celles que fournissent les aiguillons de la dorsale et de l'anale. La plupart ont aussi les bords de leur préopercule dentelés, et M. de Lacépède en sépare, sous le nom de *pomacanthes,* ceux qui n'offrent point cette particularité. Nous trouvons l'application de ce dernier caractère susceptible de trop d'équivoque pour l'adopter, et néanmoins nous ferons, mais par d'autres motifs, une division séparée de quelques-uns de ces pomacanthes de M. de Lacépède, et nous les placerons à la suite des holacanthes.

Il y a de ces poissons dans les deux Indes, et ils y sont généralement comptés au nombre des meilleurs que l'on puisse servir sur les tables, comme aussi des plus beaux que l'œil du naturaliste puisse contempler, et des plus dignes d'être imités par le pinceau de l'artiste.

L'HOLACANTHE CILIAIRE.

(*Holacanthus ciliaris*, Lacép.; *Chœtodon ciliaris*, Linn. et Bl.;
Chétodon couronné, Desmar.)

Nous commencerons par une grande et belle espèce du
golfe du Mexique, qui n'a encore été décrite que très-
imparfaitement par nos auteurs méthodiques, quoiqu'ils
l'aient fort multipliée.

Elle est assez bien dessinée dans Willughby (pl. O, 3,
fig. 1), mais d'après un individu sec et décoloré, qui n'a-
vait plus aucune des marques singulières qui distinguent
l'espèce. Linnæus paraît avoir représenté[1] un individu altéré autrement, et qui ne montrait que les lignes latérales
de la tête.

C'est sur cet individu qu'il établit son espèce du *chœtodon ciliaris*.

Bloch en a donné ensuite (pl. 214) une figure très-
correctement dessinée, mais faite sur un individu décoloré
par la liqueur, qui paraissait tout gris, et ne conservait
d'autre linéament que le cercle de la nuque, mais teint
en noir.

Plus tard[2] il a reproduit cette espèce une seconde fois,
sous le nom de *chœtodon Parræ;* car l'*isabelita* de Parra
(pl. 7, fig. 1) ne diffère du *chœtodon ciliaris* de Bloch que
pour avoir été figuré d'après le frais.

M. Desmarest lui a donné un troisième nom, celui de
chétodon couronné, dans sa première Décade ichtyologi-
que, quoique la ressemblance de son poisson avec le *ciliaris* de Bloch ait dû le frapper au premier coup d'œil.

---

1. *Mus. Ad. Fred.*, pl. 33, fig. 1. — 2. *Syst.*, p. 233.

Enfin, j'ai tout lieu de croire qu'elle en a reçu un quatrième de Shaw ; car je pense que c'est à cette espèce qu'appartient la figure, à la vérité assez grossière et mal coloriée, de Catesby (t. II, pl. 31), dont Shaw a fait son *chætodon squamulosus.*[1]

D'après la comparaison suivie que nous avons faite de leurs articles, et le degré d'exactitude dont nous les jugeons respectivement capables, nous osons affirmer que tous ces auteurs n'ont vu qu'une seule et même espèce, celle dont nous parlons ici.

Mais nous ferons remarquer une faute d'un autre genre : celle de Linnæus, qui a cité très-mal à propos la figure 4, planche 283 d'Edwards, comme représentant le *chætodon ciliaris;* car elle appartient au *tricolor,* et néanmoins c'est justement celle-là que Bonnaterre a choisie pour représenter le *ciliaris* (fig. 179); en sorte que qui ne consulterait que les planches de ce dernier écrivain, ne parviendrait jamais à reconnaître le *chætodon ciliaris.*

Nos colons de la Martinique, qui ne s'inquiètent guère des nomenclatures scientifiques de l'Europe, ni des discussions qu'elles occasionnent parmi les naturalistes, appellent ce poisson *le portugais,* d'un nom qu'ils dérivent de ses couleurs jaune et bleue, mais qu'ils étendent à beaucoup d'holacanthes et de pomacanthes, et même à des chétodons ordinaires de leurs parages, dont les couleurs sont fort différentes.

Choris nous l'a aussi envoyé de la Martinique sous le nom de *patate.*

A Porto-Rico on le nomme *palometa* (petit pigeon),

---

1. *Nat. Miscell.,* p. 275.

nom qui dans l'ancienne Espagne est propre à la castagnole, mais qui parmi les colons espagnols du Nouveau-
Monde est devenu générique pour beaucoup de chétodons.

La collection de dessins du Mexique le nomme *isabelita,*
comme les habitans de la Havane.

Ce poisson est assez répandu dans l'archipel des Antilles : on l'y pêche par tout le long des côtes; mais on y
en fait peu d'estime, parce que sa chair est dure.

Son corps, vu de côté, est d'un bel ovale. En n'y comprenant pas
la caudale, sa hauteur est une fois et trois quarts dans sa longueur;
et en l'y comprenant, deux fois et un cinquième; l'épaisseur est du
tiers de la hauteur. La ligne de la nuque se courbe, et celle du
profil, quoique droite, descend rapidement, ce qui rend le museau
très-obtus. La dorsale et l'anale ne sortent de la circonscription de
l'ovale que vers le tiers postérieur, pour se prolonger chacune en
une pointe aiguë qui dépasse la caudale. Leurs rayons se raccourcissent ensuite par une courbe concave. La queue derrière elles est
très-courte, et la caudale, qui n'a que le cinquième de la longueur
totale, est coupée carrément. La longueur de la tête ne fait que les
trois quarts de sa hauteur et le cinquième de la longueur totale. Le
devant du museau est arrondi transversalement. L'œil répond au
tiers supérieur de la tête, et au quart antérieur; il est rond et a le
quart de la longueur en diamètre. Il y a d'un œil à l'autre un diamètre et demi. L'orifice postérieur de la narine est ovale, à la hauteur du bord inférieur de l'orbite, un peu plus en avant. L'antérieur,
un peu plus bas, est petit, rond et rebordé; plus bas encore, et près
de la mâchoire, il y a un petit pore rond et sans rebord. La bouche
n'est pas plus large que l'œil, et peu protractile. Ses lèvres sont
membraneuses et assez larges; ses dents en forme de soies pointues;
les extérieures les plus longues. Les deux branches de la mâchoire
inférieure se touchent l'une l'autre en dessous par leur bord interne.
Le maxillaire supérieur se montre derrière la commissure petit,
oblong et vertical. La partie antérieure du sous-orbitaire, qui re-

couvre le pédicule du maxillaire, a trois ou quatre fortes dentelures
à son angle antérieur et inférieur. La joue est plus haute que longue.
Le bord montant du préopercule est presque vertical, et armé de
dents pointues, écartées les unes des autres, inégales, dirigées en
arrière, et en nombre variable, de six ou sept à dix ou douze. A son
angle est une forte épine comprimée, pointue, dirigée en arrière, et
qui dépasse la fente des ouïes. A son bord inférieur sont encore une
ou deux fortes dents, dirigées obliquement en arrière; et il y en a
aussi deux ou trois au bord inférieur de l'interopercule. Il y a même
des individus où l'on en voit une ou deux au bas du subopercule.
Autant que j'en peux juger par mes échantillons, c'est dans les
femelles que ces dents sont plus nombreuses. L'opercule n'en a
aucunes; il est plus haut que long, et coupé en angle très-obtus.
La fente des ouïes descend en arc jusque sous l'angle de la mâchoire
inférieure, où la membrane se joint à l'isthme : on y compte six
rayons, qui se recouvrent obliquement les uns les autres. L'os scapulaire a quelques pointes que l'on distingue mal, parce qu'elles se
collent contre les écailles voisines. La longueur de la pectorale est
cinq fois et demie dans celle du poisson, et sa largeur à la base deux
fois dans sa longueur. Elle est attachée au tiers inférieur de la hauteur,
coupée en demi-ovale, obtuse, et compte dix-huit rayons.

La ventrale s'attache à l'aplomb du bord postérieur de la base de
la pectorale; elle est un peu plus longue et de forme pointue. Son
épine est comprimée et d'un tiers moindre que son premier rayon
mou.

La dorsale commence au-dessus de la base de la pectorale. Ses
épines sont fortes et droites; elles croissent très-lentement à compter
de la première, et de façon que leurs pointes demeurent dans une
ligne droite entre elles et avec les rayons mous jusqu'au septième,
qui est le plus long, et forme avec celui qui le précède et celui qui
le suit la pointe de la production en forme de faux de cette nageoire.
Les rayons mous diminuent ensuite rapidement jusqu'aux onzième
et douzième, après lesquels ils sont courts et forment la partie de
cette nageoire dont le bord redevient vertical. Il y en a quatorze
épineux et vingt et un mous, tous tellement enveloppés par les

écailles, qu'excepté les trois premiers, qui ont entre eux des portions échancrées de membrane nue, on ne voit que leurs pointes.

L'anale est coupée en faux, exactement comme la dorsale, et sa
pointe se porte autant en arrière, quelquefois même davantage; mais
elle ne commence que sous le huitième rayon de celle-ci. Elle a trois
rayons épineux, dont les deux premiers n'ont derrière eux que des
portions de membrane nue, et vingt mous, enveloppés d'écailles.
Ces deux nageoires sont si épaisses, que leurs faces latérales se continuent sans ressaut avec les côtés du corps. La portion nue de queue
qui est derrière elles ou entre elles a le quatorzième à peu près de la
longueur totale, sur une hauteur double; mais les écailles se continuent sur la caudale jusqu'à moitié de sa longueur. Elle a dix-sept
rayons, est un peu arrondie au bout, et ne va pas aussi loin en arrière
que les pointes des deux autres nageoires verticales.

B. 6; D. 14/21; A. 3/20; C. 17; P. 18; V. 1/5.

Toute la tête est écailleuse, excepté le bord des lèvres; mais hors
la joue et le tiers inférieur de l'opercule, ses écailles sont petites,
celles du vertex et du front surtout. Le corps a environ cinquante
écailles sur une série longitudinale, et trente sur une verticale. Les
plus grandes sont au milieu; elles diminuent par degrés sur les nageoires, et finissent par y devenir très-petites; elles sont presque
aussi longues que hautes : leur bord antérieur est en angle très-obtus
et fortement strié en longueur. Les stries se terminent chacune par
une dentelure aiguë ou un cil court. Les bords latéraux sont en arc
de cercle, et la partie cachée a un éventail de six rayons et autant de
crénelures; mais entre les grandes écailles que nous venons de décrire, et dans l'angle que les deux placées au-dessus l'une de l'autre
forment par leur rapprochement, il y en a plusieurs petites en triangle
isocèle, dont l'angle aigu du sommet est du côté de la racine, et dont
la partie de la base se voit au dehors, et est striée et ciliée comme le
bord des grandes.

La couleur générale de ce beau poisson résulte du ton violet de
la base des grandes écailles, de toutes les petites, et d'un trait jaune
vertical, plus large au milieu, sur le bord de chacune des grandes.

Suivant qu'on le regarde dans un sens ou dans l'autre, il peut paraître doré, verdâtre ou chatoyant; mais lorsqu'on porte l'œil perpendiculairement à la face latérale, ces traits se voient disposés régulièrement en quinconce sur un fond violet, et font un effet très-agréable à la vue. Ce même effet de couleur se porte sur la dorsale et sur l'anale; mais les pointes de ces nageoires prennent une belle couleur rouge, et tout leur bord a un liséré d'un beau bleu d'azur. A leur partie postérieure et verticale ce liséré s'élargit et est quelquefois suivi d'un second liséré blanchâtre. La caudale, les pectorales et les ventrales sont d'un beau jaune orangé. La gorge et la poitrine sont d'un gris violet uni, sans traits jaunes. Sur la nuque, en avant de la dorsale, est une tache ronde et d'un brun-noir tacheté de bleu, entourée d'un cercle bleu. Il y a aussi un ruban bleu au bord de l'opercule plus large dans le haut, et sur la base de la pectorale une large tache d'un bleu noirâtre ou brunâtre, bordée vers le bas de bleu d'azur. Le bord des lèvres est de ce même bleu. Quelques individus ont une ligne bleue, qui remonte du bord antérieur du préopercule au-devant de l'œil, et de là vers le cercle bleu de la nuque, où elle rencontre celle de l'autre côté; et d'autres en ont encore une, qui part du côté du cercle de la nuque, et descend derrière l'œil et sur le limbe du préopercule. Enfin, on voit quelquefois aussi des taches bleues sur la joue; mais ces lignes et ces taches disparaissent généralement sur les grands individus, qui n'ont plus de bleu que le cercle de la nuque, le bord des lèvres, celui de l'opercule, la tache à la pectorale, et les bordures de la dorsale et de l'anale.

Nous avons des individus de cette espèce qui ont jusqu'à quatorze pouces de longueur.

Cette description, prise d'exemplaires très-bien conservés, arrivés récemment de Saint-Thomas, et confirmée par celle que M. Poey a faite sur le frais à la Havane, montre combien sont peu exactes les diverses enluminures de Bloch et de Catesby; celle même de Parra est grossière, comparée à la nature.

*L'*HOLACANTHE TRICOLOR.

(*Chætodon tricolor,* Bl.)

Les côtes atlantiques de l'Amérique produisent dans leurs parties chaudes un autre holacanthe, très-semblable au *ciliaire* pour l'ensemble et les détails de ses formes, mais tout autrement coloré.

C'est la *veuve-coquette* de nos colons de la Guadeloupe, nommée ainsi parce que la moitié de son vêtement est noire, mais agréablement tranchée avec les autres parties, qui sont d'un jaune vif.

M. de Lacépède compare d'une manière pittoresque cette disposition de couleur à un manteau de velours noir, sur une robe de drap d'or.

A la Martinique ce poisson se nomme *monbin;* mais on l'y nomme aussi *portugais,* et à la Havane *catalineta,* comme plusieurs autres chétodons.

Edwards a donné (pl. 283, fig. 4) une figure médiocre de la femelle, qu'il intitule *acarauna*[1], et le prince Maurice en avait laissé une dans le recueil de Mentzel, intitulée *paru*[2]; mais ces deux noms sont au Brésil des désignations génériques qui embrassent plusieurs chétodons, et celui d'*acarauna* comprend même des acanthures.

---

1. C'est celle que Bonnaterre, ainsi que nous l'avons dit, a copiée (Encyclopédie méthodique, planch. ichtyolog., fig. 179) pour représenter l'espèce précédente.

2. Bloch prétend (12.ᵉ part., p. 97) que le prince Maurice l'appelle *acarauna*, et cite son Livre ainsi : t. II, p. 144. Mais il a tout brouillé : il y a dans le *Liber principis*, t. II, p. 312, un *acarauna* qui est un acanthure, et notre holacanthe tricolor n'est représenté que dans le *Liber Mentzelii*, p. 123, sous le nom de *paru*. La citation de la page 144 se rapporte à Margrave, et non au *Liber principis*, et c'est l'acanthure qui y est représenté. M. Lichtenstein fait déjà ces observations (Mém. de l'Acad. de Berlin, 1820 et 1821), et nous en avons constaté la justesse.

Edwards ayant fait sa figure d'après un individu décoloré par la liqueur, il a rendu les parties pâles, comme si elles étaient d'un blanc pur, ce qui n'est point exact, car les deux sexes sont colorés de même.

Duhamel[1] et Parra[2] ont bien représenté le mâle. Bloch surtout en a donné une très-belle figure vers la fin de son grand ouvrage sous le nom de *chætodon tricolor* (pl. 425); mais il avait d'abord confondu cette espèce avec une autre dans laquelle le noir et le pâle ne se partagent pas de la même manière, et qui est son *chætodon bicolor* (pl. 206); et c'est à celle-ci qu'il a rapporté mal à propos les figures d'Edwards et de Duhamel.

L'holacanthe tricolor, ou *veuve-coquette*, est en général de la même forme que le *ciliaire*, si ce n'est que chacun des angles de sa caudale se prolonge en une petite pointe; que les pointes de sa dorsale et de son anale ne dépassent pas celles de la caudale, et même que, dans la femelle, leur prolongation n'est presque rien, et ne forme pas un fil, comme dans le mâle ou comme dans les deux sexes du ciliaire; mais qu'elles y sont seulement anguleuses. Les dentelures des bords du préopercule sont aussi bien plus faibles; mais l'épine en est forte, dans le mâle surtout, qui l'a même plus grosse à proportion. Ses dentelures y sont au contraire encore moins apparentes que dans la femelle. Les dentelures du bas du subopercule ne paraissent un peu que dans la femelle, et elle a celles de l'interopercule plus nombreuses, mais moins fortes. Le mâle n'y en a qu'une ou deux. Les deux sexes ont trois ou quatre fortes dents ou petites épines à l'angle inférieur du sous-orbitaire. Les écailles sont disposées, configurées et striées comme dans le *ciliaris*, et la ligne latérale est tout aussi peu apparente. Enfin, les nombres des rayons ne diffèrent que fort peu.

D. 14/19; A. 3/18;,C. 17; P. 18; V. 1/5.

---

1. Pêches, 2.ᵉ part., sect. 4, pl. 13, fig. 1, *la veuve-coquette*.
2. Parra, pl. 7, fig. 2, *catalineta*.

Le jaune et le noir sont distribués sur le corps comme il suit : les lèvres sont noires. La tête, la nuque, l'épaule, la gorge et la poitrine, ainsi que les pectorales et les ventrales, sont jaunes. Tout le reste est noir jusqu'à la queue. La ligne qui sépare en avant le noir du jaune, commence à la quatrième ou à la cinquième épine dorsale, descend obliquement en avant jusque près de l'aisselle de la pectorale, d'où elle se recourbe et se porte en arrière pour se terminer au commencement de l'anale. Ce noir finit par une ligne verticale sur le milieu de la portion de queue qui est derrière la dorsale et l'anale ; le reste de la queue et toute la caudale sont jaunes. Le mâle n'a qu'un petit liséré jaune au bord postérieur de sa dorsale, mais dans la femelle ce liséré est plus large, et il y en a aussi un tout autour de l'anale. La troisième couleur de ce poisson est un rouge de vermillon, qui teint l'épine du préopercule, la membrane des épines de l'anale, et dans la femelle une partie du bord inférieur de la même nageoire, et un peu de celui de la dorsale.

Les distinctions que nous établissons entre les deux sexes, sont fondées sur les indications que M. Plée a jointes aux individus qu'il a recueillis à Saint-Thomas, et pour les couleurs nous avons consulté les notes de M. Poey ; mais l'individu que Bloch représente, et qui, d'après les pointes de ses nageoires, paraît être un mâle, a des bords jaunes ou rouges à la dorsale comme à l'anale. L'enluminure répand aussi du rouge sur beaucoup plus d'endroits qu'il ne paraît y en avoir dans la nature.

La taille de nos individus va jusqu'à dix pouces et demi et onze pouces.

Nous avons disséqué cette espèce. Ses viscères diffèrent sensiblement de ceux des chétodons proprement dits par plus de longueur de l'intestin, ce qui a nécessité plus de replis et d'ondulations vers la partie postérieure de l'abdomen, en arrière de l'estomac.

Le foie est grand et composé de deux lobes, qui couvrent l'estomac et la plupart des nombreuses appendices cœcales qui entourent le pylore.

La vésicule du fiel est très-grande, en cul-de-sac, cylindrique, appuyée sur le côté supérieur de l'œsophage. Le canal cholédoque est long, grêle, et s'insère entre les cœcums.

L'œsophage est de longueur médiocre, il fait un pli à angle droit, et descend dans la cavité abdominale; mais il se porte bientôt en avant, et se dilate pour former l'estomac, dont la capacité n'est pas très-considérable. L'entrée de l'estomac au pylore dans l'intestin est large, et autour du pylore il y a vingt-trois cœcums longs et grêles, placés presque tous sur le côté gauche de l'estomac.

Le duodénum est large; il se porte vers le diaphragme, et se plie pour se contourner suivant les nombreuses ondulations de l'intestin. Il diminue de près de moitié de largeur.

Il y a une très-grande vessie natatoire, à parois membraneuses, blanchâtres, non argentée. Elle occupe toute la longueur de l'abdomen, et s'étend même un peu au-delà par deux fourches peu longues qu'elle envoie de chaque côté de la queue.

Le squelette a vingt-quatre vertèbres, dont neuf abdominales et quinze caudales. Les côtes embrassent les deux tiers de l'abdomen; elles sont légèrement canaliculées en avant et en arrière, et portent leur appendice à leur quart supérieur. Ces appendices se continuent le long des vertèbres de la queue jusqu'à la sixième, s'attachant à la racine de ses apophyses épineuses descendantes. La crête interpariétale ne s'élève point au-dessus du crâne, et est même fort courte dans le sens horizontal. Je ne vois pas d'interépineux entre elle et celui de la première épine dorsale. Les interépineux en général ont leurs lames latérales assez saillantes, mais minces et tranchantes. Aucun d'eux n'est renflé.

*L'*HOLACANTHE BICOLOR.

(*Chætodon bicolor*, Bl.?)

Le Cabinet du Roi possède depuis long-temps un holacanthe assez semblable à ce *tricolor* par la division de
ses couleurs en deux grandes masses.

Sa forme est la même; ses épines aussi, sauf celles de l'interopercule, qui sont moindres, et celles du sous-orbitaire, qui sont plus
nombreuses et plus petites; mais la partie noire de son corps est
séparée de la pâle en avant par une ligne verticale, qui prend du
cinquième rayon épineux de la dorsale, et descend au milieu de
l'espace qui est entre les ventrales et l'anale. Un ruban plus blanc
sépare les deux couleurs. Sur la queue la séparation se fait comme
dans l'espèce précédente, et l'on voit de plus au crâne de celle-ci
une tache ronde et noirâtre au-dessus des yeux.

D. 15/16 ; A. 3/18, etc.

Sa dorsale et son anale finissent simplement en angle, et sa caudale est coupée carrément.

La liqueur a altéré les couleurs de nos individus; mais
il ne nous a pas été difficile de reconnaître l'espèce dans
la figure 106 (pl. 19), de Renard; et nous avons appris par
là, et encore mieux par l'original, qui est dans Vlaming
(n.° 18),

que la partie antérieure du corps et la queue sont orangées, et la
postérieure, ainsi que la tache du crâne, d'un noir plus ou moins
bleuâtre.

Renard nomme cette espèce *color-sousounam*, et Vlaming *pangerang*. L'existence de sa figure dans leurs recueils prouve suffisamment qu'elle habite l'archipel des
Indes.

Il nous paraît bien vraisemblable que c'est de cette espèce, altérée aussi par la liqueur, que Bloch a fait son *chœtodon bicolor* (pl. 206, fig. 1), et si dans le texte il la nomme *acarauna,* et la dit à la fois des deux Indes, c'est parce qu'il l'a confondue avec l'espèce précédente.

Nous devons faire observer cependant qu'il compte quatre rayons de plus que nous à la dorsale (15/20); mais il est très-possible qu'il les ait comptés sur un individu de l'espèce d'Amérique.

Il cite aussi comme synonymes les n.ᵒˢ 35 et 121 de Renard, et le n.° 48 de Valentyn. Nous ne savons pas bien ce qui en est pour le premier; mais les deux autres appartiennent certainement à une autre espèce, au *mesoleucos* de Bloch (pl. 216, fig. 2) qui va suivre.

*L'*HOLACANTHE MULAT.

(*Holacanthus mesoleucos,* nob.; *Chœtodon mesoleucos,* Bl.; *Chœtodon mesomelas,* Gm.; *le Mulat,* Lacép., t. IV, p. 528 et 537.)

Le *chœtodon mesoleucos* de Bloch (pl. 216, fig. 2) est un holacanthe voisin des précédens, et qu'il faut se garder de confondre avec le *chœtodon mesoleucos* de Forskal, qui est un chétodon proprement dit. Celui de Bloch avait déjà été représenté dans Renard (fol. 22, fig. 121) et dans Valentyn (n.° 48) d'après le n.° 176 de Vlaming.

Sa forme est comme dans le *bicolor.* Ses nageoires sont arrondies. Le noir de sa partie postérieure se change par nuance en une couleur jaunâtre à la partie antérieure. Une large bande oculaire brune descend de la nuque à la gorge. Les lèvres sont brunes, et la queue jaune. Telles sont les couleurs du poisson frais, et qui se rapportent à celles que l'on trouve dans Vlaming, dont l'enluminure est probablement faite d'après nature. Il donne un ton bleuâtre aux parties brunes ou noires, un jaune pâle aux pectorales et à la caudale, et un jaune orangé aux ventrales. Bloch, qui n'avait vu qu'un poisson décoloré, colore en gris ou en blanchâtre les parties jaunes.

D. 12/17; A. 3/18, etc.

Nous avons un individu long de cinq pouces et demi.

Vlaming avait fait dessiner cette espèce aux Moluques; en effet, MM. Kuhl et Van Hasselt l'ont envoyée de Java au Musée royal des Pays-Bas. Bloch prétend l'avoir reçue du Japon. Vlaming l'appelle *parallelogram* ou *colour*, Renard simplement *parallelogram*, Valentyn *ikan-koe-loer-hidjoe* ou *poisson couleur vert*. Ce dernier en vante beaucoup le goût.

*L'*Holacanthe amiral.

(*Holacanthus navarchus*, nob.)

Vlaming (n.° 22) a, sous le nom de *camuys-neus* (nez camus), la figure d'une bien belle espèce de ce genre, que nous croyons aussi posséder, mais tellement décolorée que nous n'osons affirmer qu'elle soit la même. Renard (t. I, fol. 16, n.° 92) a copié cette figure de Vlaming; mais, plaçant à côté (n.° 93) celle de l'*imperator,* il a transposé les noms, et donné à la première celui de *douwing-admiral,* qui appartient à la seconde. Il l'a aussi très-mal enluminée.

Le même poisson revient, mais encore plus grossièrement rendu, dans Renard (t. II, pl. 4, fig. 17), et toujours sous ce nom de *douwing-admiral.* Ces deux figures sont copiées dans Valentyn (n.°ˢ 58 et 64). Mais, comme à son ordinaire, il donne pour chaque figure un nom différent :

le n.° 58 s'appelle *éventail-du-Japon;* le n.° 64, *trompette-du-Japon.* Ruysch, qui les donne aussi (pl. 15, fig. 10 et 11), les appelle *gravin* (comtesse).

Ce que l'on peut apercevoir dans ces figures, quelques variations qu'aient subies leurs noms et leurs enluminures, c'est que ce poisson a le devant et l'arrière du corps diversement colorés de teintes foncées, et que sur le milieu est une très-large bande plus claire, venant de la dorsale, arrondie dans le bas, et qui n'atteint pas la ligne du ventre. C'est ce dont notre individu offre aussi des traces. Il paraît aujourd'hui, dans la liqueur, d'un noir foncé, avec des reflets bleuâtres; la large bande du milieu de son dos semble d'un brun jaunâtre, et le bord de son anale est blanchâtre. Toutes ses formes, ses écailles, ses dentelures, ses nageoires sont exactement comme dans le *bicolor.*

D. 14/16 ; A. 3/17, etc.

Il répond aussi assez bien à la description que Ruysch donne de sa figure 10 :

Totum corpus quodammodo violaceum est, sed maculis distinctum nisi quod de medio ac summo corpore procedat macula flava ac magna quæ fere medium corpus occupat.

M. Valenciennes a trouvé la même espèce mieux conservée au Cabinet royal des Pays-Bas.

Sa couleur est un brun presque noirâtre, et au milieu du corps est une demi-ceinture blanche. L'anale et la caudale ont le bord blanc. Les ventrales sont blanchâtres, et ont les premiers rayons bruns.

L'individu vient de Java, et est long de trois pouces et demi.

*L'*HOLACANTHE TROMPETTE.

(*Holacanthus tibicen*, nob.)

Nous croyons devoir rapporter ici un chétodon anciennement conservé au Muséum des Pays-Bas, dont les formes
et la distribution des couleurs sont à peu près les mêmes
que dans le précédent, mais qui a quatre épines à l'anale.

L'aiguillon du préopercule est très-fort, et atteint presque la base
de là pectorale. Son bord inférieur a trois petites pointes. Le bord
montant a des dentelures nombreuses, fines et aiguës. Toutes les
écailles sont striées.

D. 14/16 ; A. 4/16, etc.

Dans son état actuel il paraît brun. Une grande tache pâle occupe
le haut de l'opercule et la partie voisine de l'épaule, et il y en a une
autre, elliptique, verticale, sur le milieu du dos, dans la moitié
supérieure. Les lèvres paraissent avoir aussi été pâles; mais ses vraies
teintes sont sûrement fort altérées.

La longueur de l'individu observé par M. Valenciennes est de
quatre pouces.

*L'*HOLACANTHE ASFUR.

(*Chœtodon asfur*, Forsk.)

C'est ici qu'il faut placer le *chœtodon asfur* de Forskal,
qui est noir et a sur le milieu du corps une large bande jaune,
arquée en avant et pointue à ses extrémités, qui se dirigent en
arrière. Sa dorsale et son anale sont en forme de faux, et s'étendent
horizontalement en arrière. Sa caudale est arrondie, fauve et lisérée
de noir.

L'individu ainsi décrit par Forskal était long de cinq pouces.

Cette description convient parfaitement à un individu
long de six pouces que M. Ruppel a rapporté de la mer

Rouge, et qu'il a donné au Cabinet du Roi. Ses nombres
sont :   D. 12/24[1]; A. 3/22; C. 17; P. 16; V. 1/5.

Les Arabes de Lohaia l'appelaient *tabak-el-herr* ou
asfur; ce dernier nom veut dire *moineau.*

Forskal lui donne un aiguillon fort au préopercule, mais
ne parle pas de dentelure, qui en effet n'y est presque pas
sensible, ce qui a déterminé M. de Lacépède (t. IV, p. 518,
521 et 524) a en faire un pomacanthe.

*L'*Holacanthe haddaja.

(*Holacanthus haddaja*, Forsk.)

Forskal décrit un holacanthe qu'il a vu à Mocka, où on
le nomme *haddaja,* et qu'il regarde comme une variété
de son *asfur.* Ses couleurs sont encore plus agréables.
M. Ehrenberg en a dessiné à Massuah un échantillon de
sept pouces, et en a rapporté plusieurs.

Sur le fond noirâtre du corps on voit à la partie antérieure des
traits en forme de croissant et d'un noir plus foncé. Le front et le
bord de la dorsale et de l'anale sont bleus. La pointe de la dorsale
est verte sous le bord bleu. Toute la partie du corps, en arrière de la
bande jaune, a des raies irrégulières brunes et bleues. La queue et la
caudale sont jaunes, avec quelques traits bruns sur la queue, et un
bord noir suivi d'un liséré blanc au bout de la caudale.

D. 12/21; A. 3/20, etc.

Forskal dit que cet holacanthe a la chair amère, mais
non vénéneuse, et qu'on le prend dans des nasses, en lui
offrant pour appât des lambeaux de l'animal du strombe.

---

1. Ici il n'y a qu'un 3 dans Forskal; c'est 33 qu'il faut lire, et alors on aura
12/21 en écrivant à notre manière. M. de Lacépède suppose treize rayons mous;
mais cela est impossible : on aurait sous la barre 25, nombre où il n'y a pas de 3.

M. Ehrenberg a aussi rapporté de Massuah un holacanthe très-semblable au précédent,

mais dont la bande jaune est beaucoup plus courte, et ne s'étend ni sur la dorsale ni même sur le tiers inférieur du corps.

D. 12/20; A. 3/18, etc.

Il nous semble que ce doit être une simple variété.

L'HOLACANTHE TACHETÉ.

(Chœtodon maculosus, Forsk., pl. 62, n.° 85.)

Le *chœtodon maculosus* de Forskal, ou l'*holacanthe arusel* de M. de Lacépède (t. IV, p. 528 et 537), doit se rapprocher de l'*asfur*, et particulièrement de la dernière des variétés que nous venons de décrire.

Avec les caractères génériques il a une dorsale qui s'élève en arrière, finit par une pointe aiguë, coupée en faux, sous laquelle son bord redevient vertical; une anale triangulaire, une caudale un peu arrondie, des ventrales aiguës, qui atteignent au-delà de l'anus.

D. 12/22; A. 3/21, etc.

Le fond de sa couleur est un cendré soyeux. Sur sa nuque sont plusieurs traits bleus, transverses. Quelques taches de même couleur se voient sur ses opercules et sa gorge. Une grande tache jaune, tronquée en arrière, arrondie en avant, est placée à l'arrière du milieu de son corps. La queue et la caudale ont des gouttes jaunes.

. Les noms d'*arusa* ou d'*arusel-el-bahr,* qu'il porte à Lohaia, signifient *fiancée* et *fiancée-de-mer;* ils se donnent à plusieurs poissons comme marque de leur grande beauté.

M. Ehrenberg en a donné au Cabinet du Roi un échantillon long de cinq pouces.

L'HOLACANTHE MOKHELLA.

(*Holacanthus mokhella,* Ehr.)

Une belle espèce, due encore à M. Ehrenberg, et très-voisine des précédentes, se nomme à Massuah *mokhella.*

Tout son corps est d'un bleu foncé brillant, marqué de lignes verticales nombreuses, peu régulières, d'un bleu clair sur le devant, blanchâtres vers l'arrière, où les dernières se contournent en spirale. La dorsale et l'anale bordées de bleu clair; la pointe de la dorsale verte sous le bleu, et de ce vert il part une bande jaune, mais qui ne descend que jusqu'à moitié du corps. Le bout de la queue et la caudale sont jaunes.

Ces holacanthes à raies verticales bleues se lient par cette distribution de couleurs au *géométrique* et aux espèces voisines; mais ils s'en écartent par la pointe aiguë de leur dorsale.

L'HOLACANTHE ANNEAU.

(*Chœtodon annularis,* Bl., pl. 215, fig. 2; *Holacanthe anneau,* Lacép., t. IV, p. 526 et 533.)

Ce caractère d'une pointe grêle à la dorsale, qui ne se répète pas à l'anale, s'observe aussi dans le *chœtodon annularis* de Bloch, ou *holacanthe anneau* de M. de Lacépède. A la vérité, Bloch ne lui donne pas cette conformation dans sa figure, mais c'est qu'elle est faite d'après un individu mutilé. Il a commis une autre faute en considérant ce poisson comme identique avec le *douwing marquis* de Renard, qui est un chétodon proprement dit (le *chœtodon Meyeri,* Bl. Schn.), et M. de Lacépède, qui possédait ce *douwing-marquis,* dont il a fait mal à propos un hola-canthe (son *holacanthe jaune-et-noir,* notre *chœtodon*

Meyeri), n'en a pas moins copié la citation de Bloch.[1]
Russel[2] a donné une excellente figure de l'espèce actuelle sous le nom de *sahni-tschapi*, et il lui marque bien la longue pointe aiguë de sa dorsale.

Cet holacanthe annulaire a sa hauteur une fois et trois quarts dans sa longueur totale. Sa forme est d'ailleurs celle du genre. Ses dents ont très-sensiblement une petite pointe de chaque côté de la grande. On aperçoit à peine les dentelures de son préopercule; mais l'épine en est forte et a un sillon à sa face externe. L'angle du sous-orbitaire n'a que trois ou quatre petites dentelures, quelquefois à peine visibles. Ses épines dorsales, au nombre de treize, vont en s'alongeant de la première à la dernière. La pointe aiguë de cette nageoire, formée principalement par les troisième, quatrième et cinquième rayons, dépasse la caudale; celle-ci est coupée carrément. L'anale a son bord à peu près parallèle à sa base, c'est-à-dire qu'elle ne forme pas de pointe ni même d'angle saillant. Les ventrales atteignent presque à sa base.

D. 13/22; A. 3/21; C. 17; P. 18; V. 1/5.

C'est un des holacanthes les plus agréablement colorés. Le fond paraît d'un brun verdâtre clair, avec une tache un peu plus foncée sur chaque écaille. Au-dessus de l'épaule, près du haut de l'ouïe, est un anneau bleu. Six rubans bleus, étroits, descendent obliquement en avant : le premier, du septième ou huitième aiguillon dorsal vers l'anneau; son extrémité supérieure remonte sur le bord antérieur de la longue pointe de la nageoire. Les suivans partent de différens points de la partie molle de la dorsale, et se courbent la convexité dirigée en bas et en arrière, mais de manière à revenir en avant aux environs de la pectorale. Sur la base même de la pectorale est un trait bleu. L'anale a trois lignes de même couleur, parallèles à son bord. A la tête on remarque un trait bleu entre les

---

1. Comme il ne vérifiait jamais les citations des autres, il a copié ici jusqu'aux fautes d'impression : Renard, t. II, pl. 20, fig. 135; au lieu de : t. I, pl. 25, fig. 135.
2. Poissons de Vizagapatam, n.° 88.

yeux et l'œil, qui se continue à l'opercule, et un autre, qui part du museau, passe sous l'œil, et va aussi à l'opercule. Le bord de l'opercule lui-même est bleu. Enfin, il y a deux ou trois lignes verticales bleues sur la queue. Les pectorales et la caudale sont jaunes, les ventrales brunes.

Cette espèce devient assez grande. Nous en avons un individu d'un pied de long.

Il nous a été apporté de Pondichéry par M. Sonnerat. Nous en avons aussi de plus petits des Moluques.

Il y en a une grande et belle figure dans le recueil de poissons peints à Malaca pour le major Farkhar.

L'Holacanthe empereur.

(*Chœtodon imperator*, Bl. 194; Lacép., t. IV, pl. 12, fig. 3.)

Le plus célèbre des holacanthes pour la singularité de son vêtement et la beauté de ses couleurs, est celui que les Hollandais des Moluques ont appelé *empereur-du-Japon*, et dont ils se sont plus à multiplier les figures. [1]

Il n'est pas cependant du Japon, comme le dit Bloch, et comme le répètent d'après lui Gmelin et de Lacépède, mais de toutes les parties chaudes de la mer des Indes. C'est aux Moluques qu'en ont été faites les figures publiées par Ruysch, Valentyn et Renard; et Commerson l'a décrit et dessiné à l'Isle-de-France [2], où nos colons lui donnent

---

1. Ruysch, pl. 19, fig. 1. Cette figure a sur le front une espèce de couronne, qui est imaginaire. Valentyn, n.° 51, *ikan-djamban-secret*, ou *poisson-de-galion*; n.° 370, *empereur-du-Japon*; n.° 418, *poisson-couronné* : c'est la même figure que Ruysch. Renard, t. I, fol. 16, fig. 93, *douwing-camus*. L'original de celle-ci est dans Vlaming, n.° 225, sous le nom d'*amiral*. Idem, t. II, pl. 56, fig. 238, *empereur-du-Japon*.

2. Sa figure est gravée dans Lacépède, t. IV, pl. 12, fig. 3.

le nom plus modeste de *guingam*, emprunté des fines étoffes de coton de l'Inde, rayées comme ce poisson.

Il est d'une forme un peu plus élevée que la plupart des espèces du genre. Sa hauteur n'est pas tout-à-fait deux fois dans sa longueur. Son museau est un peu retroussé. Sa mâchoire inférieure avance plus que l'autre. Sa dorsale et son anale se terminent en angle obtus vis-à-vis la base de la caudale, et ne se prolongent pas en pointe. Ses ventrales n'atteignent pas son anale. Les dentelures du bord montant du préopercule sont peu marquées. On distingue celles du bord inférieur, au nombre de quatre ou cinq. L'aiguillon de l'angle est très-grand et très-fort. L'angle du sous-orbitaire n'a que trois ou quatre petites dents. Les dents ont une petite dentelure à chaque côté de la base de leur pointe. Les écailles sont encore plus petites et plus nombreuses qu'à l'annulaire; mais striées et ciliées de même dans toute leur partie visible, ce qui donne à leur ensemble une apparence de velours. Elles se rapetissent par degrés sur les nageoires verticales, et se changent sur la tête en une simple granulosité un peu âpre.

D. 14/20; A. 3/19; C. 17; P. 19; V. 1/5.

Tout le corps de ce poisson est d'un bleu noirâtre; trente ou trente-deux lignes d'un jaune orangé en parcourent l'étendue depuis le bord de la dorsale, se portent en avant, en descendant un peu, et se terminent à l'épaule, à la gorge et à la poitrine, qui, ainsi que la tête, sont du bleu noirâtre du fond. Sur l'anale on en voit trois ou quatre parallèles aux dernières du corps; mais qui s'effacent successivement. Sur la tête se voient deux lignes bleu clair, qui traversent le front, entourent l'œil, et descendent vers le bord postérieur du préopercule. Une autre ligne de cette couleur borde l'opercule, et se prolonge au-devant d'une tache très-noire, qui est à la base de la pectorale. Cette nageoire elle-même est noirâtre. Les ventrales sont d'un jaune brun; mais la caudale toute entière est d'un beau jaune vif.

Ce poisson est grand pour son genre; il passe souvent un pied et même quinze pouces.

C'est, dit-on, de tous les poissons que l'on mange communément aux Indes le plus estimé; on compare sa chair à celle du saumon.

Notre description des couleurs est empruntée de Commerson, qui l'a faite sur le frais, et nous la croyons plus exacte que les enluminures de Renard, et même que celle de Bloch, qui met un fond jaune à toute la partie antérieure aux pectorales, aux ventrales, et au bord de la dorsale et de l'anale.

Quant aux formes, nous les avons prises sur nature; mais il se pourrait qu'il y eût pour la dorsale une différence de sexe; car dans le dessin de Vlaming, copié par Renard (t. I, fol. 16, fig. 93), la dorsale paraît beaucoup plus pointue.

Tout nous fait croire que cet holacanthe est le premier *citharœdus* d'Ælien[1], que cet auteur décrit en ces termes :
« Il naît dans la mer Érythrée un poisson plat comme une
« sole. Ses écailles ne sont pas très-âpres. Sa couleur est un
« peu dorée, et il a de la tête à la queue des lignes noires,
« semblables à des cordes, ce qui l'a fait nommer *citharède.*
« Sa bouche est serrée, noire, entourée d'un cercle jaune;
« le sommet de sa tête est varié de lignes noires et dorées;
« ses nageoires sont mélangées de jaune et de roux, et sa
« queue est noire, excepté le bout, qui est blanc. »

La nomenclature des anciens serait bien facile à retrouver, s'ils l'eussent toujours constatée par des descriptions aussi exactes.

---

1. *Anim.*, l. XI, c. 23.

L'HOLACANTHE DUC.

(*Holacanthus dux*, Lacép.; *Chætodon fasciatus*, Bl., pl. 195.[1])

Il y a dans les Indes un autre bel holacanthe, rayé, mais en travers, que les Hollandais des Moluques ont appelé *duc* ou *duchesse*[2] et *toile-peinte*[3], et qui est le *chætodon fasciatus* de Bloch ou le *chætodon dux* de Gmelin, l'*holacanthe duc* de M. de Lacépède, mais dont l'espèce a été doublée par le peu d'attention des naturalistes à remonter aux sources. Bloch tenait sa figure de Boddaërt, et celui-ci dit quelques mots de l'espèce dans une lettre imprimée en 1782, dans les Écrits de la Société des naturalistes de Berlin (t. III, p. 459). Il renvoie en même temps à un écrit où il en avait donné, quelques années auparavant[4], une description plus ample, et une bonne figure, sous le nom de *chætodon diacanthus*. Bloch, imprimant son article en 1788[5], reconnaît bien devoir sa figure à Boddaërt, mais ne fait aucune mention des deux ouvrages où ce médecin hollandais en avait parlé.

En 1789 ou 1790 Gmelin, ne consultant que le premier de ces écrits, ne le comparant point à l'article de Bloch, et en traduisant trop littéralement une phrase, en tire une

---

1. *Chætodon dux* et *Chætodon Boddaerti*, Gmel.; *Holacanthe duc* et *Acanthopode Boddaërt*, Lacép.; *Ikan-sengadji-molucco* (poisson-duc des Moluques), Valentyn, n.° 507. Dans un autre endroit (n.° 405) il l'appelle *ikan-sarasa-jang-sarisca*, ce qui signifie, dit-il, *grand poisson-saraza rayé*.

2. *Douwing-duchesse*, Renard, t. I, fol. 14, fig. 81. Cette figure est moins mauvaise que la plupart de celles de cet auteur. On en voit l'original dans Vlaming (n.° 230) sous le nom de *hartoginne* (duchesse).

3. *Chietze-visch* ou *toile-peinte*, Renard, t. II, pl. 38, fig. 169. *Chietze* ou *citz* est le nom hollandais des indiennes. Ruysch, p. 14, *ad tab.* 8, fig. 1.

4. *Epistola ad Gaubium de chætodonte diacantho.* Amsterdam, 1772, in-4.°

5. Grande Ichtyologie, édition française, t. VI, p. 39 et 40.

espèce qu'il appelle *chætodon Boddaerti*, et qui, dit-il, a deux épines aux ventrales (*spinis ventralium duabus*[1]).

Enfin, M. de Lacépède, ne consultant que Gmelin, imagine que cette phrase signifie qu'il y a à chaque ventrale deux piquans et pas de rayons mous, et fait du *chætodon Boddaerti* un *acanthopode Boddaërt*, tout en laissant le *chætodon dux* dans les holacanthes.

Nous devons encore faire remarquer que Bloch cite parmi les synonymes de son *chætodon fasciatus*, le *douwing-bâtard d'Haroke* de Renard (t. II, pl. 16, fig. 77), qui est un chétodon proprement dit et probablement l'*octolineatus*, et que dans cette confusion perpétuelle que son ignorance fait du javanais avec le japonais, il prétend que ce sont les Japonais qui appellent ce poisson *duc*, ce qui a fait conclure à M. de Lacépède que cette espèce est du Japon, ainsi que la précédente[2]. Or, s'il y a quelque chose de certain en ichtyologie, c'est que toutes les deux sont des parages les plus chauds de la mer des Indes. Nous en avons déjà donné des preuves pour l'holacanthe empereur. Quant à l'holacanthe duc, outre les témoignages irrécusables de Vlaming, de Renard et de Valentyn, nous avons celui de MM. Lesson et Garnot, qui ont rapporté l'espèce du Havre-Dorey, à la Nouvelle-Guinée. MM. Quoy et Gaimard viennent de l'en rapporter également.

On ne peut pas raisonnablement chercher sous le climat du Japon des poissons que l'on sait d'ailleurs vivre dans le voisinage de la ligne.

---

1. Boddaërt, avait dit dans sa lettre : *Zwei grosse Stacheln an den Bauchflossen* (deux grandes épines aux ventrales), ce qui signifiait simplement *une grande épine à chaque ventrale*, ainsi qu'on le voit par ce qu'il dit dans l'Épître à Gaubius.

2. Lacépède, t. IV, p. 536.

Cet holacanthe duc est d'une forme plus oblongue que ceux dont nous avons parlé jusqu'ici. Sa hauteur est deux fois et demie dans sa longueur. Son museau saille un peu, et son profil est légèrement concave. Ses dents m'ont paru simples. L'orifice supérieur de sa narine est rond et ouvert; l'inférieur a un rebord saillant[1]. L'aiguillon du bas de son préopercule est long et fort, et atteint presque sa pectorale. Les dentelures du bord montant sont assez fortes; mais il n'y en a point au bord inférieur, et celles de l'angle du sous-orbitaire, au nombre de trois ou quatre, sont très-petites. Sa dorsale et son anale sont coupées en arrière en angle un peu arrondi au sommet. La caudale est aussi un peu arrondie. Ses ventrales sont pointues, mais n'atteignent point l'anale. Je ne vois qu'une petite dentelure au côté antérieur de ses dents. Les écailles sont presque carrées, finement striées à leur partie visible, et avec cinq ou six crénelures au bord radical.

D. 14/19; A. 3/19; C. 17; P. 16; V. 1/5.

Les couleurs de cet holacanthe sont très-agréables. Sa tête, sa gorge et sa poitrine sont d'un gris tirant au violet. Une ligne bleue, lisérée de brun, descend de chaque côté du haut du front vers le devant de l'œil, et une autre de la nuque le long du bord postérieur de l'œil, et un peu plus bas : il y en a une impaire entre les deux, une sur le bord du préopercule, et une sur celui de l'opercule. Tout le tronc, jusqu'à la base de la caudale, est divisé par bandes alternativement jaunes et bleues, avec de larges rubans brun pourpré entre elles. Il y a neuf bandes jaunes, neuf bleues, et dix-huit rubans bruns. Les six ou sept derniers de ces rubans descendent sur l'anale, dont le fond est bleu, et s'y recourbent à peu près parallèlement à son bord, de manière à venir se rejoindre en avant à ceux du milieu du corps. La partie épineuse de la dorsale a aussi sur sa base quelques

---

1. En général, nous ne parlons pas, dans les descriptions des espèces, des circonstances de formes qui s'accordent avec ce qui a été dit de la première. Nous mentionnons les orifices des narines de celle-ci, parce qu'il a été dit qu'elle n'en avait qu'un. On le dit de beaucoup d'autres; mais c'est ce qui n'a peut-être pas lieu dans un seul poisson osseux.

prolongemens des bandes et des rubans qui lui correspondent, mais qui se perdent bientôt. Son bord et toute la partie molle sont d'un bleu noirâtre, avec un liséré très-étroit, noir et bleu. La caudale est jaune, ainsi que les ventrales. Les pectorales sont transparentes.

Nos individus sont longs de huit à neuf pouces.

Valentyn parle avec éloge de ce poisson comme aliment.

L'HOLACANTHE A QUEUE JAUNE.

(*Holacanthus chrysurus*, nob.)

Un bel holacanthe, qui a quelque rapport avec le *duc*, a été rapporté par M. Gaimard.

Il est plus haut à proportion, et a les écailles plus petites, l'épine du préopercule plus courte, et une petite pointe aiguë à l'angle de la dorsale. Tout son corps paraît d'un brun foncé. Une ligne bleuâtre descend de la nuque, entoure le bas de l'œil, et aboutit à la bouche. De sa partie horizontale descendent trois lignes de même couleur vers le bord de l'interopercule. Sur l'opercule est une ligne verticale, qui se continue devant la pectorale jusque vers l'aisselle de la ventrale; et il y en a une autre plus avant sur la poitrine. En outre, le corps a de chaque côté six grandes lignes arquées, blanchâtres, alternativement plus larges et plus étroites, qui s'étendent sur la dorsale et sur l'anale, et dans leurs intervalles on en voit d'également arquées; mais qui se détachent à peine du fond par leur teinte. La caudale est tronquée et entièrement d'un beau jaune, comme celle de l'holacanthe duc, avec un fin liséré noir au bout.

D. 13/19 ; A. 3/19, etc.

L'individu est long de cinq pouces.

*L'*Holacanthe géométrique.

(*Holacanthus geometricus*, nob.; *Chætodon nicobareensis*, Bl.)

Bloch a décrit et représenté ce poisson en 1801, dans son Système posthume (p. 219, n.° 9, pl. 50), sous le nom de *chætodon nicobareensis,* et M. de Lacépède (t. IV, p. 528 et 537), en 1803, sous celui d'*holacanthe géométrique,* qui le caractérise beaucoup mieux; mais on en avait depuis long-temps une figure dans Renard (t. I, fol. 5, fig. 35), d'après Vlaming (n.° 80). Il porte dans ces auteurs le nom de *douwing-formose,* qui lui est bien dû aussi d'après la régularité de sa coloration.

Sa longueur contient deux fois sa hauteur. Ses écailles sont fort petites, et les dentelures de son préopercule imperceptibles, en sorte que, dans la méthode de M. de Lacépède, il aurait dû être un pomacanthe. Sa dorsale et son anale s'arrondissent en arrière. Sa caudale est aussi un peu arrondie.

D. 14/20 ; A. 3/19, etc.

Si l'on excepte la moitié postérieure de cette dernière nageoire, qui est d'un blanc uniforme, tout le reste de ce poisson est d'un brun noirâtre, dessiné de lignes alternativement blanches et bleues, et disposées d'une façon très-singulière. Sur l'arrière du corps, avant la portion de queue qui n'a point de nageoires, est un cercle blanc, autour duquel les autres lignes sont disposées presque concentriquement ; mais comme ces cercles s'agrandissent à mesure qu'ils s'éloignent du premier, il n'y en a que trois ou quatre qui soient entiers, encore se divisent-ils en arrière pour former un réseau à larges mailles rondes sur la partie postérieure de la dorsale et de l'anale et sur la queue. Plus en avant il n'y a que des portions de cercles, au nombre d'encore trois ou quatre, terminées aux bords supérieur et inférieur du corps. A la tête elles sont moins régulières : on y en voit quatre; une du maxillaire à l'angle de la mâchoire inférieure, une du devant de l'œil à la gorge, une allant du front, par derrière l'œil et le long du bord du préopercule, au côté de la poitrine et aux ventrales; enfin, une de la nuque sur l'opercule, audevant des pectorales, et jusqu'au ventre derrière les ventrales. Il y en a de plus trois en travers du front. Le bord de la dorsale et de l'anale est blanchâtre.

Ce poisson paraît rester dans de petites dimensions, comme de trois ou quatre pouces.

On devinerait difficilement pourquoi Ruysch et Valentyn ont négligé une espèce comme celle-ci, l'une de celles dont le dessin aurait dû le plus les frapper.

*L'*HOLACANTHE A DEMI-CERCLES.

(*Holacanthus semicirculatus,* nob.)

Péron a rapporté de Timor, et MM. Lesson et Garnot de Bourou, de Waigiou et du port Praslin, à la Nouvelle-Irlande, un holacanthe assez semblable au *géométrique* par ses couleurs, pour qu'au premier coup d'œil on puisse le croire de la même espèce; mais comme il n'a point de cercles entiers, et seulement des demi-ellipses ou des lignes droites, nous avons cru devoir l'appeler *holacanthus semicirculatus.*

Sa nuque est plus relevée et son museau plus obtus que dans le *géométrique,* et son aiguillon du préopercule est encore plus court; mais la forme de ses nageoires est la même. Ses écailles sont presque aussi petites.   D. 14/21; A. 3/21, etc.

Il a douze lignes blanches, dans les intervalles desquelles en sont autant de bleues plus étroites. La première des blanches est derrière les lèvres; la seconde au-devant de l'œil; la troisième derrière, et se prolonge sur le préopercule et la poitrine jusqu'aux ventrales; la quatrième descend de la nuque le long du bord de l'opercule, et jusque derrière les ventrales; la cinquième, du septième rayon dorsal au-devant de l'anus (celles-ci commencent à se courber en arc de cercle); la sixième va du commencement de la partie molle à celui de l'anale; la septième réunit les extrémités postérieures de ces deux nageoires, et est courbée en demi-ellipse; les trois suivantes, courbées en arc de cercle, remplissent la concavité de la précédente : il y en a deux droites sur la queue, et deux serpentantes sur la caudale. Les cinquième, sixième et septième, ainsi que les bleues de leurs intervalles, arrivées sur les nageoires, s'y ploient diversement pour former un petit labyrinthe. Il y a aussi des traits irrégulièrement ployés sur la dernière moitié de la caudale, dont tout le bord est blanchâtre. Tout le long du profil du front à la bouche est une ligne blanche impaire, et il y en a une semblable sous la gorge et la poitrine.

Le plus grand de nos individus est long de quatre pouces et demi sur deux pouces et demi de hauteur.

Quoique l'espèce en paraisse plus commune que celle du *géométrique,* nous n'en trouvons point de trace dans les auteurs. Les habitans de Waigiou la nomment *mami.*

*L'*HOLACANTHE A LIGNES ALTERNES.

(*Holacanthus alternans,* nob.)

Une espèce voisine, et cependant distincte, vient d'être rapportée de Madagascar par MM. Quoy et Gaimard.

Sa dorsale a en arrière une longue pointe aiguisée comme dans *l'annularis;* son anale est simplement anguleuse; du reste, ses formes sont les mêmes que dans le *demi-cerclé.* Tout son corps est brun, semé de petites taches plus brunes, qui deviennent au contraire plus pâles que le fond sur la queue et sur la partie molle de la dorsale et de l'anale. Sur chaque côté règnent sept ou huit lignes blanches, verticales, courbées en arc de cercle, la concavité en arrière, alternativement plus larges et plus étroites; quelquefois les étroites disparaissent, en sorte que le nombre total est moindre. Sur la queue il y en a trois à peu près droites. La caudale en a quelquefois une ou deux, et une rangée de petits traits longitudinaux; d'autres fois elle n'a que des points. A la tête il y en a une impaire le long du chanfrein, et trois qui parcourent verticalement sa hauteur, savoir, une immédiatement derrière la commissure des lèvres, une qui passe par le bord antérieur de l'orbite, et une derrière le bord postérieur. Une quatrième descend de la nuque sur l'opercule. La poitrine en a deux obliques; la première aboutissant à la ventrale, la seconde passant devant la base de la pectorale, et quelquefois une plus étroite entre deux.

D. 13/21; A. 3/19, etc.

Nos individus sont longs de cinq, de six et de sept pouces.

*L'*Holacanthe bleu.

(*Holacanthus cæruleus*, Ehrenb.)

M. Ehrenberg a rapporté de la mer Rouge un petit holacanthe, d'un pouce ou de dix-huit lignes, assez voisin des deux précédens,

et qui a sur un fond bleu d'indigo treize ou quatorze lignes blanches verticales, arquées et alternativement plus larges et plus étroites. Sa caudale est jaune et arrondie, ainsi que sa dorsale et son anale.

D. 12/15; A. 3/15, etc.

Les Arabes de Massuah le nomment *ghar*.

*L'*Holacanthe a six bandes.

(*Holacanthus sexstriatus*, K. et V. H.)

Le Cabinet du Roi possède depuis long-temps un holacanthe à six bandes verticales brunes, que MM. Kuhl et Van Hasselt, qui l'ont retrouvé à Java, ont appelé *hola-*

canthus sexstriatus; et nous croyons devoir lui conserver ce nom par égard pour la mémoire de ces deux intéressantes victimes de l'histoire naturelle.

Son museau est assez saillant comparativement, et son profil un peu concave. C'est à peine si l'on aperçoit à son préopercule quelques vestiges de dentelure ; mais l'aiguillon de l'angle est fort et creusé d'un sillon à sa face externe. Sa hauteur est deux fois dans sa longueur totale. Sa dorsale est coupée en angle obtus, et son anale s'arrondit. Sa caudale est coupée carrément. Ses ventrales sont plus longues qu'aux autres espèces, et leur pointe atteint le troisième aiguillon de l'anale.

D. 13/20 ; A. 3/19, etc.

Sa tête et sa poitrine sont d'un brun violâtre. Une bande blanchâtre descend de la nuque derrière l'œil le long du bord du préopercule, et se termine à l'aiguillon ; elle est jaune dans le frais. Le corps paraît gris jaunâtre, et dans le frais il est orangé, avec une tache ronde et d'un brun violet sur le milieu de chaque écaille, et cinq bandes verticales d'un brun violet clair, qui laisse encore paraître les taches plus foncées des écailles. En comptant celle qui se trouve derrière la bande blanchâtre de la tête, cela en fait six. La dernière répond à la fin de la dorsale et de l'anale : il y en a même une septième à la racine de la caudale. Les parties molles de ces deux nageoires sont, ainsi que la caudale, semées de taches nombreuses, rondes pour la plupart, qui paraissent brunes dans la liqueur, mais qui sont bleues dans le frais. Les ventrales sont toutes brunes.

Cet holacanthe devient grand pour son genre. Notre individu est long de huit pouces. Celui du Cabinet de Leyde a un pied de longueur sur six pouces de hauteur.

Nous croyons l'espèce nouvelle pour la science.

*L'*Holacanthe a trois taches.

(*Holacanthus trimaculatus*, Lacép., Mém. inéd.)

M. de Lacépède, dans un mémoire qu'il destinait à la collection du Muséum, et où il traitait de quelques espèces nouvelles de poissons, mais que sa mort l'a empêché de faire paraître, décrivait un holacanthe qu'il nommait *trimaculatus,* parce que son caractère le plus apparent consiste en trois taches brunes, placées l'une sur la nuque, les deux autres près du haut de chaque orifice branchial. Il en ignorait l'origine; mais M. Valenciennes a retrouvé la même espèce dans le Musée royal des Pays-Bas à Leyde, où elle a été apportée des Moluques par M. Reinwardt.

Il a le corps ovale, le museau assez saillant, la hauteur deux fois dans la longueur; la caudale arrondie, la dorsale et l'anale en angle obtus, ne dépassant pas le milieu de la caudale; les ventrales pointues, mais atteignant à peine l'anale; les dentelures du préopercule fines, son aiguillon long, mais un peu grêle.

D. 14/17; A. 3/18, etc.

Dans la liqueur tout son corps, sa tête et ses nageoires paraissent d'un jaune doré, le milieu de chaque écaille plus clair, les bords plus obscurs. De ses trois taches brunes, celle de la nuque est composée de deux cercles contigus; celles du haut des opercules sont circulaires et un peu plus claires dans le milieu qu'au pourtour. Une large bande noire occupe tout le bord inférieur de l'anale.

A l'état frais, ainsi que nous l'apprenons des dessins de M. de Mertens, il est du plus beau jaune citron, et les taches et la bande d'un noir très-foncé.

Les individus des deux Cabinets sont longs de cinq pouces.

Nous n'avons rien trouvé dans les auteurs qui nous ait paru se rapporter à cette espèce.

*L'*HOLACANTHE TOUT-JAUNE.

(*Holacanthus flavissimus.*)

M. de Mertens nous a montré parmi les dessins de la dernière expédition russe un holacanthe d'Uléa,

à nageoires anguleuses, entièrement d'un jaune de gomme-gutte, avec une légère teinte de rouge derrière l'opercule.

D. 15/15; A. 3/16, etc.

Sa longueur n'est que de trois pouces et demi.

*L'*HOLACANTHE ORANGÉ.

(*Holacanthus luteolus,* nob.; *Chœtodon luteolus,* Park.)

Il y en a un très-semblable d'Otaïti dans les dessins de Parkinson,

mais orangé, à front et museau teints de gris, et à nageoires plus arrondies.   D. 16/ ?

Il le nomme *chœtodon luteolus.*

*L'*HOLACANTHE LAMARCK.

(*Holacanthus Lamarck,* Lacép., t. IV, p. 526 et 532.)

L'holacanthe que M. de Lacépède a dédié à son célèbre collègue M. de Lamarck, n'avait point été décrit dans les auteurs méthodiques, et sous ce point de vue il pouvait être considéré comme nouveau pour la science; mais sa figure et son histoire étaient déjà depuis long-temps consignées dans ces riches recueils sur les poissons des Indes, dont on doit la publication à Ruysch[1], à Valentyn (n.ᵒˢ 84

---

1. Ruysch, *Theatr. anim.,* t. I, p. 29, pl. 15, fig. 4 et 5.

et 85) et à Renard (t. I, fol. 26, fig. 144 et 145), et comme
sa queue, prolongée en deux très-longues pointes, est le
trait le plus apparent de sa conformation, c'est d'après elle
qu'on l'y désigne. On lui donne le nom hollandais de la
lavandière ou du hoche-queue, *quick-steert* (queue vive,
queue qui se remue avec vivacité).

Son museau est court, son corps oblong. Sa longueur sans la
caudale contient deux fois sa hauteur, et en l'y comprenant, trois
fois. Les dentelures de son sous-orbitaire et de son préopercule sont
bien marquées; l'aiguillon de l'angle du préopercule est long et fort.
Sa dorsale et son anale s'élèvent peu et se terminent en angle. La
pointe des ventrales est aiguë, et atteint au-delà de l'origine de l'anale.
La caudale, y compris ses pointes, fait le tiers de la longueur totale;
mais ses rayons mitoyens sont de plus de moitié moindres que ceux
des pointes. Les écailles sont grandes, striées et ciliées comme dans
la plupart des espèces.

D. 15/15; A. 15/17, etc.

Dans la liqueur il paraît d'un jaune-brun doré, avec une tache
jaune sur le vertex en avant de la dorsale, et trois bandes longitudinales brunes, qui partent de l'œil et règnent jusqu'à la caudale.

La première est immédiatement au-dessous de la ligne latérale, la
seconde à la hauteur de l'œil, la troisième à celle des pectorales.

Les ventrales et la partie épineuse de la membrane sont brunes; le
reste des nageoires est de la couleur du corps. La caudale est semée
de points bruns sur toute sa partie moyenne.

D'après les figures originales de Vlaming (n.ᵒˢ 24 et 25), assez bien
copiées par Renard, le poisson frais est argenté, tirant au bleu d'acier
vers le dos. Ses bandes sont brunes; il en a quelquefois une quatrième
du côté du ventre, qui ne s'avance pas jusqu'aux ventrales. La tache
de sa nuque est jaune ou verte, selon les individus.[1]

---

1. Vlaming, et les autres d'après lui, disent que l'individu à quatre bandes et à
tache verte est la femelle.

Notre sujet est long de sept pouces; mais selon Valentyn l'espèce atteint la longueur d'un pied et plus.

Sa chair, au rapport du même auteur, est blanche, ferme et d'un goût très-agréable. Ruysch et Renard assurent que les deux sexes ne s'abandonnent pas, et que si l'un est pris, l'autre suit le pêcheur, et se jette même dans les filets ou sur le rivage. Ce serait une habitude bien singulière dans la classe des poissons; mais il ne s'agit probablement que de quelque fait individuel, et observé à l'époque du frai.

———

DES POMACANTHES.

On a pu remarquer que les holacanthes dont nous avons parlé jusqu'ici, ont la forme plus ou moins approchante de l'ovale, et que les épines de leur dorsale, peu inégales entre elles, et généralement au nombre de treize ou quatorze, ne descendent pas au-dessous de douze.

L'Amérique en produit d'autres, qui n'ont que neuf ou dix épines dorsales, lesquelles grandissent de la première à la dixième, et font monter le bord antérieur de la nageoire plus rapidement : leurs dents extérieures ont toujours ces pointes plus petites aux côtés de leur pointe principale, que nous n'avons remarquées que dans un petit nombre des précédens, et leurs sous-orbitaire et préopercule ont constamment le bord entier et sans dentelure; en général, ils ont le corps plus haut que les autres, et une apparence au total un peu différente, surtout en ce que les longues pointes de leur dorsale et de leur anale sont placées plus en avant, et se détachent mieux que dans celles des espèces précédentes où ces nageoires sont ainsi aiguisées. C'est à ces poissons que l'on pourrait réserver le nom de *poma-canthe,* qui avait été donné par M. de Lacépède à tous les chétodons à préopercule armé d'un aiguillon, mais où le bord de cet os n'a pas ou ne lui paraissait pas avoir de dentelure.

Les Anglais des Antilles les connaissent en général sous les noms de *flat-fish* et d'*indian-fish,* et nos colons français sous celui de *portugais,* qu'ils donnent aussi à quelques holacanthes.

Les Espagnols d'Amérique, et surtout de la Havane, les nomment *chirivita* ou *chivirita.*

Le POMACANTHE DORÉ.

(*Chætodon aureus,* Bl., pl. 193, fig. 1.)

Le premier de ces *chirivita,* que Parra a bien représenté (pl. 6, fig. 2),

a le corps entier coloré d'un jaune plus ou moins doré ou plus ou moins grisâtre, selon les individus, avec des taches brunâtres ou noirâtres sur chacune de ses écailles, mais très-inégales en grandeur et en intensité; en sorte que le poisson semble irrégulièrement moucheté.

Nous en avons reçu de beaux échantillons, pris à Saint-Thomas par M. Plée, et à Saint-Domingue par M. Ricord.

Comparé avec l'holacanthe ciliaire, sa forme est plus élevée, et son profil plus vertical. Sa hauteur n'est que deux fois dans sa longueur totale. Sa tête est de plus d'un tiers plus haute que longue. Il n'y a aucune apparence de dentelure aux pièces operculaires de la femelle, et c'est à peine si l'on en voit quelques vestiges dans le mâle. L'épine du préopercule est plate, tranchante et plus courte dans les deux sexes que celle du *ciliaire.* La mâchoire inférieure avance sensiblement plus que l'autre. Les dents du rang extérieur ont deux

petites pointes bien visibles à la base de la pointe principale. Ses aiguillons sont moins nombreux, encore plus enveloppés; et la pointe
de sa dorsale y tient plus en avant, presque au milieu de la longueur
de la nageoire, et au tiers de celle du corps, en sorte que la portion
de nageoire qui est derrière cette pointe, suit encore une courbe
parallèle à celle du dos : ce sont principalement les quatrième et
cinquième rayons mous qui la composent. La pointe de l'anale part
plus en arrière que celle de la dorsale : toutes les deux sont étroites
et aiguës, et dans le mâle elles dépassent le bout de la caudale; mais
dans la femelle celle de la dorsale ne répond qu'à l'aplomb du milieu de cette nageoire. La caudale a une petite pointe à chacun de
ses angles. Les ventrales, plus alongées qu'au *ciliaire*, dépassent de
leur pointe le commencement de l'anale.

D. 9/30 ; A. 3/24 ; C. 17 ; P. 18 ; V. 1/5.

La couleur, gris-jaunâtre inégalement moucheté ou comme sablé
de brun, qui revêt tout le corps, se change sur les nageoires en un
jaunâtre plus uniforme, et sur la tête en un jaune tirant à l'orangé.
Le bord postérieur de la caudale a un ruban blanc ou transparent.
Les pectorales sont aussi un peu transparentes. Les ventrales paraissent brunâtres.

Nous avons des individus de douze et quinze pouces de long.

Schneider considère ce *chirivita jaune* comme une
variété du *noir,* qui est le *paru,* et dont nous parlons
dans l'article qui suit; mais je doute que cette opinion
soit fondée, attendu que j'ai sous les yeux les deux sexes
de l'un et de l'autre, et en individus à peu près de même
grandeur.

Je crois plutôt que le *chirivita jaune* est le *chætodon
aureus,* que Bloch a donné (pl. 193, fig. 1) d'après une
esquisse de Plumier, où le nombre des rayons n'était pas
bien marqué (il en compte douze épineux et douze mous
à la dorsale); mais nous avons une figure peinte de ce

même poisson, faite par Aubriet sur les esquisses originales
de Plumier, et où l'on voit distinctement neuf aiguillons à
la dorsale ; il y marque aussi un bord étroit, transparent
ou verdâtre à la caudale, et en général toute sa circonscription ressemble encore plus que celle de Bloch aux
individus que nous avons sous les yeux. Cette figure porte
pour titre *seserinus aureus, aculeatus, pinnis cornutis,*
P. Plum.

Les Anglais de Saint-Thomas nomment cette espèce
parry, peut-être par souvenir du nom de *paru* qui appartient à la suivante.

M. Plée nous assure que c'est un des poissons les plus
communs aux petites Antilles, et qu'il peut alonger son
museau de manière à le faire ressembler un peu à celui
d'un chelmon.

Le Pomacanthe noir.

(*Chætodon paru,* Bl.)

Un second *chirivita,* également bien représenté par
Parra (pl. 6, fig. 1), est de couleur noire, avec un trait
jaune sur chaque écaille. Il a été représenté plus anciennement par Margrave[1] et par Pison (p. 55), sous le nom
de *paru,* qu'il porte chez les indigènes du Brésil septen-
trional, mais qui pourrait bien y être générique. Bloch a
fait graver de nouveau (pl. 197) la figure originale du
recueil du prince Maurice, qui avait été mal rendue par
le graveur de Margrave. Telle qu'il l'a donnée, elle exprime
assez bien l'ensemble du poisson lorsque ses nageoires ne
sont pas redressées ; mais comme les deux sortes de rayons

----

1. *Bras.*, p. 144.

7. 20

n'y sont pas bien distinguées, Bloch a cru y compter douze aiguillons. Pour nous, nous ne pouvons en trouver que neuf, comme dans l'espèce jaune, encore faut-il rechercher les premiers sous la peau au moyen du scalpel, et les autres ne montrent que leur pointe. Les nombres sont les mêmes, ou à peu près, que dans le précédent.

D. 9/30; A. 3/23; C. 17; P. 18; V. 1/5.

Sa taille est au moins égale; mais son vêtement est différent. Le fond de sa couleur est un brun noirâtre, uni sur la tête et les nageoires, et qui, sur tout le corps, est semé de traits verticaux un peu arqués et disposés en quinconces d'un jaune pâle. Ces traits forment le bord externe de certaines écailles; mais il n'y en a pas sur toutes, et néanmoins celles qui n'en ont pas sont aussi grandes que les autres, et n'ont pas, comme à l'holacanthe ciliaire, des formes et des dimensions particulières : il y a encore un ou deux rangs de ces traits sur la base de la dorsale; mais plus petits que ceux du corps. L'aiguillon du préopercule est jaune, et l'on voit une bande de la même couleur sur la base de la pectorale.

Un de nos individus est long de quinze pouces.

M. Plée nous apprend qu'à la Martinique, où on lui donne aussi le nom de *portugais,* on en pêche du poids de douze à quinze livres, et que c'est un des poissons qui s'y vendent le plus cher (à quinze sous la livre).

Le pomacanthe noir a le foie épais, embrassant l'œsophage inférieurement, et se prolongeant en deux pointes peu alongées, qui recouvrent la crosse du duodénum. La vésicule du fiel est grande et alongée; ses parois sont épaisses et très-solides. Elle est suspendue à un long canal cholédoque, qui reçoit un grand nombre de vaisseaux hépato-cystiques tant que le canal court entre les lobes du foie. Il descend ensuite le long du duodénum et vient déboucher derrière le pylore, en arrière de l'insertion des appendices cœcales. L'œsophage, à son origine, est très-large; il se rétrécit ensuite un peu, et ne commence à se dilater qu'après avoir parcouru les trois quarts de la longueur de l'abdomen. Le canal alimentaire se plie et revient vers le diaphragme, de sorte que l'estomac est placé au-dessous de l'œsophage. Ses parois sont fortes, peu charnues, et lisses à l'intérieur. Un très-fort étranglement marque le pylore, qui est muni de quinze appendices cœcales, longues, grosses et coniques. Le diamètre du duodénum est un peu plus petit que celui de l'œsophage, à l'endroit où il est le plus étroit. L'intestin se dirige vers le diaphragme, et se replie dans la bifurcation du foie en se portant dans l'hypocondre droit, où il fait un assez grand nombre de replis, ce qui rend sa longueur considérable. Il revient alors sous le duodénum, rentre dans le côté gauche sous l'estomac, et va déboucher à l'anus après s'être un peu dilaté. La rate est placée entre l'œsophage et l'estomac; elle est triangulaire. Les organes génitaux sont rejetés à l'arrière de l'abdomen. Les sacs à ovaires sont gros et bientôt réunis en un seul; ils s'ouvrent derrière le rectum. Nous avons trouvé l'œsophage et l'estomac de ce poisson remplis d'une grande quantité de fucus, dont les feuilles et les vésicules étaient à peine attaquées par les dents de l'animal.

Dans le squelette la crête du crâne s'élève en triangle du quart de la hauteur de la tête. Il y a huit vertèbres abdominales et quatorze caudales. Les apophyses épineuses montantes des abdominales sont dilatées d'avant en arrière, et se touchent presque. Les deuxième, troisième, quatrième et cinquième des apophyses descendantes des caudales se touchent effectivement. Tous les interépineux des nageoires se touchent de la même manière, et ont de plus des lames latérales très-saillantes : il y en a deux grêles entre la crête du crâne et celui de la première épine de la dorsale. Le corps de l'hyoïde, l'épaule et le coracoïdien sont conformés comme dans l'holacanthe tricolor.

Le Pomacanthe a écharpe.

(*Pomacanthus balteatus*, nob.)

Il y a de ces *chirivita* semblables aux deux précédens pour les formes, et qui s'y rapportent même respectivement pour le fond des couleurs, mais qui s'en distinguent par des bandes pâles plus ou moins nombreuses sur le corps; peut-être n'en sont-ils que des variétés. Celui que nous nommerons *balteatus* se rapporterait alors à la première espèce;

car il est comme elle moucheté de brun-noir, et inégalement sur un fond de couleur gris-jaunâtre. Une bande blanche ou jaune-clair descend, en s'arquant un peu en avant, depuis la base de la dorsale, au milieu de sa partie épineuse, jusqu'au ventre, au milieu de l'espace qui est entre les ventrales et la caudale. La caudale a un ruban blanchâtre, qui l'entoure à sa base et à ses trois autres bords; quelquefois aussi une ligne blanchâtre, étroite, descend de la nuque le long du bord vertical du préopercule. Le tour de la bouche et la moitié de la pectorale, vers sa pointe, sont également blanchâtres ou jaunâtres.

D. 9/33; A. 3/23; C. 17; P. 18; V. 1/5.

Nos individus sont longs de six et de huit pouces.

Il y en a un que M. Plée a envoyé de Porto-Rico, où on le nomme *palometta*, comme d'autres holacanthes. L'espèce y est rare. Cet observateur a examiné son estomac, et n'y a trouvé que des débris de fucus.

Le Pomacanthe a ceinture.

(*Pomacanthus cingulatus*, nob.)

Un autre, que nous appellerons *cingulatus*, se rapprocherait davantage du *paru*,

et a de même sur un fond brun-noir des traits arqués en quinconce, et de plus une bande pâle, placée comme dans le *balteatus*,
et une autre sur la base de la caudale; quelquefois il y en a aussi
une seconde sur les flancs.

D. 9/30; A. 3/24, etc.

Autant que l'on peut comprendre les descriptions de
Brown [1], c'est celui-ci qui est son quatrième *chétodon*,
dont Bonnaterre [2] a fait son *chœtodon lutescens,* et M. de
Lacépède (t. IV, p. 518, 521 et 523) son *pomacanthe
jaunâtre.*

Le POMACANTHE A CINQ BANDES.

(*Pomacanthus quinquecinctus,* nob.)

Un troisième, que nous nommerons *quinquecinctus,*
n'est peut-être qu'une variété du précédent et même du
paru.

Il a les mêmes traits en quinconce, et les mêmes bandes que le
précédent; mais on lui en voit deux de plus, savoir, une en avant,
de la nuque à la gorge ; une très-arquée, du milieu de la partie
molle de la dorsale à celui de l'anale. Dans quelques individus ces
bandes paraissent très-blanches. Sa caudale est entourée tout autour d'un ruban blanc comme dans le *balteatus.*

D. 9/30; A. 3/23, etc.

C'est cette espèce ou variété à cinq bandes en particulier, que Margrave a décrite, et fort exactement (p. 178),
sous le nom de *guaperva;* il mentionne même expressé-
ment les petits traits en croissant : *Squamulis tegitur,
quarum oræ (quarumdam tantum, non omnium) fim-
brias habent flavas instar semilunularum.* Et la figure

---

1. *Jam.,* p. 454, n.° 4.
2. Encyclop. méthod., planch. d'ichtyol. explic., p. 182.

du livre de Mentzel (p. 127) y est entièrement conforme. Cette figure nous apprend de plus que dans le frais les bandes et les petites lignes des écailles sont d'un beau jaune sur un fond noir. C'est aussi l'espèce que représente Seba (t. III, pl. 25, fig. 5); mais Linnæus l'a confondue avec son *chætodon arcuatus*, qu'il représente lui-même sous ce nom[1], et qui est aussi l'*acarauna nigra zonis luteis distincta* de Willughby (pl. O, 3, fig. 4) et le poisson figuré par Seba (t. III, pl. 25, fig. 5 et 6), et il est fort excusable de s'y être trompé; car, à l'exception des petits traits jaunes, la ressemblance est presque complète.

Le Pomacanthe arqué.

(*Chætodon arcuatus*, Linn. et Bl.)

C'est le véritable *chætodon arcuatus* que Bloch donne planche 204, fig. 2.

Il a les bandes exactement placées comme le précédent; une autour de la bouche, une de la nuque à la base des ventrales en suivant le bord vertical du préopercule, une prenant des premiers rayons mous de la dorsale, et, en faisant un arc convexe en avant, aboutissant à la base antérieure de l'anale; une en arc concentrique à la précédente, allant du milieu de la partie molle de la dorsale à celui de l'anale; enfin, un ruban qui encadre tout autour la caudale. Cependant c'est bien une espèce distincte; ses écailles sont plus petites, et le fond de sa couleur est un brun-noir uniforme, sans aucun de ces traits en quinconce qui se voient sur les deux précédens.

D. 10/29; A. 3/22, etc.

C'est probablement ici le premier chétodon de Brown, et dans ce cas l'espèce serait d'Amérique comme les autres.

---

1. *Mus. Ad. Fred.*, pl. 33, fig. 5.

Nos échantillons ne portent malheureusement point de notes sur leur origine.

Nous avons pu examiner les viscères d'un petit pomacanthe arqué. Ils ressemblent par leur disposition et par la longueur de l'intestin à ceux du pomacanthe noir ; mais nous y avons compté deux grandes appendices cœcales de plus, en sorte qu'il y en a dix-sept. Elles sont aussi plus longues et plus grêles.

CHAPITRE VI.

Des Platax (*Platax*, nob.).

Les *platax* n'ont pas tout-à-fait les dents des chétodons. Celles du premier rang sont tranchantes et divisées
en trois lobes ou dentelures; structure dont on voit aussi
quelque chose dans plusieurs holacanthes, mais que les
platax ont plus prononcée. Ce n'est que par derrière ces
premières dents qu'il y en a en brosse, comme dans les
chétodons ordinaires.

Leur forme s'éloigne aussi beaucoup de celle du reste
des squammipennes. Leur corps, très-comprimé et très-
élevé, ne semble pas avoir de partie épineuse à sa dorsale, parce que les épines de cette nageoire, en petit
nombre, se cachent dans son bord antérieur, qui est fort
épais et se continue en une seule ligne avec le crâne, qui
lui-même est très-élevé. Il en résulte que la nageoire ne
semble composée que de ses rayons mous, dont les premiers sont très-longs, et lui forment une pointe qui dans
quelques espèces est plus haute que tout le corps, et qui
se recourbe en arrière comme une lame de faux. L'anale
est conformée de la même manière, et le poisson se trouve
ainsi avoir des dimensions plus considérables dans le sens
de la hauteur que dans celui de la longueur.

Les pomacanthes offrent déjà quelque chose de cette
structure, mais dans un bien moindre degré, et toutefois
l'on peut dire d'eux qu'ils sont à quelques égards aux holacanthes ce que les platax sont aux chétodons proprement dits.

On observe aussi dans le ptéraclis cette hauteur excessive des nageoires dorsale et anale, et elle est toujours faite pour étonner. De quelle nécessité peuvent être de pareilles voiles verticales et placées dans le sens de la longueur du poisson, surtout lorsqu'il s'agit de poissons déjà si comprimés?

Linnæus paraît avoir confondu plusieurs de ces platax avec celui qu'il avait décrit dans le Musée d'Adolphe-Fréderic sous le nom de *chætodon pinnatus,* et il faut avouer que dans l'état où on les voit ordinairement dans les cabinets, il est bien difficile de les distinguer. Bloch a saisi un des meilleurs caractères que l'on puisse y employer, celui des rayons mous de la dorsale; et c'est ainsi qu'il a établi son *chætodon teira,* qui a vingt-neuf de ces rayons, et son *chætodon vespertilio,* qui en a trente-six. Mais depuis que les espèces se sont multipliées, il s'en est trouvé de nombres intermédiaires, et très-rapprochés de ces deux-là; en sorte que l'on a été obligé de recourir à de faibles détails de formes, de proportions et de distributions des couleurs, qui, pour des espèces si semblables, ne donnent pas des caractères bien certains. Nous décrirons cependant les diversités que nous ont présentées les individus à notre disposition, laissant à ceux qui les observeront à l'état frais, à confirmer ou à rectifier nos conclusions sur le nombre et les limites des espèces.

Tous les poissons connus de ce genre appartiennent à la mer des Indes, ou à l'océan Pacifique, et passent pour de bons mangers.

Nous avons cru pouvoir leur appliquer le nom de πλά-ταξ, qui exprime assez bien leur forme; il appartenait, il est vrai, selon Athénée (p. m. 309), au coracin du Nil, c'est-à-dire au bolty (*labrus niloticus*, L.; *chromis nilo-tica*, nob.); mais on a fait des détournemens de noms plus importans.

Le PLATAX DE GAIMARD.

(*Platax Gaimardi*, nob.)

Nous prendrons d'abord pour premier objet de comparaison un petit individu, très-bien conservé, qui est depuis long-temps au Cabinet du Roi, et dont le semblable s'est retrouvé à la Nouvelle-Guinée.

La hauteur de son corps, prise depuis la base antérieure de sa dorsale à celle de son anale, égale sa longueur depuis la bouche jusqu'à la fin de la caudale; sa dorsale a presque la même hauteur de sa base à sa pointe, et l'anale a bien un quart de plus.

Loin que son museau soit proéminent, la ligne de son profil, depuis la nuque jusqu'aux ventrales, n'est qu'un arc de courbe légèrement convexe. La crête de son crâne s'élève tellement que sa tête est plus de deux fois plus haute qu'elle n'est longue. L'œil est à peu près au milieu de cette hauteur, un peu plus près du profil que de l'ouïe. Son diamètre est deux fois et demie dans la longueur de la tête. La bouche est fendue horizontalement au quart inférieur de la tête, et ne pénètre que sous le tiers antérieur de l'œil. Chaque mâchoire a une bande de dents en brosse et un rang extérieur de dents plates, tranchantes, divisées chacune en trois pointes. L'orifice postérieur de la narine est une petite fente verticale tout près de l'œil; et l'antérieur un petit trou rond entre cette fente et la bouche. Entre les yeux le devant de la tête est rond et presque égal en largeur au tiers de sa longueur; mais plus haut sa crête s'amincit, et se continue avec la ligne du devant de la dorsale. Le préopercule a un bord vertical, un horizontal, et leur angle est arrondi; son limbe est un peu ridé. L'angle de l'opercule est très-obtus, et son bord inférieur très-oblique. Le bas de la membrane branchiale est découvert et écailleux; elle se joint à l'isthme

sous l'angle de la mâchoire par une union assez large. La dissection
y découvre six rayons. L'épaule est lisse, mais sans armure. Au-
dessous de la bouche la gorge forme un bord obtus, qui s'élargit
et s'aplatit un peu entre les ventrales. Il y a encore entre la crête
osseuse du crâne et le commencement de la dorsale un espace assez
long, mais qui monte rapidement. C'est au sommet du corps que la
dorsale commence; elle a cinq épines cachées dans son bord antérieur par la peau écailleuse qui le revêt, et ne montrant que leurs
pointes disposées en échelons, parce que ces épines vont croissant,
et que la cinquième est huit fois plus longue que la première. Le
premier rayon mou est lui-même double de la cinquième épine, et
le septième, qui est le plus long, dépasse encore d'un quart le premier : ils décroissent ensuite rapidement jusqu'au trente-quatrième,
qui est le dernier et qui égale à peine la première épine. L'anale
commence vis-à-vis des premiers rayons mous de la dorsale; elle a
trois épines placées aussi en échelons et à demi cachées dans son
bord antérieur. C'est son premier rayon mou qui est le plus long
et dépasse d'un quart la hauteur du corps : les suivans décroissent
aussi rapidement qu'à la dorsale; il y en a en tout vingt-huit. Les
deux nageoires, quand elles se dirigent en arrière, dépassent de
beaucoup la caudale. Le premier rayon mou de la ventrale atteint
au milieu de celui de l'anale; le second l'égale presque; les trois
derniers sont assez courts. L'épine de cette nageoire n'a pas le tiers
de la longueur du premier rayon mou. La pectorale est petite et
faible, de figure ovale, du cinquième de la longueur totale : on y
compte dix-huit rayons. La caudale a le quart de la longueur totale;
elle est coupée carrément et a, comme à l'ordinaire, dix-sept rayons
entiers. Le tronçon de queue, qui la porte en arrière des deux autres nageoires verticales, n'a guère que le vingtième de cette longueur; mais sa hauteur est quadruple.

B. 6; D. 5/34; A. 3/28; C. 17; P. 18; V. 1/5.

Tout ce poisson est couvert de petites écailles, un peu plus hautes
que longues, finement pointillées et ciliées à leur partie visible, et
dont l'éventail a six rayons et six crénelures; elles ne s'étendent pas

aussi avant sur la dorsale et sur l'anale que dans les chétodons proprement dits, et n'en couvrent guère qu'un quart : à la caudale elles ne prennent qu'un cinquième. La ligne latérale suit une courbe un peu moins convexe en avant que celle du dos; elle se continue jusqu'à la caudale et se marque par une suite de petits tubes simples.

L'individu que nous décrivons et qui est depuis long-temps dans la liqueur, a sur un fond gris argenté quatre bandes verticales plus obscures : la première, qui est la bande oculaire, descend du vertex à la poitrine en embrassant l'œil; la seconde vient de la nuque et passe derrière les pectorales; la troisième va du milieu de la dorsale à l'anale; la quatrième couvre une partie plus ou moins large de la queue. La dorsale, l'anale et les ventrales sont en grande partie teintes de noirâtre.

Cet individu a trois pouces dix lignes du museau au bout de la queue.

Il est ancien au Cabinet, et l'on ignore son origine.

Un individu, un peu moindre pour la taille, rapporté récemment de la Nouvelle-Guinée par MM. Quoy et Gaimard,

a les bandes distribuées absolument de même, mais d'un brun noirâtre, et leurs intervalles d'un argenté un peu bleuâtre; sa caudale est d'un jaune pâle : la pointe de sa dorsale s'alonge davantage à proportion; on y compte deux rayons mous de moins :

D. 5/32; A. 3/26, etc.

Le PLATAX DE RAYNAUD.

(Platax Raynaldi, nob.)

M. Raynaud en a rapporté un de Kaits, sur la côte occidentale de Ceilan,

qui a des nageoires assez semblables à celles du précédent, mais dont l'anale est moins longue que la dorsale, et dont le corps est surtout beaucoup moins élevé. Sa hauteur, prise du commencement de la dorsale à celui de l'anale, est d'un cinquième moindre que la longueur totale :

D. 5/32; A. 3/23, etc.

Il paraît d'un argenté violâtre ; la bande oculaire et la bande pectorale s'y voient, quoiqu'un peu effacées ; la large bande postérieure y est presque insensible ; la dorsale, l'anale et les ventrales sont teintes de noirâtre ; la caudale semble avoir été grise : elle est un peu échancrée en croissant.

Sa longueur est de cinq pouces.

Nous croyons retrouver la même espèce dans un individu envoyé de Pondichéry par M. Bélenger, et long de sept pouces.

D. 5/33; A. 3/24, etc.

Ses proportions sont les mêmes ; il est desséché, mais on y aperçoit des traces d'une distribution semblable de couleurs.

Le nom de ce poisson à Pondichéry est *sadakain*.

Sa chair, selon M. Bélenger, est de très-bon goût. Il se tient autour des navires pour y attraper des débris d'alimens, et devient très-grand. On le pêche surtout pendant la mousson du nord.

Le major Farkhar en a fait dessiner un tout pareil à Malaca, où on le nomme *ikan-leeman-leeman*.

Le PLATAX D'EHRENBERG.

(*Platax Ehrenbergii*, nob.)

M. Ehrenberg a rapporté de Massuah et de Lohaia des individus fort semblables aux précédens par les formes, mais dont les rayons sont plus nombreux à la dorsale et à l'anale :

D. 5/37; A. 3/26, etc.

Ils sont d'un argenté teint de violâtre, et l'on n'y voit que la bande oculaire et la pectorale; il y en a une étroite sur la base de la caudale. La dorsale, l'anale et les ventrales ont plus d'argenté que dans les précédens; les ventrales et les pectorales sont même dans le frais d'un jaune verdâtre, comme la caudale.

Le plus grand est long de six pouces.

C'est à ceux-là que nous croyons pouvoir rapporter la figure 15 (pl. 25, t. III) de Seba. Peut-être faut-il y rapporter aussi le *chætodon pinnatus* du Musée d'Adolphe-Fréderic (pl. 33, fig. 6), qui est dit avoir D. 5/35. Mais ses nageoires, quoique coupées en faux, paraissent bien plus longues. Cependant ce ne peut pas être le *teira*, qui n'a que D. 5/30.

Le Cabinet du Roi possède d'ancienne date un petit individu fort décoloré, qui paraît aussi de cette espèce par ses formes, et où nous comptons :

D. 5/38; A. 3/27, etc.

Un individu rapporté par M. Ruppel a :

D. 5/36; A. 3/25, etc.

Il nous paraît que c'est bien cette espèce que M. Whitchurch-Bennett[1] a représentée sous le nom de *vespertilio*. Sa figure, peinte d'après le frais, est jaune; le dos, les nageoires verticales et ventrales, la bande oculaire et une trace de bande pectorale sont bruns. Il y a à la base de la caudale une bande brune. Le reste de cette nageoire est jaune pâle.

D. 5/37; A. 3/28, etc.

L'espèce devient très-grande, et porte à Ceilan le nom de *cola-handah*. On la prend dans les eaux profondes, à fonds rocailleux.

---

1. Poissons de Ceilan, n.° 5.

Il y en a un individu envoyé de l'Isle-de-France par M. Mathieu, dont les couleurs sont les mêmes, mais qui a le corps plus haut à proportion de sa longueur, et pour nombres :

D. 6/35 ; A. 3/26, etc.

C'est peut-être encore une espèce particulière.

Le PLATAX DE BLOCH.

(*Platax Blochii,* nob.; *Chætodon vespertilio,* Bl.)

Nous croyons reconnaître le véritable *vespertilio* de Bloch (pl. 199, fig. 2) dans des individus

où la hauteur du corps est d'un huitième moindre que la longueur totale, et où les nageoires verticales et les ventrales sont bien moins alongées en pointe que dans les précédens (ces dernières n'atteignent qu'au haut du premier rayon mou de l'anale), où enfin les premières décroissent moins de hauteur vers l'arrière. Leurs nombres sont :

D. 5/36 ; A. 3/26 ou 3/27, etc.

Le mieux conservé, rapporté de l'Isle-de-France par MM. Quoy et Gaimard,

paraît argenté bleuâtre ; la bande oculaire peu marquée, la bande pectorale à peu près nulle ; mais sur la base de la nageoire pectorale est la petite bande brune qui se voit aussi dans les autres.

Sa longueur est de cinq pouces.

M. Sonnerat en a rapporté un sec de Pondichéry, long de neuf pouces ; et il y en a de huit pouces, pris à la Nouvelle-Guinée par MM. Lesson et Garnot.

Le Platax de Leschenault.

(*Platax Leschenaldi,* nob.)

Nous avons reçu de Pondichéry par M. Leschenault, et
de la Nouvelle-Guinée par MM. Quoy et Gaimard, une
espèce qui se distingue nettement de toutes les précédentes

parce que le bord antérieur de la crête de son crâne est renflé et
arrondi sur toute sa longueur, ce qui se sent même au travers de
la peau. Elle a le corps sans les nageoires d'un sixième moindre que
la longueur du museau au bout de la queue. Ses nageoires verticales, comme dans l'espèce de Bloch, sont larges, et moins échancrées en faux, et cependant leurs pointes sont plus longues. La
dorsale égale le corps en hauteur.

D. 5/31 ou 32; A. 3/23 ou 25, etc.

Ses ventrales atteignent le milieu du bord antérieur de l'anale.

Sa couleur paraît un argenté bleuâtre, teint de brun sur les nageoires verticales et les ventrales. La bande oculaire est brune. Il y
a un bord noirâtre à la caudale.

Nos individus sont longs de sept à huit pouces.

L'espèce se nomme à Pondichéry *serrate-waval.* Ce
dernier mot en tamoule veut dire *chauve-souris.*

Nous en avons fait un squelette qui nous a offert une crête du
crâne presque aussi haute que la tête, renflée à son bord antérieur;
un crâne à surface très-celluleuse; vingt-quatre vertèbres, dont neuf
abdominales; aucun renflement aux interépineux : celui qui porte
la première épine dorsale, droit, long et fort, s'étendant depuis
l'épine jusqu'au dos, qui est très-élevé à cet endroit; trois petits,
grêles, entre lui et le crâne, etc.

C'est très-probablement cette espèce que Willughby[1]

---

1. Ichtyologie, pl. O, 5.

représente d'après un dessin de Frasier. Tout nous fait croire que c'est aussi le *kahi-sandawa* de Russel (t. I, n.° 87), quoique cet auteur ne place que quatre rayons aux branchies; mais comme l'observation n'en est pas facile, on ne doit pas douter qu'il ne soit tombé dans une erreur inverse de celle de Bloch sur son *teira*.

Russel décrit les bandes du jeune à peu près comme nous les avons vues dans la première espèce, et ajoute qu'avec l'âge la couleur générale brunit et que les bandes s'effacent; circonstance que nous croyons générale dans toutes les espèces. Selon cet auteur, c'est un excellent poisson et des plus estimés.

Le PLATAX DE BATAVIA.

(*Platax batavianus,* nob.)

M. Raynaud a rapporté de Batavia une espèce voisine de la précédente pour les formes des nageoires,

mais qui n'a point de renflement à la crête du crâne, dont le corps est bien moins haut, d'un quart moins que la longueur totale, et dont les ventrales n'atteignent qu'au commencement de l'anale. Son profil est un peu plus saillant qu'aux autres, et c'est celle de toutes où nous avons trouvé le moindre nombre de rayons.

D. 5/28; A. 3/23, etc.

L'individu est long de six pouces, et paraît argenté, un peu tirant au cendré. C'est à peine si la bande oculaire se montre un peu plus grise que le fond.

Le PLATAX TEÏRA.

(*Platax teira,* nob.; *Chætodon teira,* Bl.)

Le véritable *chætodon teira* de Bloch (pl. 199, fig. 1) a été apporté de la côte de Malabar par M. Dussumier.

La hauteur de son corps, du commencement de la dorsale à celui de l'anale, égale sa longueur sans la caudale, et la caudale est comprise trois fois dans l'intervalle qui la précède. Les plus longs rayons de la dorsale et de l'anale surpassent de moitié la hauteur du corps. Les ventrales atteignent à près de moitié du bord antérieur de l'anale.

D. 5/31; A. 3/24, etc.

Le fond est argenté; avec une bande oculaire; une bande pectorale qui remonte le long du bord antérieur de la dorsale, et une large bande postérieure qui s'étend sur la queue et sur la moitié postérieure de la dorsale et de l'anale : toutes ces bandes sont brunes et bien prononcées.

C'est bien cette seconde espèce que Bloch a représentée sous le nom de *teira* (pl. 199, fig. 1); mais il l'a enluminée d'une façon tranchée, en noir foncé et en blanc, ce qui n'est point conforme à la vérité. Il lui donne pour nombres : D. 5/29; A. 3/23, etc., et a probablement négligé les derniers petits rayons de la dorsale. Il compte aussi sept rayons branchiaux; mais sur ce point je n'hésite pas à le croire dans l'erreur.

Il faut rapporter également à cette espèce l'individu décrit dans les *Chinensia Lagerstrœmiana* (n.° 25), et que Linnæus a regardé mal à propos comme identique avec celui d'Adolphe-Fréderic (pl. XXXIII, fig. 6). Ses rayons sont marqués : D. 5/30; A. 28, etc.

C'est aussi, comme l'a bien jugé Bloch, le vrai *teira* de Forskal, qui compte ses rayons : D. 5/30; A. 3/23, et qui le décrit brunâtre avec trois bandes brunes.

Ce platax arrive, selon ce voyageur, à la longueur d'une aune du nord, c'est-à-dire de deux pieds[1]. On

---

1. M. de Lacépède, prenant partout le mot *aune* pour la mesure connue à Paris

le nomme, dit-il, en arabe *teira*, et quand il est grand, *daakar*.

Le PLATAX A GOUTTELETTES.

(*Platax guttulatus*, nob.; *Platax albipunctatus*, Rupp., atl., pl. 18, fig. 4?)

Nous avons reçu de l'Isle-de-France par M. Mathieu un petit platax, dont les formes et les nombres sont à peu près comme dans notre première espèce (D. 5/36; A. 3/24),

mais qui paraît d'un gris rougeâtre, semé de petites taches inégales, irrégulières et placées sans ordre, d'un blanc de perle, bordées chacune d'un petit liséré plus brun que le fond. La bande oculaire est brune, et les extrémités des nageoires d'un brun noirâtre; à la base de la caudale est aussi une bande brune. Notre individu n'a que deux pouces de long sur trois et demi de haut de la pointe de sa dorsale à celle de son anale.

M. Ruppel en représente un très-semblable, mais brun, avec la bande oculaire noire, beaucoup de gouttes blanches et la caudale aussi blanche.

C'est cette espèce, et non pas le *teira,* comme l'a cru Bloch, que représentent la figure 129 (pl. 24) de Renard et celle de Valentyn (n.° 62). L'original est dans Vlaming (n.° 199). Ces trois auteurs s'accordent à nommer ce poisson *cambing,* qui en malais signifie *chèvre* ou *bouc.*

Le PLATAX POINTILLÉ.

(*Platax punctulatus*, nob.)

Peron avait rapporté de Timor un très-petit platax, qui a aussi de petits points blancs semés sur le corps, mais plus

---

sous ce nom, donne au *teira* une taille d'un mètre et un quart, ou trois pieds huit pouces; mais c'est une méprise.

petits et plus nombreux, et dont le corps n'a de hauteur que les
trois quarts de sa longueur, la caudale comprise. Sa dorsale et son
anale ont de longues pointes, que les ventrales dépassent encore.
Les ventrales surpassent même la longueur totale du corps.

D. 5/35 ; A. 3/23, etc.

Ces individus n'ont qu'un pouce de longueur.

Le PLATAX OCELLÉ.

(Platax ocellatus, nob.)

Le Cabinet de la Société zoologique de Londres possède un platax remarquable

par une tache ronde et noire que porte sa dorsale. Sa bande oculaire est d'un cendré foncé ou d'un bleuâtre liséré de brun. On lui
voit de plus trois bandes verticales brunâtres peu apparentes, une
passant sur l'ouïe, une partant du devant de la dorsale et une de
son milieu : c'est sur celle-ci qu'est la tache noire. Enfin, il y a à la
queue un anneau brun, liséré de blanc.

D. 6/30 ; A. 3/20, etc.

La taille de l'individu n'est que de quelques pouces.

Le PLATAX NODULEUX.

(Platax arthriticus, nob.; *Chætodon arthriticus,* Bell.)

Les platax qui vont suivre sont d'une forme plus orbiculaire que les précédens, attendu que le bord antérieur
de leur dorsale fuit plus rapidement en arrière, et que
cette nageoire n'y est pas pointue, mais arrondie. Celui
qui fait l'objet de cet article, et que nous devons à M. Leschenault, a d'ailleurs cela de remarquable

que ses aiguillons sont entièrement cachés dans le bord antérieur,
sans même laisser voir leur pointe au dehors. Cette dorsale a trente

et un rayons mous, dont les premiers ne s'élèvent pas en pointe au-dessus de ceux qui les suivent immédiatement. L'anale laisse un peu mieux voir ses aiguillons ; mais elle est également arrondie ou en demi-ovale, et l'on y compte vingt-trois rayons mous. Les ventrales n'atteignent pas même jusqu'à la base de l'anale. Les pectorales sont encore d'un tiers plus courtes. La caudale est coupée carrément.

L'individu que nous décrivons, long de dix-huit pouces et haut d'un pied, est desséché et paraît entièrement d'un brun uniforme.

Nous avons trouvé sous sa peau une crête du crâne très-haute, triangulaire, renflée et arrondie à son bord antérieur, tranchante au postérieur, et un premier interépineux renflé à sa moitié supérieure en une grosse masse ovale irréguliere, sur le haut de laquelle s'articule la première petite épine dorsale.

Il nous a été facile alors de nous convaincre que nous avions sous les yeux le *chœtodon arthriticus,* décrit par William Bell dans les Transactions philosophiques de 1793 (p. 8), ce que la figure gravée, *ib.,* pl. 6, nous avait déjà rendu vraisemblable.

M. Bell donne une figure complète du squelette.

On y voit que le premier interépineux de l'anale est aussi renflé à sa partie qui porte l'épine, et que sa masse est plus arrondie.

Cet os et celui de la dorsale étaient assez communs dans les cabinets de curiosités et d'ostéologie, où ils avaient été rapportés par des voyageurs qui avaient mangé de ces poissons aux Indes ; mais avant M. Bell on ignorait à quelle espèce ils appartenaient. On sait aujourd'hui qu'il y en a de semblables, ainsi que des crêtes du crâne renflées, dans plusieurs squammipennes, notamment dans notre *ephippus gigas.* C'est même à celui-ci qu'appartient l'interépineux en massue que l'on trouve le plus communément dans les cabinets.

Plusieurs des apophyses épineuses de ce platax ont dans leur milieu des renflemens globuleux, et ce sont ces espèces d'exostoses qui ont déterminé M. Bell à donner à ce poisson l'épithète d'*arthritique* ou de *goutteux*. Il l'avait observé à Benkoolen, dans l'île de Sumatra, où les indigènes le connaissent sous le nom malais d'*ikan-bonna*.

Il y devient fort grand (long de deux pieds et plus). Sa chair est blanche, ferme et de très-bon goût. M. Bell fait remarquer que les tumeurs de ses os sont remplies d'huile, et se laissent entamer avec un canif, ce que nous avons aussi vérifié.

Il a vingt-trois vertèbres, dont dix abdominales; ses côtes sont comprimées et élargies dans leur milieu; ses premières apophyses épineuses inférieures se touchent par leur dilatation. Ses intestins sont très-longs, et il y a dans son œsophage des papilles comparables à celles de la tortue de mer. Sa vessie aérienne est très-grande.

Nous trouvons parmi les dessins envoyés de Java par MM. Kuhl et Van Hasselt, celui d'un platax entièrement semblable pour le contour à celui de M. Bell, et que ces voyageurs considéraient aussi comme de la même espèce,

mais qui est enluminé d'un brunâtre pâle, varié de grandes marbrures très-larges d'un brun chocolat plus ou moins foncé. Son iris est aurore, bordé de noirâtre. Sa longueur est de onze pouces et sa hauteur de neuf.

Le PLATAX ORBICULAIRE.

(*Platax orbicularis*, nob.; *Chætodon orbicularis*, Forsk.)

Le *chætodon orbicularis* de Forskal ressemble beaucoup à ce platax noduleux;

mais il n'a de renflemens ni à la tête ni aux interépineux. Forskal le décrit de forme à peu près ronde et sans épines; mais il explique cette dernière expression en disant que la dorsale et l'anale ont des rudimens d'épines sous la peau. Ses nombres de rayons sont indiqués :

$$\text{B. 6; D. 3/33; A. 0/26, etc.}$$

Du reste, toute sa description s'accorde, et il décrit jusqu'à la division des dents du rang externe en trois pointes. La couleur est un gris-brun tirant au blanc vers le ventre, et au jaunâtre sur le derrière, avec des points noirâtres sur les flancs, surtout du côté du dos et de la queue. Les nageoires paires tirent au jaunâtre.

Ce poisson est long d'un pied.

Il se prend abondamment parmi les roches des environs de Djidda. De loin il a l'apparence d'un pleuronecte. Les Arabes le nomment *dakar* quand il est petit, et *kanaf* quand il est grand.

Nous venons de recevoir de M. Ruppel un poisson de la mer Rouge, qui pourrait bien rentrer dans l'espèce de Forskal.

Sa forme est aussi presque orbiculaire, sauf une légère concavité au chanfrein et la division des nageoires verticales. Sa hauteur à la base antérieure de la dorsale est une fois et demie dans la longueur totale. Sa tête prend le quart de cette longueur, et est une fois et trois quarts aussi haute que longue. Sa dorsale est arrondie; son anale un peu anguleuse; sa caudale coupée carrément. Il a à sa dorsale trois épines entièrement cachées sous la peau, et que l'on ne peut apercevoir qu'au moyen de la dissection : elles sont suivies de trente-deux rayons mous; l'anale a aussi trois épines cachées et vingt-cinq rayons mous. Ses ventrales, d'un peu moins du quart de la longueur totale, atteignent l'anus sans le dépasser. Leur épine prend moitié de leur longueur. Ses pectorales en demi-ovale n'ont que le sixième de la longueur totale. Ses dents du rang extérieur ont aussi trois pointes, mais moins distinctes que dans les espèces à dorsale pointue.

Il y a une cinquantaine d'écailles de l'ouïe à la caudale, et presque autant entre l'anus et le dos, toutes à péu près rondes, avec deux ou trois crénelures au bord radical. La ligne latérale marche à péu près parallèlement à celle du dos, par le quart de la hauteur, et se marque par une mince tubulure sur chaque écaille.

Dans son état desséché, tout ce poisson paraît gris; il est long de quinze pouces. Nous nous sommes assurés que la crête très-élevée de son crâne n'a aucun renflement, non plus que ses interépineux.

M. Ruppel (atlas, pl. 18, fig. 3) donne un jeune individu de la même espèce, où la bande oculaire et celle qui passe devant la pectorale sont très-prononcées.

Le Platax pentacanthe.

(*Platax pentacanthus*, nob.; *Chœtodon pentacanthus*, Lacép.)

M. de Lacépède (t. IV, p. 5oo), qui n'a pas parlé du poisson de Bell, a fait de celui de Forskal son *acanthinion orbiculaire,* c'est-à-dire qu'il l'associe à des poissons de la famille des scombres, et presque du genre des liches; mais il donne sous le nom de *chœtodon pentacanthe,* et d'après un dessin laissé par Commerson (t. IV, pl. 454 et 476, pl. 9, fig. 2), un vrai platax, et que je crois extrêmement voisin des deux que je viens de nommer. Son vertex paraît moins convexe que dans celui de Bell, et l'on voit ses cinq épines à découvert; mais cela peut venir de ce que la figure, comme il est arrivé quelquefois aux dessinateurs de Commerson, avait été faite d'après une peau desséchée en herbier. Les autres détails et les nombres de rayons qu'on y voit (D. 5/31; A. 3/22), s'accordent avec nos descriptions précédentes.

Commerson lui-même corrige par les phrases qu'il a inscrites sur cette feuille, ce que le dessin offre de défectueux; il l'appelle CHÆTODON *fuscus latissime cathetopla-teus, pinna dorsi unica,* MUTICA, *cauda integra, et dorso monopterygio,* ACULEIS SUBCUTANEIS, etc. Il ajoute que son nom vulgaire à l'Isle-de-France est *poule-de-mer,* et il renvoie à la description qui s'en trouve dans ses ma-nuscrits : mais il paraît avoir confondu deux espèces; car cette description, intitulée aussi *poule-de-mer,* et dont M. de Lacépède a tiré son article du *chétodon galline* (t. IV, p. 462 et 496), se rapporte à un autre dessin, que M. de Lacépède a fait graver (t. IV, pl. 12, fig. 2) comme une variété du *chœtodon vespertilio* ou de notre *platax Blochii,* et qui en effet lui ressemblerait beaucoup, s'il n'avait des nombres de rayons mous supérieurs à tous ceux que nous connaissons (D. /41; A. /35); mais la description donne : D. 40; A. 28.[1]

Ce que nous présumons, c'est qu'à l'Isle-de-France le nom de *poule-de-mer* est commun à plusieurs platax.

Celui dont Commerson a laissé la description écrite, et que je soupçonne le *Blochii,* y paraît sur les marchés en Août et en Septembre, et passe pour un des poissons les plus savoureux de ces mers. Il y en a des individus de seize et dix-huit pouces et davantage.

Le PLATAX SCALAIRE.

(*Platax? scalaris,* nob.; *Zeus scalaris,* Mus., Bl.)

Nous devons placer ici comme pierre d'attente la des-cription d'un petit poisson du Brésil, qui s'est trouvé dans

---

1. *Pinna dorsalis constat radiis circiter quadraginta, omnibus muticis,* etc.; *pinna ani viginti septem aut viginti octo, etiam inermibus, etc.*

7. 23

la collection de Bloch, au Musée de Berlin, avec le nom
de *zeus scalaris*, mais qui ressemblerait plutôt à un platax,
bien qu'il ait aussi des caractères de nature à en faire un
genre particulier lorsqu'on le connaîtra mieux. Malheureusement son état de mutilation ne nous permet pas d'en
rendre la description complète.

Sa forme générale est celle d'un platax. La hauteur du tronc est
une fois et deux tiers dans la longueur totale, la caudale comprise.
La dorsale et l'anale s'élèvent graduellement en pointes, comme
dans les platax ; mais on ne peut assigner la longueur de leurs
pointes, qui sont cassées. Il en est de même des rayons mous des
ventrales, qui se prolongeaient probablement aussi. La caudale est
grande, et paraît avoir eu ses rayons extrêmes prolongés en filamens. Le museau est saillant et assez protractile. Les mâchoires
n'ont que des dents en velours ras, et sur des espaces étroits : il
n'y en a ni au palais ni à la langue. L'angle du préopercule est saillant et arrondi ; son bord est entier. L'opercule est mousse. Il y a
cinq rayons à la membrane des ouïes. La dorsale a douze épines,
dont la dernière a plus du tiers de la hauteur du corps, et vingt-
quatre rayons mous, dont les premiers paraissent s'être élevés
beaucoup. L'anale a six épines, et la sixième a près de moitié de la
hauteur du corps. Les rayons mous sont aussi au nombre de vingt-
quatre, et les premiers paraissent avoir été fort longs. L'épine des
ventrales a plus du quart de la hauteur du corps, et l'on peut juger
aussi que leur premier rayon mou se prolongeait beaucoup. Je
compte douze rayons aux pectorales, dont je ne puis assigner la
longueur.   B. 5 ; D. 12/24 ; A. 6/24 ; C. 17 ; P. 12 ; V. 1/5.

Les écailles sont médiocres, de forme circulaire, très-finement
striées au bord, avec des stries concentriques qui ne se voient qu'à
la loupe, et quinze ou seize rayons très-marqués et peu convergens
à leur éventail. Il ne s'en porte que sur la base des nageoires verticales : la plus grande partie de leur étendue en est dénuée. La ligne
latérale est peu marquée. C'est un trait léger d'abord parallèle à la

courbe du dos au quart supérieur de la hauteur, et qui s'arrête vis-
à-vis le dernier quart de la dorsale, pour recommencer plus bas et
aller en ligne droite jusqu'à la caudale.

Tout ce poisson paraît avoir été argenté, teint de brunâtre vers
le dos. Une bande oculaire brune part du crâne, et va à la gorge.
L'œil, qui est grand, en interrompt le tiers supérieur. Il y a aussi
des bandes verticales sur le corps, mais peu apparentes; elles sont
plus marquées, et même en partie noires, sur les nageoires, qui en
ont chacune trois.

L'individu n'a pas deux pouces et demi.

L'auteur de l'*Ittiolitologia veronese* a cru retrouver
dans le poisson fossile de sa planche 4 le *chœtodon teira,*
et dans celui de sa planche 6 le *vespertilio,* et Bloch et
M. de Lacépède ont répété son assertion, d'où l'on n'a pas
manqué de déduire de grandes conséquences géologiques.
M. de Blainville a déjà indiqué quelques différences de
forme [1]; mais il y a des caractères encore plus décisifs dans
les nombres des rayons que nous avons constatés sur les
originaux. Le prétendu *teira* a quarante-trois rayons mous
à sa dorsale, et le prétendu *vespertilio* en a cinquante-six.
Néanmoins ce sont de vrais platax, dont nous reparlerons
en traitant des poissons fossiles.

---

1. Blainville, sur les ichtyolites, p. 47 et 48.

CHAPITRE VII.

Des Psettus (*Psettus*, Commers.).

Psetta (ψῆττα) est le nom grec d'un poisson plat, que les uns prennent pour la plie, les autres pour le turbot, et que je crois la barbue. Commerson lui a donné la forme masculine de *psettus,* et l'a appliqué à un poisson très-comprimé de la mer des Indes, celui que M. de Lacépède (t. III, p. 131, 132 et 133) a nommé ensuite *monodactyle falciforme,* qui, avec les caractères généraux des chétodons, en a un très-particulier dans ses ventrales, dont on ne voit que l'épine, laquelle encore est extrêmement courte. On pourrait dire aussi que ses dents sont plutôt en velours qu'en brosse, et néanmoins il n'y a pas lieu de le placer dans notre troisième section, attendu qu'il manque de dents palatines. Nous embrasserons sous la même dénomination plusieurs espèces où la réunion de ces caractères se reproduit, telles que le *scomber rhombeus* de Forskal, qui est le *centrogaster rhombeus* de Gmelin et le *centropode rhomboïdal* de M. de Lacépède (t. III, p. 303, 304 et 305); le *chætodon argenteus* de Linnæus, qui est l'*acanthopode argenté* de M. de Lacépède[1] (t. IV, p. 558 et 559); le *chætodon rhombeus* de Bloch[2]; enfin, le *kauki sandawa* de Russel (n.° 59). Quelques-uns de ces poissons pourraient bien, ainsi que nous

---

1. C'est le *chætodon argenteus*, Bl. Schn., p. 230, n.° 51. Dans le même Systèm• posthume il y a (p. 224, n.° 28) un autre *chætodon argenteus.*
2. Bl. Schn., p. 235, n.° 68, citant Seba, t. III, pl. 26, fig. 21.

le verrons, rentrer les uns dans les autres comme espèces; mais tous présentent un corps comprimé; une dorsale et une anale écailleuses, à pointes plus ou moins en faux, et dans le bord antérieur desquelles les épines sont enveloppées presque jusqu'à leur extrémité; des dents en velours ras et serré; enfin, deux petites épines pour toutes nageoires ventrales, au-dessus desquelles il y a pourtant quelquefois des rayons, mais si petits qu'ils échappent à l'œil en se cachant entre l'épine et le corps.

Le Psettus de Seba.

(*Psettus Sebæ,* nob.; *Chætodon rhombeus,* Bl. Schn.[1])

Celui qui a été représenté le plus anciennement, est dans Seba (t. III, pl. 26, fig. 21), et Bloch, dans son Système posthume (p. 235, n.° 68), lui a donné le nom de *chætodon rhombeus.* Ce doit être une espèce rare; car le Cabinet du Roi n'en a eu long-temps qu'un individu sec, qui nous paraît même celui qu'avait possédé Seba : l'origine en était inconnue; mais nous venons d'en recevoir un autre du Sénégal par M. Perottet, en sorte que maintenant on connaît le séjour naturel de ce poisson. Il est des côtes de l'Afrique moyenne.

C'est l'espèce la plus élevée du genre par rapport à sa longueur; il y a deux fois plus loin du sommet de sa dorsale à la pointe de son anale, que du bout de son museau à la racine de sa caudale. Son contour latéral sans la queue forme ainsi un rhomboïde, dont l'angle supérieur et l'inférieur seraient un peu aiguisés et recourbés en arrière, dont l'angle antérieur serait obtus, et dont le postérieur

---

1. *Acanthopode argenté,* Lacépède, t. IV, p. 558 et 559.

serait remplacé par une caudale tronquée. La longueur de sa tête
fait les deux tiers de sa hauteur et le quart de la longueur totale.
La ligne dorsale descend obliquement depuis le sommet de la nageoire, prend une légère convexité à la crête du crâne, redevient
très-légèrement concave entre les yeux. L'œil est placé plus bas
que le milieu, et un peu plus près du museau que de l'ouïe; il est
grand; son diamètre est des deux cinquièmes de la longueur de la
tête. Les orifices de la narine sont l'un au-devant de l'autre. Le
postérieur est ovale, l'antérieur rond, vis-à-vis du tiers supérieur
de l'œil. La bouche est fendue obliquement, et descend en arrière,
de façon que le bout des lèvres est à la hauteur du milieu de l'œil,
et que la commissure est plus basse que son bord inférieur. Les
dents sont en soies si courtes qu'on pourrait les dire en velours ras.
Les deux bords du préopercule sont presque égaux; son angle est
arrondi, et son bord paraît très-finement dentelé quand on a enlevé les écailles. L'opercule a son angle au quart supérieur, très-
obtus, surmonté d'un fort petit arc un peu rentrant. Le bord membraneux est large vers le haut.

La pectorale est ovale et a un peu plus du cinquième de la longueur totale. Pour toutes ventrales on ne voit que deux petites
épines placées à l'aplomb des pectorales, ce qui, vu la rapide descente de la ligne de la poitrine, les met assez loin de la gorge; en
y regardant de très-près on voit au-dessus de l'épine un petit vestige de rayon mou. Dans le tranchant antérieur de la dorsale on
reconnaît les pointes de huit épines, dont on sent les troncs au
travers des écailles; elles vont en croissant de la première, qui est
à peine visible, jusqu'à la huitième, qui a le cinquième de la hauteur prise d'un sommet de nageoire à l'autre. Celle-ci est dépassée
par les quatre premiers rayons mous qui forment la pointe de la
nageoire; les autres diminuent jusqu'au septième ou au huitième,
et demeurent ensuite presque égaux. Il y en a en tout trente-quatre
ou trente-cinq. L'anale a ses trois épines très-longues à proportion,
mais cachées dans les écailles, et ne montrant que leurs pointes le
long du tranchant antérieur et descendant de la nageoire. Il y a
ensuite trente-cinq rayons mous, dont les quatre ou cinq premiers

forment une pointe moins aiguë que celle du dos, et dont les vingt-cinq derniers, à peu près égaux, ont une hauteur plus grande que leurs correspondans de la dorsale. La caudale est du quart de la longueur totale, et coupée carrément.

B. 6; D. 8/35; A. 3/35; C. 17; P. 17; V. 1.

Le corps, la dorsale, l'anale, la tête et même l'entre-deux des branches de la mâchoire inférieure sont garnis d'écailles; mais il n'y en a point sur le museau ni aux lèvres; le maxillaire, quoique très-argenté, n'en a point non plus.

Les écailles du corps sont plus hautes que longues, lisses, et n'ont que trois crénelures peu marquées à leur bord radical : elles rapetissent par degrés sur la tête et sur les nageoires. On en compte soixante-cinq entre l'ouïe et la caudale, et plus de cent cinquante du sommet de la dorsale à celui de l'anale.

Tout le poisson est argenté. Dans l'individu sec on ne voit aucune autre teinte; dans un de ceux du Sénégal, une bande noirâtre descend du sommet de la dorsale à celui de l'anale. Un individu plus petit montre de plus une bande pectorale, et même quelque chose de la bande oculaire.

Notre individu sec est long de six pouces, et haut de six et demi. Ceux du Sénégal ont quatre et cinq pouces de longueur.

Ces poissons ont été pris à Saint-Louis, au mois de Mars, à l'époque où le fleuve est salé, ce qui ne dure que deux mois.

Je n'ai trouvé absolument à rapporter à cette espèce dans les auteurs que la figure de Seba que j'ai citée, et même je m'étonne assez que M. de Lacépède, qui avait sous les yeux l'individu sec dont nous venons de parler, n'en ait fait aucune mention dans son ouvrage.

Le Psettus rhomboïdal.

(*Psettus rhombeus,* nob.; *Scomber rhombeus,* Forsk.)

L'espèce la plus haute après celle de Seba, mais qui ne l'est pas à beaucoup près autant, est gravée dans Russel (n.° 59) sous le nom de *kauki-sandawa,* qu'elle porte à Vizagapatam, et elle nous a été rapportée de Pondichéry par M. Sonnerat, et de l'Isle-de-France par M. Mathieu. Il s'en est même trouvé un individu avec ceux de l'espèce suivante, dans les collections de Commerson, qui paraît avoir confondu les deux espèces.

Celle-ci a sa hauteur prise entre la naissance de la dorsale et de l'anale une fois et demie dans la longueur totale, la caudale comprise. Sur cette hauteur la dorsale s'élève obliquement d'environ un quart, et l'anale s'abaisse au-dessous à peu près d'un tiers, en prenant ces proportions sur la verticale.

Les pointes de ces nageoires ne se détachent pas autant que dans la première espèce, et le bord est seulement un peu concave derrière elles. Les ventrales semblent dans le sec réduites chacune à sa petite épine; mais les individus conservés dans la liqueur montrent, lorsqu'on soulève les épines, de très-petits rayons mous, avec une très-courte membrane. Dans le tranchant antérieur de la dorsale on compte aisément les pointes de huit épines; celles de l'anale sont moins longues à proportion que dans l'espèce précédente, et les rayons mous de ces deux nageoires sont moins nombreux. La caudale, lorsqu'on l'étale, paraît un peu en croissant.

B. 6; D. 8/28; A. 3/29; C. 17; P. 17; V. 1/ ?

Les écailles de cette espèce sont beaucoup plus petites que dans la précédente.

Sa couleur est un argenté qui vers le dos tourne au plombé, avec du noirâtre vers le sommet de la dorsale. Une ligne noirâtre descend obliquement de la nuque vers le haut de l'orbite, et une autre de la première épine dorsale vers le haut de l'opercule. La figure de Russel en montre une troisième, descendant de la quatrième épine vers l'angle de l'opercule.

Notre plus grand individu est long de sept pouces. Il y en a de bien plus petits.

M. Ehrenberg a rapporté de la mer Rouge des individus qui ne paraissent différer de celui que Russel a dessiné, que parce que l'on n'y voit bien que la ligne noirâtre qui va de la nuque à l'œil. Il n'y a pas à douter que ce ne soit le *scomber rhombeus* de Forskal, dont M. de Lacépède a fait son *centropode rhomboïdal,* et par conséquent le genre des centropodes est encore à rayer de l'Ichtyologie.

Que l'on lise en effet avec attention la description de Forskal[1], on y trouvera tous les caractères de nos psettus, seulement il place au-devant de la dorsale cinq petites épines à peine liées (*spinæ quinque, minutæ, vix connexæ*). Mais n'a-t-il pas pris pour de petites épines isolées, les pointes des premières épines de la dorsale? Cela posé, tout serait d'accord; on aurait pour nombres : B. 6; D. 8/29; A. 3/31, etc.; ce qui ne ferait qu'une légère différence : les points noirs de la dorsale et de l'anale, la caudale coupée en rond, tout semblerait encore indiquer notre espèce.

---

1. Voici cette description (Forsk., *Descrip. anim.*, p. 58, n.° 78) :

SCOMBER RHOMBEUS, *pinnis ventralibus uniradiatis. Corpus compressum, argenteum, una cum pinnis dorsalibus et analibus mensuratum rhombeum. Dentes numerosi, subtiles. Lingua obtusa, prope apicem superne callo ovali, plano, albido, scabro. Labia, nares, opercula, ut congenerum. Iris argentea, supra et infra fusca. Ante pinnas dorsales spinæ quinque, minutæ, vix connexæ. Juxta pinnas ventrales spinæ duæ, albæ, parvæ, et pone singulam radii inermes minores, quinque, vix conspicui. Pinnarum dorsalium et analium prima pars alba, triangularis, squamata, apice nigra, reliqua pars humilis, hyalina, linearis. Pinnæ pectorales leviter rotundatæ. Cauda brevis, lateribus compressa, non carinata. Pinna caudalis glauca, rotundata, exserta. Linea lateralis dorso propior parallela, in cauda recta, media, squamæ parvæ.*

B. 6; P. 1/15; D. 4/4, 3/32; V. 1/1; A. 3/34; C. 16.

On nomme ce poisson à Djidda, selon Forskal, *abu-gurr* et *abu-tabak*. M. Ehrenberg l'a entendu appeler *gallarf* à Massuah. Il est commun dans toute la mer Rouge. On le trouve aussi à l'Isle-de-France; M. Desjardins vient de l'envoyer de là au Cabinet du Roi, ce qui nous a donné la facilité d'en faire l'anatomie.

A l'ouverture de l'abdomen on trouve les intestins entourés et presque cachés par des épiploons graisseux très-épais. La graisse, blanche et de peu de consistance, semblable à de l'huile figée, était ramassée en grande masse entre l'estomac et la vessie natatoire. Il y en avait même une assez grande quantité dans l'intérieur de la vessie; mais elle était moins blanche et moins solide encore que celle qui entourait l'intestin. L'estomac est un grand sac arrondi en arrière, un peu comprimé latéralement, dont les parois minces, membraneuses et transparentes ne nous ont offert aucunes rides ou plis à l'extérieur. Sa capacité équivaut à peu près au tiers de celle de l'abdomen. L'œsophage est si court qu'à peine il existe au-delà du pharynx, ou derrière le diaphragme. C'est vers le milieu de la face inférieure que l'on voit naître la branche montante; elle se dirige obliquement vers le diaphragme. Elle est courte, et ses parois musculeuses sont assez épaisses.

Le pylore s'ouvre par un trou très-étroit. Il est couronné par un très-grand nombre de cœcums courts, grêles, et fortement réunis entre eux par du tissu cellulaire graisseux. Le foie était entièrement détruit; nous n'avons pu voir que la vésicule du fiel, qui est petite et alongée. Ses parois sont blanches, fibreuses et très-solides.

L'intestin est grêle et fait plusieurs replis avant de déboucher à l'anus. Les parois en sont encore plus minces que celles de l'estomac.

La rate est grosse, brune, et placée à droite de l'estomac entre lui et l'intestin.

Les laitances de notre individu sont rejetées vers l'arrière de l'abdomen, au-dessous de la vessie aérienne. Elles sont inégales; c'est la droite qui est la plus grosse et la plus longue.

La vessie aérienne est très-grande; elle occupe toute la partie supérieure de l'abdomen, et se bifurque ensuite de manière à pénétrer entre les muscles de la queue, aux côtés des apophyses épineuses inférieures de la colonne vertébrale. Les cornes sont grandes, égales entre elles, et chacune est aussi longue que le corps de la vessie même; les parois sont très-minces et légèrement argentées.

Les reins sont courts, noirâtres, et occupent la même longueur que le corps de la vessie aérienne. Ils versent l'urine dans deux ure-tères assez longs, qui descendent entre les deux cornes de la vessie aérienne. Au-dessous d'elles ils se renflent considérablement, et se rétrécissent ensuite en un petit conduit; ils débouchent dans une vessie urinaire assez grande, placée derrière les laitances.

Nous avons trouvé l'estomac rempli de crevettes. Le squelette de ce *psettus rhombeus* se fait remarquer par l'élévation et la minceur de la crête mitoyenne de son crâne, dont les crêtes latérales sont au contraire très-basses. Entre le crâne et la première épine dorsale il y a trois interépineux sans rayons. Le bassin représente un arc mince et comprimé, qui porte à son extrémité postérieure les deux épines ventrales. Je ne lui trouve que neuf vertèbres abdominales et quatorze caudales. Le premier interépineux de la queue remonte jusqu'au corps de la vertèbre, au-devant de l'apophyse épineuse descendante; sa partie inférieure est dilatée d'arrière en avant en une grande lame triangulaire, qui se porte en avant, et n'est séparée du bassin que par l'anus. Les deux premières épines anales sont attachées à cet interépineux.

Le Psettus de Commerson.

(*Psettus Commersonii*, nob.; *Monodactyle falciforme*, Lacép.)

Notre troisième espèce est celle qui a été décrite par Commerson sous le nom de *psettus*, et dont M. de Lacépède (t. III, p. 131, 132 et 133) a fait son *monodactyle falciforme*. Il s'en est trouvé dans les papiers de Commerson une assez bonne figure, que M. de Lacépède (t. II,

pl. 5, fig. 4) a fait graver, mais trop réduite, et l'on a re-
couvré depuis quelque temps le poisson original.

Sa hauteur est moindre que dans l'espèce précédente, et ne fait
guère que moitié de la longueur totale; ses écailles sont un peu
plus grandes, les sommets de sa dorsale et de son anale un peu plus
aigus, et l'arc qui échancre le bord de sa caudale sensiblement plus
profond, au point que cette nageoire peut passer pour fourchue; il
n'y a pas non plus de lignes noires à sa partie antérieure; mais tout
le poisson est argenté, avec seulement du noirâtre vers les pointes
de la dorsale et de l'anale. Du reste, sa conformation a les plus grands
rapports avec celle de l'espèce précédente, et ses nombres sont les
mêmes. B. 6; D. 8/28; A. 3/29; C. 17; P. 17; V. 1.

N'ayant vu qu'un individu sec, je ne puis dire s'il y a
des rayons mous aux ventrales; Commerson n'en parle pas
dans sa description.

Cet individu est long de près de huit pouces, et selon
Commerson il pesait neuf onces un quart. MM. Quoy et
Gaimard en ont pris un semblable à l'île de Vanicolo.

Le *chætodon argenteus* de Linné, dont M. de Lacépède
a fait son *acanthopode argenté,* est incontestablement un
psettus, et me paraît même se rapporter à cette troisième
espèce par le caractère de sa queue fourchue; tous ceux
qu'on lui attribue d'ailleurs conviendraient également bien
à cette troisième et à la seconde[1]. Peut-être même la hau-

---

1. Voici la description qui se trouve dans la thèse intitulée : *Chinensia Lager-
stræmiana,* Upsal, 1754, et *Amœn. acad.,* t. **IV,** p. 249, n.° 26 :

Chætodon argenteus, *pinnis ventralibus ex spinis duabus. Corpus (figura zei vome-
ris, Mus. reg.,* t. I, p. 67) *compressum ut in pleuronecta, latius quam longum, tectum
squamis parvis, lœvibus, minime*[1] *argenteis. Oculi sanguinei. Maxillarum margines
dentibus vix conspicuis flexilibus, exasperati. Opercula branchiarum argentea, lœvia.
Membrana branchiostega, radiis sex. Pinna dorsalis squamis tota, falcata, constans*

1. Ce mot *minime* est sans doute ici pour un autre. Ou veut-il dire seulement que la couleur
argentée n'appartient pas aux écailles, mais au corps muqueux qui est dessous?

teur du corps indiquerait-elle la seconde de préférence.
L'auteur ne lui avait d'abord compté que trois aiguillons
au dos[1]; il s'est corrigé ensuite et en a compté huit[2], mais
en faisant remarquer que les premiers sont presque imperceptibles : ses nombres, exprimés à notre manière, seraient
donc D. 8/29, A. 3/29; ce qui s'accorde fort bien avec nos
observations.

Si notre conjecture est fondée, l'*acanthopode argenté* et
le *monodactyle falciforme* seraient la même chose, et il y
aurait encore un genre, et peut-être même son espèce, à
rayer dans M. de Lacépède; dans tous les cas le genre ne
peut pas plus subsister que celui des centropodes.

---

*radiis triginta duo, quorum primus, secundus et tertius spinosi et sensim breviores ;
quartus simplex, mollior, longior, reliquis sensim brevioribus, ramosis. Pinnæ pectorales ovatæ, radiis sexdecim, mollibus, quorum duodecim sensim breviores. Pinnæ
ventrales nullæ, quorum loco spinæ duæ, breves, rigidæ. Pinna ani magnitudine et
figura dorsalis falcata, et squamis tecta, constans radiis triginta duobus, quorum
primus, secundus et tertius breves, sensim longiores valide spinosi; quartus longior,
simplex, mollis; quintus inter longissimos cum sequentibus brevioribus, ramosus.
Pinna caudæ bifurca, radiis septemdecim.*

1. Dans la thèse ci-dessus et dans sa dixième édition, t. I, p. 272, n.° 2.
2. Douzième édition, p. 461, n.° 6.

DEUXIÈME TRIBU.

DES SQUAMMIPENNES A DENTS TRANCHANTES.

CHAPITRE VIII.

*Des Piméleptères (Pimelepterus, Lacépède)
et des Diptérodons (id.).*

DES PIMÉLEPTÈRES.

Les *piméleptères* et les *xystères* de M. de Lacépède
sont le même genre, et ce genre est caractérisé par un
corps ovale, comprimé; par une dorsale unique, dont la
partie molle, ainsi que celle de l'anale et toute la caudale,
sont écailleuses, et surtout par des dents tranchantes disposées sur un seul rang, et implantées dans les mâchoires
au moyen d'un talon qui se prolonge horizontalement en
arrière.

Il y a de ces poissons dans les deux océans. M. de Lacépède, qui n'a donné dans son ouvrage (t. IV, n.° 429 et 430)
le piméleptère que d'après une figure et une courte note
que M. Bosc lui avait communiquées, ne s'est pas aperçu
que ce poisson rentrait précisément dans le genre qu'il reproduit dans le volume suivant (t. V, p. 484 et 485), d'après
les manuscrits de Commerson, sous le nom de *xystère*.
Cependant la chose est incontestable : le *xystère brun* de
Commerson n'est autre que le piméleptère de la mer des

Indes. Le caractère de dents que ce voyageur lui assigne, en fournirait la preuve à lui seul. *Novissimum genus*, dit-il, *cui pro caractere dentes ad angulum rectum infracti, a parte externa seu perpendiculari incisorii, ab interna, seu horizontali, sessiles, acutiores, subulati.* Et dans le corps de sa description il ajoute : *Ii autem dentes novæ sunt et inauditæ usquedum fabricæ, nimirum ad angulum rectum retrofracti, ita ut parte interna seu horizontali sessiles sint (non implantati), parte autem externa seu perpendiculari exserantur incisorii.* Le reste de cette description répond d'ailleurs à tous égards au poisson dont nous parlons.

Mais ce qui n'est pas moins vraisemblable, c'est que le *dorsuaire* donné par M. de Lacépède, aussi d'après Commerson (t. V, p. 482 et 483), ne diffère pas de ce xystère, au moins génériquement; et enfin, ce qui est certain et démontré, tout extraordinaire que cela pourra paraître, c'est que le *dorsuaire* est identiquement le même que le *kyphose* (t. III, p. 114 et 115), et tiré du même document. En effet, l'article du *dorsuaire* repose tout entier sur une phrase caractéristique de Commerson : DORSUARIUS *tubero*, etc.; et cette phrase est inscrite derrière le dessin qui a servi d'original à la figure du *kyphose* et de sujet à son article. Ainsi M. de Lacépède a doublé une espèce pour ainsi dire à plaisir. La seule excuse que l'on puisse trouver à ce procédé, qu'il n'a répété que trop souvent, c'est que, travaillant à la campagne, et sur des notes anciennement prises, il ne s'est plus souvenu, lorsqu'il a voulu expliquer ses gravures, des rapports de ces notes avec les dessins. Quoi qu'il en soit, le *dorsuaire* et le *kyphose* ne sont qu'un seul et même poisson.

Mais ce poisson quel est-il? Nous le répétons : en le comparant à notre piméleptère de la mer des Indes, au xystère en un mot, nous ne pouvons presque douter que ce n'en soit un individu déformé, soit par quelque maladie, soit par la manière dont il a été préparé; car Commerson a souvent écrit ses petites notes derrière des dessins que Jossigny, l'un de ses artistes, avait faits en son absence, et d'après des individus desséchés; et alors il n'a pas toujours eu le soin de les faire concorder avec les descriptions plus étendues qu'il rédigeait d'après des poissons frais. On voit même en cette occasion qu'il y avait dans son esprit au moins quelque réminiscence; car il dit dans sa note sur le *dorsuaire: Novissimum genus, cyprinis proxime subjungendum;* et dans sa description du *xystère* il répète : *Cyprinis subjunge.*

Ce défaut de concordance aurait probablement disparu en grande partie, si Commerson avait publié lui-même l'immense recueil de ses observations; mais M. de Lacépède, qui n'avait entre les mains que des minutes informes de ses manuscrits, et à qui les poissons secs laissés par le savant voyageur étaient même restés inconnus, n'avait aucun moyen de se retrouver dans ce dédale.

Si nos conjectures sont fondées, il faudrait donc retrancher du Système les trois genres *xystère, dorsuaire* et *kyphose;* et dans tous les cas on devra en retrancher le *xystère,* qui rentre dans les piméleptères, et le *kyphose,* qui est identiquement le même que le *dorsuaire.*

Les noms de *dorsuaire,* de *tubero* et de *kyphose* tiennent à l'espèce de bosse [1] qui paraît dans la figure au-

---

1. Κῦφος signifie *bosse.* C'est même de là que vient *gibbus.*

devant de la dorsale; celui de *piméleptère* (nageoires grasses)
désigne l'épaisseur de la portion écailleuse dans les trois
nageoires verticales; celui de *xystère,* enfin, paraît avoir
été dérivé de ξυσ7ήρ (scalpel, instrument tranchant), et se
rapporte à la forme des dents de ces poissons.

Le Piméleptère de Bosc.

(*Pimelepterus Boscii,* Lacép., t. IV, p. 429 et 430.)

Nous placerons en tête du genre l'espèce qui a servi de
type à M. de Lacépède pour son piméleptère. La description suivante est faite sur des individus rapportés de la
Caroline par M. Bosc, et les mêmes sur lesquels ce zélé
naturaliste avait rédigé les notes que M. de Lacépède a
employées.

Le corps avec la tête, et sans la portion derrière la dorsale, for-
merait un bel ovale, assez épais. Sa hauteur au milieu de l'ovale est
dans la longueur totale, queue et caudale comprise, deux fois et
trois quarts. La longueur de la tête est quatre fois et un quart dans
la longueur totale, et sa hauteur à la nuque égale sa longueur.
L'épaisseur du corps est trois fois et demie dans la hauteur. La
courbe du dos se continue au profil, et se termine par un museau
arrondi, dont l'extrémité tombe plus verticalement, parce que l'intervalle en avant des yeux est bombé en travers. Quand la mâchoire
supérieure se porte en avant, il se forme au-dessous de cette convexité transversale une légère concavité. L'œil est au-dessus du
milieu de la hauteur, et un peu plus près du museau que de l'ouïe;
il est dirigé latéralement, et son diamètre est de près du tiers de la
longueur de la tête. L'intervalle d'un œil à l'autre est d'un de leurs
diamètres et d'un quart en sus. Les orifices de la narine sont en avant
du milieu de l'œil, sous cette légère convexité transversale dont nous
avons parlé, mais à peu de distance de l'œil et rapprochés l'un de
l'autre : l'antérieur est rond, un peu rebordé; le postérieur ovale :

tous deux sont petits. La fente de la bouche ne va guère qu'aux
deux tiers de l'intervalle entre le bout du museau et l'œil; une lèvre
assez large garnit l'intermaxillaire sans recouvrir les dents; le
maxillaire, élargi et tronqué en arrière, ne va que jusque sous le
bord antérieur de l'orbite. Ses deux tiers antérieurs sont cachés,
dans l'état de repos, par un sous-orbitaire rétréci en arrière, et
dont le bord est horizontal et très-finement crénelé, ou plutôt
seulement un peu strié. Les dents ont une forme très-remarquable.
Leur partie antérieure et saillante est ovale, plate, tranchante au
bord; mais leur base a en arrière un talon horizontal, ou qui fait
un angle droit avec la partie tranchante, et par lequel elles s'attachent à la mâchoire. Dans cette espèce le talon n'est que de la longueur à peu près de la partie tranchante, ce qui fait qu'il est moins
remarquable, et que M. Bosc ne l'avait pas remarqué. On compte
vingt-deux ou vingt-quatre de ces dents à chaque mâchoire, disposées sur un seul rang, et derrière elles il y en a une bande en fin
velours; les dents tranchantes de remplacement percent la mâchoire
par devant celles qui sont en place. Le devant du vomer est une
large plaque en forme de croissant, et un peu âpre. Il y a en outre
de chaque côté une ligne âpre le long de chaque palatin, et un
grand disque ovale sur chaque ptérygoïdien. La langue est large,
arrondie, assez épaisse, libre, à bords tranchans et lisses, un peu
âpre sur sa base. Toutes les parties de la tête, excepté les lèvres,
sont écailleuses; il y a des écailles même sur le limbe du préopercule
et sur la peau d'entre les branches de la mâchoire inférieure. L'angle
du préopercule est arrondi; ses bords sont finement striés. L'opercule, deux fois plus haut que long, se termine en angle très-obtus.
L'ouïe est fendue jusque sous le milieu de l'œil, où la membrane
embrasse l'isthme. Il y a sept rayons branchiostèges arqués, plats et
tranchans. Les deux plus hauts se voient à nu, en soulevant seulement les opercules; mais pour bien distinguer les cinq autres, il faut
enlever la peau écailleuse qui les couvre.[1]

---

1. C'est ce qui a fait que M. de Lacépède, d'après M. Bosc, n'attribue au piméleptère que quatre rayons branchiaux. Nous affirmons qu'il en a sept.

L'épaule n'a pas d'armure. La pectorale est ovale, du sixième à peu près de la longueur du corps, et s'attache au-dessous du milieu de la hauteur. Elle a dix-neuf rayons; le quatrième et le cinquième sont les plus longs : le premier est simple et fort court. Les ventrales sortent sous le milieu des pectorales, ce qui a fait considérer par quelques-uns ces poissons comme abdominaux; mais le bassin est suspendu aux os de l'épaule, et par conséquent ce sont pour nous des subbrachiens. Ces nageoires sont de la même longueur que les pectorales, et de forme un peu pointue. Leur aiguillon n'a guère plus de moitié de leur longueur; un petit repli écailleux au-dessus de leur base forme un léger sillon, qui les reçoit en partie quand elles se retirent.

La dorsale commence vis-à-vis de la naissance des ventrales, et par conséquent vis-à-vis du milieu des pectorales, et règne sur une longueur égale aux deux cinquièmes de celle du poisson. Sa hauteur moyenne est du cinquième de celle du corps; sa partie épineuse et sa partie molle, à peu près également longues, ne se distinguent que par un très-léger abaissement : elle a onze épines très-poignantes, et douze rayons mous; ces derniers sont enveloppés de petites écailles très-serrées, et il y en a de semblables sur la caudale et sur toute la partie molle de l'anale. Celle-ci a trois épines et onze rayons mous : elle commence vis-à-vis de l'avant-dernière épine de la dorsale, et finit à la même distance de la caudale. L'intervalle entre ces deux nageoires et la caudale est cinq fois et demie dans la longueur totale; sa hauteur moyenne est de moitié de sa longueur, et son épaisseur de moitié de sa hauteur. La caudale est aussi du cinquième de la longueur, taillée en croissant, toute écailleuse et composée de dix-sept rayons.

B. 7; D. 11/12; A. 3/13; C. 17; P. 19; V. 1/5.

Ce poisson est couvert d'écailles disposées régulièrement. Nous avons déjà parlé de celles de la tête et des nageoires; celles du corps sont au nombre de soixante et quelques, sur une ligne, depuis l'ouïe jusqu'aux petites de la base de la caudale, et de trente et quelques sur une ligne verticale prise au milieu du corps. Elles sont demi-elliptiques, aussi longues que larges, finement pointillées, et encore plus finement ciliées ou dentelées dans leur partie visible; leur partie cachée est striée en éventail de six ou sept rayons, qui produisent au bord radical autant de crénelures, mais à peine sensibles. La ligne latérale suit une courbe parallèle au dos, qui, au milieu de la longueur du tronc, se trouve à peu près au tiers de la hauteur.

Dans la liqueur la couleur générale de ce piméleptère paraît brune, plus foncée sur les nageoires et au museau, et légèrement variée sur les flancs par des lignes longitudinales plus pâles, qui résultent de ce que le disque des écailles est d'un brun plus jaunâtre que leur bord; mais d'après M. Bosc, ce qui paraît jaunâtre est dans le frais d'un blanc argentin assez brillant. On peut distinguer vingt à vingt-deux de ces lignes au-dessous de la ligne latérale, et dix ou douze au-dessus; mais ces dernières sont plus irrégulières, et se perdent davantage dans la teinte plus brune du fond. Le bord postérieur de la caudale est plus pâle que le reste, et l'on voit sous l'œil un trait bleuâtre argentin.

Nos individus sont longs de cinq pouces.

Dans le squelette de ce piméleptère la crête mitoyenne du crâne est médiocrement élevée; le bassin représente un triangle isocèle trois fois plus long que large; les vertèbres abdominales sont au nombre de neuf, et les caudales de seize; le premier interépineux de l'anale est peu dilaté; les côtes sont comprimées, larges, et ont leur bord externe plus gros, etc.

M. Bosc a vu les piméleptères suivre les navires dans la haute mer, et s'assembler en troupes autour du gouvernail pour dévorer ce que l'on rejette du bâtiment. Ils mordent difficilement à l'hameçon, et même ils savent en emporter l'appât sans s'y prendre. Les Anglais n'en estiment pas la chair; mais les Français la recherchent.

Nous trouvons dans la collection de Broussonnet un individu entièrement semblable à ceux de M. Bosc, et qui est désigné comme de la mer Atlantique. Il est intitulé *chœtodon cyprinaceus*, et l'on en trouve sous ce nom une figure dans les dessins de Parkinson, conservés à la bibliothèque de Banks, et une description dans les papiers de Solander. L'individu qui en fait l'objet avait été pris dans l'Atlantique, entre les tropiques, par les naturalistes du premier voyage de Cook, le 15 Octobre 1768. Ainsi l'on voit que Commerson n'a pas été le seul qui ait trouvé des rapports entre ce genre et celui des cyprins. C'est probablement la même espèce qui est désignée sous ce nom de *cyprinaceus* dans Gmelin, à la fin de ses chétodons.

Le Piméleptère oblong.

(*Pimelepterus oblongior*, nob.)

Peu de genres se composent d'espèces aussi semblables entre elles que celui des piméleptères; et à moins d'un examen scrupuleux, l'on pourrait être tenté de les croire tous identiques. Ainsi nous en trouvons un au Musée royal des Pays-Bas, dont l'origine ne nous est pas connue, et qui ne diffère de celui de Bosc

que parce qu'il est un peu plus oblong. Sa hauteur est un peu plus de trois fois dans sa longueur. Sa tête semble aussi un peu plus large. Mais du reste il offre les mêmes détails et les mêmes nombres de rayons. Dans son état actuel il paraît blond, avec quatorze ou quinze lignes pâles sur les côtés. Le trait argenté d'au-dessous de l'œil est très-apparent. L'individu est long de six pouces.

Le Piméleptère brun.

(*Pimelepterus fuscus*, nob.; *Xyster fuscus*, Comm.; *Xyster nigrescens*, Lacép.)

Feu Delalande en a rapporté un grand du cap de Bonne-Espérance, à peu près dans les mêmes formes, mais qui dans son état sec paraît tout brun, avec tout au plus quelques vestiges de raies. Le talon de ses dents est plus marqué que dans aucun autre, car il a trois fois la longueur de la partie tranchante. Son front est aussi plus large qu'aux autres espèces, et au lieu d'une convexité générale, il est aplati transversalement et bombé au-dessus de chaque œil. Ses pectorales sont singulièrement solides : leurs premiers rayons sont unis en quelque sorte par les écailles qui les revêtent, et elles ont les rayons en même nombre que dans l'espèce de la Caroline. Sa dorsale en a onze épineux et douze mous, son anale trois épineux et onze mous.

D. 11/12; A. 3/11, etc.

Les naturalistes de la dernière expédition russe ont retrouvé dans la mer des Indes un piméleptère que nous rapportons à cette espèce, et qu'ils ont peint d'après le frais en gris de perle, un peu irisé vers la tête, teint de brun vers le dos.

C'est très-probablement sur cette espèce que Commerson a établi son genre *xyster*. Il l'appelle *xyster totus fuscus*, et ajoute : *Color nullâ non parte fuscus, pinnæ dorsalis parte spinosa magis nigricante.* Sa description est demeurée incomplète, et il n'y donne pas les nombres des rayons; mais tout ce qu'il dit des formes et des autres caractères est exactement conforme à nos individus. Les siens étaient longs de huit et de neuf pouces; le nôtre en a dix-neuf.

Le Piméleptère inciseur.

(*Pimelepterus incisor*, nob.; *Chœtodon incisor*, Parkins.)

Feu Delalande a rapporté du Brésil un quatrième piméleptère, qui ressemble plus que celui du Cap à l'espèce de Bosc, pour ce qui concerne ses proportions; mais qui s'en laisse distinguer plus facilement, parce qu'il a quatorze rayons mous à sa dorsale, et douze ou treize à son anale; son front est un peu plus plat, et les talons de ses dents sont un peu plus marqués, sans l'être autant qu'à celui du Cap; ses écailles paraissent un peu âpres, comme du verre dépoli. On lui voit un peu moins de lignes pâles sur les côtés (dix ou douze environ), et au total ses teintes paraissent un peu moins foncées; le ruban argenté du dessous de son œil est très-apparent. Nos individus sont plus grands que ceux de la Caroline (il y en a un de dix pouces et un autre de quinze). Dans le grand individu, qui à la vérité est desséché, les lignes des côtés ont presque disparu.

Parkinson en avait dessiné au Brésil encore un plus grand, et l'avait nommé *chœtodon incisor*. Il était long de vingt pouces. Le corps en est enluminé de bleuâtre, les nageoires de cendré, la tête de blanchâtre; Solander en a fait une description qui se rapporte assez à la nôtre, où il ne compte cependant que treize rayons mous à la dorsale.

Le PIMÉLEPTÈRE MARCIAC.

(*Pimelepterus marciac*, Q. et G.)

Le piméleptère rapporté de Waigiou par MM. Quoy et Gaimard, et dont ils ont donné une figure et une description dans le Voyage de M. Freycinet (partie zoologique, p. 386, et pl. 62, fig. 4), sous le nom de *piméleptère marciac*, diffère encore un peu plus sensiblement du *boscien*.

Son front n'est pas si bombé entre les yeux; mais il est un peu plus large, et son corps est un peu plus court et un peu plus comprimé. Sa hauteur n'est que deux fois et deux tiers dans sa longueur. Nous trouvons dans un individu dix épines et quinze rayons mous à la dorsale, et dans un autre onze épines et quatorze rayons mous. L'anale a dans tous les deux trois épines et treize rayons mous. Sa ligne latérale est un peu plus basse, et ses bandes pâles plus larges et moins nombreuses. On n'en compte, au-dessous de la ligne latérale, que quinze ou seize, dans un espace où le boscien en a vingt ou vingt-deux. Le ruban argenté sous l'œil se montre plus ou moins, selon la conservation des individus ; mais dans le frais il doit être très-apparent.   D. 10/15 ou 11/14 ; A. 3/13, etc.

Nos individus sont longs de quatre pouces et demi à cinq pouces.

Ils ont été pris près de Boni, petite île voisine de la Terre des Papous.

MM. Kuhl et Van Hasselt en ont envoyé de semblables de Batavia au Musée royal des Pays-Bas.

Nous avons eu les viscères bien entiers de ce piméleptère. Le foie est composé de deux lobes trièdres, égaux, terminés en pointe assez aiguë. Entre les deux lobes se trouve placé l'estomac, qui est assez grand, arrondi en arrière, à peu près de la forme d'une cornue. L'œsophage, qui est long et étroit, s'ouvre sur la face supérieure, assez près de la partie postérieure de l'estomac ; la terminaison de la branche montante est située dans la fourche de l'estomac. Le nombre des cœcums qui entourent le pylore nous a paru de cinq ou six. L'intestin est très-long, et d'un diamètre très-inégal. Il fait un grand nombre de replis. Le duodénum se porte en droite ligne jusqu'à l'arrière de l'abdomen ; il se plie et descend subitement vers la partie inférieure. Il remonte et redescend bientôt dans une direction parallèle à la première, passe dans l'hypocondre droit, et remonte vers le diaphragme, se replie et descend jusqu'au fond de l'abdomen, remonte ensuite, passe sur le foie, y fait un repli court, et en s'appuyant toujours sur le foie, passe dans l'hypocondre gauche. Dans ce pli sur le foie son diamètre a tout au plus une demi-ligne de largeur ; l'intestin se renfle alors beaucoup, et arrivé à la hauteur du pylore, il offre un second étranglement ; puis, s'élargissant de nouveau, et se coudant un peu, il se rend auprès de l'anus, où il éprouve un nouvel étranglement avant de déboucher. La vessie aérienne est grande, à parois très-minces et argentées : elle est fourchue en arrière, et se porte assez loin dans l'épaisseur de la queue.

Autant que nous avons pu en juger sur des individus

dont les intestins étaient en mauvais état, les autres piméleptères offrent à peu près la même splanchnologie. Nous
n'avons trouvé dans leur estomac que des débris de crustacés.

Le Piméleptère lembo.

(*Pimelepterus lembus,* nob.)

MM. Quoy et Gaimard, dans leur deuxième voyage avec
M. Durville, ont pris à Vanicolo un piméleptère qui a les
mêmes nombres que le *marciac,*

mais dont la tête est plus petite, le museau un peu moins obtus, et
les écailles plus grandes. On n'en compte que cinquante-huit sur la
longueur; dans le *marciac* il y en a plus de soixante-dix. Ses raies
sont aussi moins nombreuses; il n'en a au-dessous de la ligne latérale que onze, et le *marciac* en a seize. Les lobes de sa caudale sont
plus pointus, ce qui la fait paraître plus échancrée.

Le fond de sa couleur dans le frais est plombé, et ses raies sont
rousses. A la tête on en voit une très-marquée, qui va de l'angle de
la bouche au préopercule; mais la ligne argentée sous l'œil y est
plus effacée. Dans la liqueur tout devient gris et brun.

L'individu est long de dix pouces.

Les indigènes de Vanicolo appellent ce poisson *lembo.*

Le Piméleptère indien.

(*Pimelepterus indicus,* K. et V. H.)

Un septième piméleptère, envoyé par MM. Kuhl et Van
Hasselt, et auquel ils ont donné le nom peut-être trop
particulier d'*indien,* offre

une couleur grise sur le dos; jaunâtre à reflets d'or et d'argent sur
les flancs et sur le ventre; il a de chaque côté vingt à vingt-deux
lignes jaune d'or. Sa hauteur est plus de deux fois et demie dans la
longueur totale, qui est de cinq pouces et demi.

D. 11/10; A. 3/10; C. 18; P. 18; V. 1/5.

Le PIMÉLEPTÈRE A HAUTES NAGEOIRES.

(*Pimelepterus altipinnis*, nob.)

Enfin, MM. Quoy et Gaimard ont trouvé à la Nouvelle-Guinée un piméleptère remarquable

par la hauteur relative de la partie molle de sa dorsale, qui s'élève plus que la partie épineuse. L'anale a une hauteur correspondante, ce qui la fait paraître plus courte à l'œil, quoiqu'elle occupe à peu près le même espace. Du reste, ce poisson ressemble beaucoup au précédent.   D. 11/12; A. 3/11, etc.

Dans la liqueur il paraît argenté, avec quinze ou seize lignes grises au-dessous de la ligne latérale, et dix ou onze au-dessus, le ruban argenté du dessous de l'œil est très-prononcé.

L'individu est long de six pouces; mais l'espèce devient beaucoup plus grande.

M. Dussumier vient de nous rapporter de Bourbon un individu long d'un pied, qui ne diffère en aucuns points de celui de la Nouvelle-Guinée, et il nous assure en avoir vu de la longueur du bras.

Dans le frais les écailles étaient argentées, bordées de vert assez foncé; le dessus de la tête jusqu'à la dorsale, les lèvres et les pectorales verdâtres; les ventrales vert très-foncé. Ces couleurs se sont changées en violet dans la liqueur. Le bord des écailles a noirci, et comme leur milieu est resté argenté, les côtés paraissent maintenant rayés par des lignes grises, telles que nous venons de les décrire d'après l'individu de MM. Quoy et Gaimard.

Nous avons pu faire l'anatomie de cet individu.

Son foie est très-petit, réduit à un seul lobe, placé en travers sous l'œsophage. Il y a une très-petite vésicule du fiel, suspendue à un long canal cholédoque capillaire.

Les parois du canal intestinal sont d'une minceur extrême.

L'estomac est grand, arrondi à son extrémité. La branche montante a aussi un grand diamètre.

Le pylore est entouré d'une masse d'appendices cœcales courtes et fines, comme des cheveux réunis en paquets.

L'intestin est très-long; il se replie sur lui-même neuf à dix fois. Le rectum a un diamètre triple de celui de l'intestin grêle; mais il se rétrécit un peu avant de déboucher à l'anus.

La rate est petite, globuleuse, et cachée entre les replis de l'intestin.

La vessie aérienne est assez grande : elle donne en avant deux petites cornes arrondies, qui se prolongent jusque sous le crâne, mais sans communiquer avec son intérieur; elle en donne deux autres en arrière, assez longues, qui pénètrent dans l'épaisseur des muscles de la queue, le long des interépineux de l'anale. Les reins sont réunis en une seule masse, élargie antérieurement, et divisée en lobules, qui pénètrent entre les cornes antérieures de la vessie aérienne et se contournent sur elle : ils communiquent en arrière par deux longs uretères dans une petite vessie urinaire globuleuse, placée au-dessus du rectum. L'uretère passe entre la fourche de la vessie aérienne.

L'estomac était rempli de fucus.

Cette espèce, connue à Bourbon sous le nom de *poisson-laye,* y est abondante, recherchée par la délicatesse de sa chair.

Le PIMÉLEPTÈRE DE DUSSUMIER.

(*Pimelepterus Dussumieri,* nob.)

Le même voyageur a rapporté un piméleptère dont les nageoires ont des proportions analogues, mais qui offre aussi quelques légères différences.

Il a le corps un peu plus oblong, le museau un peu plus court, le maxillaire caché davantage par le sous-orbitaire, le front moins bombé entre les yeux, et la bosse placée plus bas, plus près de la lèvre supérieure; la dorsale et l'anale un peu moins élevées. Les nombres sont les mêmes.

D. 11/12; A. 3/11, etc.

Le corps était argenté et rayé par treize ou quatorze lignes longitudinales violet foncé, tirant sur le brun; le dessous de la gorge et du ventre blanc : les nageoires sont brunes. Dans la liqueur il paraît gris jaunâtre, rayé de brun noirâtre. Le trait argenté sous l'œil est très-fortement marque.

Cet individu a été pris dans le golfe du Bengale, le long d'un morceau de bois flottant. M. Dussumier croit que ces animaux suivent ainsi les corps flottans pour se nourrir des anatifes ou des annelides qui s'y fixent.

Le Piméleptére de Raynaud.

(*Pimelepterus Raynaldi*, nob.)

M. Raynaud a pris au détroit de la Sonde un troisième de ces piméleptères à hautes nageoires.

Il a le corps un peu plus court, le dos plus arqué, le front à peine bombé; les derniers rayons mous de l'anale un peu plus hauts, ce qui rend la nageoire plus carrée; les lignes brunes des côtés plus nombreuses et plus marquées, surtout vers le ventre. Il n'y a pas de trait argenté sous l'œil; c'est tout au plus si on y aperçoit une petite tache blanchâtre. Une figure, faite d'après le frais, le représente d'une teinte très-foncée, avec des lignes pourpres.

Cet individu a été pêché le long du bord, ce qui a fait penser que l'espèce ressemble par ses habitudes à celle de la Caroline.

DES DIPTÉRODONS.

Sous ce nom, assez mal fait, M. de Lacépède avait entendu réunir des poissons qui auraient eu, avec des dents grosses comme celles qu'il attribuait à tous ses spares, deux dorsales distinctes; mais, en fait, cette définition ne convient à aucune des espèces qu'il range dans ce genre. Son *diptérodon Plumier* est un mésoprion mutilé; ses *diptérodons noté* et *hexacanthe* sont des apogons; ses *diptérodons apron* et *zingel* forment aujourd'hui notre genre *apron;* enfin, son *diptérodon queue-jaune* résulte d'une confusion de son *léiostome queue-jaune,* qui est aussi le nôtre[1], avec sa *sciène croker* ou notre *micropogon ondulé.*[2]

En revanche, cette définition aurait très-bien convenu au poisson qui fait l'objet du présent article, et dont M. de Lacépède n'a point parlé, quoiqu'il y en ait eu de son temps un échantillon au Cabinet du Roi; car il a des dents incisives tranchantes, presque semblables à celles des sargues, et deux dorsales bien distinctes ou au moins séparées par une échancrure profonde. En même temps ce poisson tient aux squammipennes par l'enveloppe épaisse de petites écailles qui revêt sa dorsale et son anale. Nous ne connaissons dans ce genre qu'une seule espèce. Elle habite au cap de Bonne-Espérance.

---

1. Voyez notre tome V, p. 106. — 2. *Ibid.,* p. 163.

Le DIPTÉRODON DU CAP.

(*Dipterodon capensis*, nob.)

Il y avait depuis long-temps, comme nous venons de le dire, un individu de cette espèce au Cabinet du Roi, que nous soupçonnons y avoir été envoyé par Commerson, mais qui ne portait aucune note sur son origine. Plus récemment feu M. Delalande en a rapporté en assez grand nombre du cap de Bonne-Espérance, ce qui nous a fait connaître sans équivoque son lieu natal.

Son corps est ovale comme celui des piméleptères, mais moins comprimé et un peu plus alongé de la partie de la queue. Son profil descend de même par une courbe continue à celle du dos, et qui se renfle un peu entre les yeux et dans les deux sens. Sa hauteur est un peu plus de trois fois dans sa longueur, et son épaisseur fait près de moitié de sa hauteur. La longueur de sa tête est un peu plus du cinquième de celle du corps, et sa hauteur à la nuque est supérieure de quelque chose à sa longueur. La nuque est un peu tranchante; mais le front s'arrondit transversalement et s'élargit jusqu'à la proéminence d'entre les yeux. L'œil est au-dessus du milieu, et un peu plus près du bout du museau que de la fente des ouïes; son diamètre n'est que du quart de la longueur de la tête; d'un œil à l'autre il y a en ligne droite près de deux diamètres. Les deux orifices de la narine sont l'un devant l'autre près du bord antérieur et supérieur de l'œil, sous l'espèce de proéminence du front. L'antérieur est un peu plus grand et un peu plus bas; tous deux sont ovales. Le museau fait au-dessous du front une légère concavité, et se termine par la bouche, dont la fente ne prend pas moitié de l'intervalle qu'il y a jusqu'à l'œil. Le maxillaire, élargi et tronqué en arrière, ne dépasse pas la commissure, et ne rentre pas sous le sous-orbitaire. Il y a des lèvres membraneuses, mais qui ne couvrent pas les dents. Les dents de la rangée externe sont grandes, terminées en tranchant, comme celles des sargues, taillées obliquement en biseau, et non pas cou-

dées comme celles des piméleptères. La mâchoire supérieure en a
seize et l'inférieure dix; les mitoyennes sont les plus longues, et
elles se raccourcissent sur les côtés. A la mâchoire supérieure il s'en
trouve derrière les grandes de petites et courtes, formant une espèce
de velours, mais peu dense et à soies un peu grosses. Le vomer et
les palatins sont lisses; mais les pharyngiens inférieurs ont des dents
en gros pavés mousses, comme on en voit dans les labres et dans les
sciènes; les supérieurs en ont d'un peu plus petites. Les sous-orbitaires sont peu développés, et cachés sous la peau. Le préopercule
est rectangulaire, strié et même finement dentelé près de son angle,
qui est un peu arrondi. L'opercule prend un tiers de la longueur
de la tête. Sa hauteur est d'un tiers supérieure à sa longueur; il se
termine en angle très-obtus. Les ouïes s'ouvrent jusques au-dessous
des yeux, où leurs membranes s'unissent et embrassent l'isthme. Je
n'ai pu y compter que six rayons. Au-dessous de l'orifice des ouïes
est une écaille surscapulaire, grande, ovale, un peu rugueuse et très-
finement dentelée au bord. Les autres os de l'épaule n'ont rien de
particulier. La pectorale s'attache au-dessous du milieu de la hauteur; elle est ovale et du sixième de la longueur. Ses rayons sont au
nombre de dix-sept : le premier est simple et de moitié moins long
que les suivans; le quatrième et le cinquième sont les plus longs;
les deux derniers sont fort petits.

Les ventrales sortent sous le milieu de la longueur des pectorales,
et, étant aussi longues qu'elles, les dépassent de moitié; leur épine
est assez forte et a moitié de la longueur du premier et du second
rayon, qui sont les plus longs.

La première dorsale commence vis-à-vis du milieu des pectorales;
elle a neuf rayons épineux, comprimés et forts, mais courts; le troisième et le quatrième, qui sont les plus longs, n'ont pas le quart de
la hauteur du corps sous eux; les septième, huitième et neuvième
sont presque cachés dans les écailles. Il y en a un dixième dans le
bord de la deuxième dorsale. Celle-ci, contiguë à la première, se
relève tout d'un coup, et ses premiers rayons mous ont un tiers de
plus que les plus hauts de la première. Ils s'abaissent ensuite par
une courbe concave. Leur nombre est de dix-sept ou dix-huit.

L'anale répond à cette deuxième dorsale. Ses trois épines sont fortes et courtes. Son premier rayon mou est autant et plus long que celui de la deuxième dorsale, et elle en a treize ou quatorze.

La portion nue de la queue derrière ces deux nageoires est d'un peu moins du septième de la longueur totale, et d'un tiers moins haute que longue. La caudale, légèrement taillée en croissant, est cinq fois et demie dans la longueur du poisson. Elle a dix-sept rayons.

L'anale, la seconde dorsale et une grande partie de la caudale sont épaisses et couvertes de petites écailles. Toutes les parties de la tête sont aussi écailleuses, excepté le dessus du museau, les mâchoires et les lèvres; la membrane branchiostège même l'est en dessous entre les interopercules.

Les écailles du corps sont de grandeur médiocre (environ soixante-quinze de l'ouïe à la caudale); celles du dos et du ventre sont beaucoup plus petites que celles des flancs. Leur forme est un peu plus longue que large, arrondie au bord externe, qui est très-finement cilié; leur partie visible paraît lisse; le bord radical est un peu concave, et ses crénelures se marquent à peine. L'éventail a douze ou quinze rayons aussi peu marqués, et en partie non terminés.

N'ayant vu ce poisson que desséché ou dans la liqueur, nous ne pouvons en indiquer les couleurs avec certitude. Il paraît brun ou brun roussâtre, et sur chaque écaille on voit un trait vertical blanchâtre. Le dos est plus uniformément brun, et l'abdomen blanchâtre. Les nageoires verticales ont un bord plus pâle que le fond.

L'espèce devient assez grande. Nous en avons des individus de quinze pouces.

Nous n'avons pu disséquer qu'un seul diptérodon, dont les viscères étaient en mauvais état; aussi notre description n'en sera-t-elle pas très-complète. L'extrémité de la branche montante de l'estomac était déchirée, et nous n'avons pas pu voir si ce poisson a des cœcums. Ce viscère est d'ailleurs assez grand, en sac arrondi, dont les parois sont minces. Le canal intestinal est long, et se replie deux fois. Le rectum est plus gros que les intestins grêles; il a des parois épaisses et charnues, et sa veloutée est hérissée de papilles nombreuses et très-fines. Le foie se compose de deux lobes longs et pointus. La vésicule du fiel est très-grande. La vessie aérienne est simple et grande.

Le squelette a les crêtes du crâne disposées par étages : la mitoyenne très-élevée, les externes très-basses, les intermédiaires tenant le milieu pour la hauteur. Ses vertèbres sont au nombre de vingt-cinq, dont dix abdominales et quinze caudales. Ses interépineux, surtout les antérieurs du dos et encore plus le premier de l'anale, ont des crêtes latérales fortes ; il n'y a d'ailleurs rien de bien remarquable dans les os des membres.

TROISIÈME TRIBU.

DES SQUAMMIPENNES A DENTS EN VELOURS OU EN CARDES
AUX MACHOIRES ET AU PALAIS.

CHAPITRE IX.

Des Castagnoles (*Brama*, Bloch Schn.), *et en particulier de l'espèce de la Méditerranée.*

La castagnole fournit une preuve des plus frappantes de l'état d'imperfection où nous avons trouvé l'ichtyologie.

C'est un poisson de grande taille, d'une forme remarquable, très-commun dans la Méditerranée, renommé pour son goût exquis, et cependant les naturalistes semblent ne l'avoir connu que par hasard. Il n'en est point question dans les ichtyologistes du seizième siècle. Ni Artedi, ni Linnæus, ni même Gmelin ne l'ont introduit dans leur catalogue. Duhamel[1] et Bloch (pl. 273), à la vérité, l'ont représenté; mais le premier se borne à dire qu'il l'a rapporté de Provence[2], et le second a eu si peu d'égard à cette assertion, que, ne fondant l'histoire de l'espèce que sur celle d'un individu égaré dans la mer d'Angleterre, et échoué par hasard en 1681 sur les côtes du Yorkshire, il suppose qu'elle naît dans le fond du Nord[3]. M. de Lacépède lui-même, qui pouvait à chaque instant con-

---

1. Pêches, part. 2, sect. 4, pl. 5, fig. 1. — 2. *Ibid.*, sect. 4, chap. 2, p. 26. — 3. Bloch, part. 8, p. 76, et *Syst. posth.*, p. 100. *Habitat in mari septentrionali.*

sulter Duhamel, se borne à nous dire que c'est dans l'Océan
que la castagnole a été observée.[1]

Ces deux écrivains ne sont pas plus heureux dans la
classification de ce poisson que dans son histoire; ils en
font un *spare*, quoiqu'il ne présente aucun des caractères
de ce genre, et qu'il en ait plusieurs qui lui sont propres.
Plus tard Bloch l'associe tout aussi malheureusement à son
brama atropus, poisson évidemment de la famille des
vomers, ainsi que son éditeur Schneider le fait très-bien
observer[2]. Aussi M. Rafinesque, trouvant la castagnole sur
les côtes de Sicile, n'a-t-il point été tenté de la chercher
dans les genres où on l'avait mise, ni de la reconnaître
dans les histoires tronquées que l'on en avait données, et
la jugeant nouvelle, il en a fait un genre particulier, sous
le nom de *lepodus*, appelant l'espèce *lepodus saragus*.[3]
C'est du moins ce qui me paraît résulter des caractères
qu'il assigne à son *lepodus;* car, sans figures, sans description détaillée et sans synonymie, il est bien difficile d'ob-
tenir sur un pareil sujet une certitude complète.

Shaw va jusqu'à en faire deux espèces (*sparus Rayi*[4]
d'après Bloch, et *sparus castaneola*[5] d'après M. de Lacépède), ne voyant pas que M. de Lacépède n'a tiré son
article que de Bloch; mais il les fait l'une et l'autre de la
Méditerranée, sans dire sur quelle autorité.

Cet individu de 1681, qui a causé en partie cette confusion, est mentionné par Ray dans son *Synopsis* (p. 115),
sous le nom de *brama marina cauda forcipata*. Il avait

---

1. Lacépède, t. IV, p. 111. — 2. Bloch, *Syst. posth.*, p. 98. — 3. Rafinesque,
Caratteri di alcuni nuovi generi, etc., p. 53 et 54, n.° 144. *Idem, Indice*, p. 21,
n.° 100. — 4. Shaw, *Gener. Zool.*, t. IV, part. 2, p. 404. — 5. *Idem, ibid.*,
p. 424.

été jeté, le 18 Septembre, par les vagues dans un marais,
dit de Middelbourg, près de l'embouchure de la Tees,
rivière qui sépare le comté d'York de celui de Durham, et
il avait été abandonné lors du reflux. Un docteur Johnson,
habitant de ce canton, le recueillit. Ray en a inséré une
figure fort mauvaise, mais la première que l'on ait de
l'espèce, dans l'Ichtyologie de Willughby (pl. 5, fig. 12),
sans en rien dire dans le texte. Pennant, en 1769, dans la
première édition de sa Zoologie britannique (p. 200) n'en
parla que d'après Ray. Il l'appelait alors *petit-pagel*[1]; mais
dans la seconde édition, en 1776, sans rien changer à son
texte, il le nomma *dorade dentée*[2], et y ajouta une assez
bonne figure (pl. 43), prise de je ne sais quel original.
M. Turton, dans sa Faune britannique (p. 98), nomme
l'espèce *sparus niger*, et en décrit fort exactement un
individu pris en Novembre 1806 dans la baie de Swansea,
à l'entrée du canal de Bristol. Il paraît que c'est aussi une
castagnole que M. Couch[3] indique comme ayant été prise
sur la côte de Cornouailles, mais dont il fait un chétodon.

La description et la figure de Duhamel, faites d'après
un individu apporté de Provence, parurent en 1777, ce
qui n'empêcha pas Bonnaterre en 1788 de suivre uniquement Pennant, qu'il ne suit pas même avec fidélité; car il
prend ce poisson pour le *sparus brama*, et en réduit la
taille de vingt-six pouces à six pouces[4]. Ainsi pour lui
c'est un poisson des mers d'Angleterre, et un petit poisson.

Bloch n'a traité ce sujet qu'en 1797. Sa figure est géné-

---

1. *Lesser-sea-bream*, et son *sea-bream* est le pagel.
2. *Toothet-gilt-head*.
3. Transactions de la Société linnéenne, t. XIV, 1.ʳᵉ part., p. 78.
4. Encyclopédie méthodique, planches d'ichtyologie, p. 104, fig. 192.

ralement bonne; mais il ne nous dit pas d'où il l'a tirée, et quant à son histoire, il s'en tient, comme nous l'avons dit, à celle de l'individu égaré en Yorkshire.

Je ne voudrais pas même assurer que *castagnole* fût le véritable nom de ce poisson. Duhamel, le premier qui le lui ait attribué, l'a fait sur une assertion, à ce qu'il paraît, assez légère, et c'est, à ce que je crois, d'après lui que les écrivains plus récens l'ont répété.

Ce qui est certain, c'est que ce poisson est naturel de la Méditerranée; qu'il y est très-abondant sur certaines côtes; qu'il y parvient à une taille considérable, et qu'on l'y recherche beaucoup et l'y paie fort cher. J'en ai vu en grand nombre sur le marché de Gênes, en Novembre 1809. On l'y nomme *rondanin*[1] et non pas *castagnole*. M. Risso seul l'appelle tantôt *castagnollo*[2], tantôt *castagnolla* et *grossa*[3], mais ne nous dit pas lequel de ces noms est celui des pêcheurs. Le vrai *castagnau*, nommé ainsi à cause de sa couleur marron, est notre *chromis castaneus* ou le *sparus chromis* de Linnæus.

Dans un recueil de gravures de poissons faites en Espagne, et que nous avons déjà cité plusieurs fois, la castagnole est représentée sous le nom de *palometa*.

A l'extérieur c'est de la coryphène que la castagnole semble se rapprocher le plus : on dirait que c'est en quelque sorte une coryphène raccourcie et à dorsale plus reculée; mais ses écailles sont beaucoup plus grandes et d'une tout autre forme, et ses intestins sont fort différens.

---

1. Viviani, Annales du Muséum, t. VIII, p. 370. Il y a une faute d'impression : *sparus vicii* pour *sparus Rayi*.
2. Première édition, p. 248. — 3. Deuxième édition, p. 433.

La forme générale est haute, comprimée, alongée de l'arrière, et
remarquable par un profil qui tombe en demi-cercle, et par une
bouche qui descend rapidement en arrière. Sa plus grande hauteur
(au droit des pectorales) est trois fois dans sa longueur totale, dont
une caudale à longues fourches pointues prend à peu près le quart.
Sa longueur de la tête est d'un cinquième du total, et elle a près
d'un cinquième de plus en hauteur qu'en longueur. L'épaisseur du
corps est du quart de sa hauteur. La ligne du profil, arrivée par une
lente descente jusqu'au crâne, se courbe subitement en quart de
cercle, et la bouche est fendue obliquement vers le bas de cette
courbe, en sorte que le bout de la mâchoire inférieure continue
cette ligne du profil. La gorge et la poitrine font une courbe un
peu moins convexe en avant que celle de la tête ; la rencontre des
deux est au bas de la symphyse. L'œil occupe le quart antérieur de
la longueur de la tête, et à peu près le milieu de sa hauteur. L'orifice postérieur de la narine est une fente verticale près du milieu du
bord antérieur de l'œil ; l'autre est ovale, un peu plus élevé et à peu
près à égale distance entre l'œil et le bout du museau. La fente de la
bouche est une courbe convexe vers le haut, qui descend rapidement en arrière jusque sous le bord antérieur de l'œil. La mâchoire
supérieure a à l'extérieur un rang de dents grêles et pointues, et plus
en arrière, une bande étroite en velours ou un peu en cardes ; l'inférieure a deux rangs de dents pareilles, entre lesquelles il y en a une
bande étroite de plus petites. Celles du rang intérieur sont recourbées en dedans et plus fortes que les autres ; il y en a surtout deux
ou quatre vers le devant qui peuvent passer pour de véritables canines. Chaque palatin en a une petite bande étroite, en cardes, mais
il n'y en a point au vomer. La langue n'en a non plus aucunes : elle
est lisse, charnue, obtuse et fort libre.

L'intermaxillaire est mince ; le maxillaire à moitié découvert,
élargi et à troncature postérieure un peu arrondie. Le sous-orbitaire
est étroit, sans dentelure, et ne se laisse pas apercevoir au-delà du
milieu du dessous de l'œil. Le préopercule a son limbe aplati ; son
bord mince, sans dentelure ; son angle arrondi. Les bords de l'opercule et des deux autres pièces operculaires sont aussi minces et en-

tiers. L'opercule se termine par un angle obtus et même tronqué. Les ouïes sont fendues jusque sous le milieu de la mâchoire inférieure, où leurs membranes se réunissent sous l'isthme, et où la peau du dessous de la mâchoire enveloppe leur extrémité d'un petit repli. Elles ont chacune sept rayons. L'opercule ne porte pas de demi-branchie.

Il n'y a pas d'armure particulière à l'épaule. La pectorale, attachée à peu près au tiers de la hauteur, est pointue et du quart de la longueur totale. Elle a dix-neuf rayons : le premier du quart, le second des deux tiers de sa longueur; tous les deux simples; tous les autres branchus, le sixième et le septième les plus longs, les derniers très-courts. Les ventrales, attachées sous les pectorales, sont quatre fois plus courtes et n'ont qu'une épine faible, de moitié moindre que les rayons mous. Sur leur base au bord externe est une grande lame triangulaire écailleuse, et au bord interne ou en dessous une autre plus petite.

La dorsale commence vis-à-vis le milieu des ventrales, et occupe le long du dos un espace qui fait près de moitié de la longueur totale. Trois épines croissant graduellement se cachent dans son bord antérieur. Son second et son troisième rayon mou sont les plus élevés, et ont à peu près le tiers de la hauteur du corps; ils décroissent ensuite jusqu'au neuvième, passé lequel ils demeurent à peu près tous au tiers de la hauteur du deuxième et du troisième; les derniers se ralongent un peu. Il y en a en tout trente-deux ou trente-trois.

L'anale commence un peu plus en arrière que la dorsale, et lui ressemble pour la forme; seulement sa pointe est un peu moins saillante. Elle a deux épines et vingt-sept ou vingt-huit rayons mous.

Le bout de queue entre ces deux nageoires et la caudale est du dixième de la longueur totale, et a moitié de sa longueur en hauteur et le quart en épaisseur. La caudale se divise en deux longues branches pointues, et ses rayons du milieu n'ont que le quart de la longueur des extrêmes. Les rayons décroissans de ses bords sont longs et vigoureux; il y en a cinq dessus et quatre dessous, outre les dix-sept ordinaires.

Ces trois nageoires verticales sont écailleuses sur presque toute leur surface.

Les écailles du corps sont d'une forme très-singulière. En place, et se recouvrant les unes les autres, elles paraissent simplement en demi-ellipses plus hautes que longues, très-finement striées ou veinées en rayons sur leurs disques, et minces, mais entières, à leurs bords; mais lorsqu'on les détache on voit que leur base est plus épaisse, et que l'angle supérieur et l'inférieur se prolongent chacun en pointe, de manière que l'écaille entière représente un stylet vertical qui porterait à son milieu une lame mince en demi-ellipse, deux ou trois fois plus haute que longue. En y comprenant les deux pointes, la hauteur de l'écaille dans le sens vertical est cinq ou six fois plus considérable que sa dimension dans le sens longitudinal. Ces proportions sont surtout celles des écailles des flancs; vers le dos elles ont un stylet moins haut, et le disque y est aussi haut que lui, d'un tiers seulement moins long et trilobé : entre ces deux formes extrêmes il y en a d'intermédiaires.

On compte soixante-douze de ces écailles sur une ligne longitudinale, non compris les petites de la caudale, et de trente à trente-cinq sur une ligne verticale au milieu du corps. La ligne latérale se marque à peine par un point légèrement creux sur chacune des écailles qui lui appartiennent; elle marche à peu près parallèlement au dos, occupant sur le devant le quart supérieur de la hauteur.

Tout ce poisson est d'une belle couleur d'étain ou d'argent un peu obscur; vers le dos il est légèrement teint de brun. Le fond de la couleur des nageoires verticales est brun, et paraît un peu vers leurs bords au travers des écailles argentées; l'anale surtout a son bord un peu noirâtre. Les pectorales et les ventrales sont jaunâtres et sans écailles.

La castagnole atteint une taille de vingt-six pouces, et quelquefois de trente. Elle pèse alors dix à douze livres.

La castagnole a le foie divisé en deux lobes alongés; la vésicule du fiel adhère à celui du côté droit, qu'elle surpasse encore en longueur. Son estomac est un gros sac obtus, à parois très-épaisses, sillonné à l'intérieur par de grosses rides longitudinales et rameuses;

le pylore est près du cardia. Il a cinq appendices cœcales, dont trois de moitié plus courtes que l'estomac et deux du double plus longues et grosses à proportion; leur intérieur est divisé en mailles par des lames saillantes, comme dans la plupart des poissons. Le canal intestinal ne fait que deux replis; il est mince et à parois assez solides; son diamètre est un peu plus considérable dans une partie de son premier et de son dernier tiers que dans son milieu. A l'intérieur il a des papilles coniques ou sétacées, serrées, assez longues; mais je n'y ai pas vu de valvules. Les ovaires sont réunis en une seule masse ovale. Je n'ai point trouvé de vessie natatoire.

C'est surtout par le squelette[1] de la tête que la castagnole ressemble à la coryphène; et qui verrait leurs têtes osseuses séparées du reste du squelette, aurait peine à les distinguer, tant leurs crêtes mitoyennes surtout offrent d'identité de coupe et d'élévation. Les dents vomériennes et linguales de la coryphène serviraient cependant sur-le-champ à cette distinction à celui qui aurait la présence d'esprit d'y regarder. Il y a bien aussi quelques autres différences de détail dans la configuration des os, mais peu considérables.

L'épaule en offre une plus grande. Ses os sont bien plus larges dans la castagnole, qui avait une bien plus grande pectorale à mouvoir; le cubital surtout est presque carré, et n'a qu'une petite échancrure vers l'huméral; le radial a un trou rond au milieu. La portion supérieure des coracoïdiens est large et plate, mais l'inférieure est grêle.

La partie postérieure du bassin est courte, un peu large et creuse en dessous, et se prolonge entre les ventrales en une petite apophyse fourchue; mais en avant chacun de ses os donne une apophyse grêle, qui se glisse entre les bords inférieurs des cubitaux jusqu'aux huméraux.

---

1. M. Rosenthal donne une figure fort bien faite du squelette de la castagnole dans ses Planches ichtyotomiques, 3.ᵉ cahier, pl. 12, fig. 1.

Le corps de l'hyoïde est haut et comprimé.

L'épine a quarante et une vertèbres, dont les apophyses épineuses, tant les supérieures, que les inférieures de la queue, sont longues et grêles. Dans l'abdomen, c'est à la huitième vertèbre qu'il commence à y avoir un anneau en dessous; dans les suivantes ces anneaux se prolongent en apophyses, et c'est toujours à la pointe de l'apophyse que s'attachent les côtes; il y en a quatorze paires, toutes menues et flexibles; elles n'embrassent que moitié de la hauteur de l'abdomen. Chaque côte a à sa base un appendice de même ténuité. Les quatre vertèbres qui suivent la quatorzième, prolongent leurs apophyses inférieures et les réunissent vers le bas, pour porter les sept ou huit premiers interépineux de l'anale; ensuite il y a alternativement un interépineux vis-à-vis l'intervalle de deux apophyses épineuses, et c'est à peu près aussi l'ordre qui règne le long du dos[1]; en avant de la dorsale sont sept interépineux sans rayons.

L'espèce de castagnole connue jusqu'à ce jour nous paraît essentiellement propre à la Méditerranée. Ce n'est que par accident qu'il s'en est trouvé quelquefois sur nos côtes de l'Océan. Outre celles de Ray et de M. Turton, dont nous avons déjà parlé, nous apprenons par M. Le Sauvage qu'il en a été pêché une à Caen l'année dernière (1828); mais elle n'y fut reconnue par aucun pêcheur. Nous n'avons jamais appris que cette espèce ait été vue ni dans les mers des zones chaudes, ni même près des côtes des États-Unis.

M. Risso nous dit qu'elle séjourne en petites troupes dans les grandes profondeurs; que l'on en prend toute l'année à la palangre. C'est en hiver qu'elle paraît plus pleine et plus savoureuse. Elle fraie en été, et dans cette

---

1. La coryphène, qui n'a que trente-trois vertèbres, a généralement deux interépineux et deux rayons pour chaque apophyse épineuse.

saison elle est tourmentée par des vers intestinaux qui la font maigrir.

M. Rudolphi indique en effet six espèces de ces vers comme vivant dans la chair ou dans les intestins de ce poisson[1]; et nous-mêmes nous avons trouvé en quantité dans sa chair le *monostoma filicolle* de ce savant helminthologiste.

Au moment de clore cet article, nous apprenons que la mer des Indes a aussi des castagnoles. M. Dussumier en a découvert deux espèces différentes dans l'estomac d'un grand germon, pris sous l'équateur, par 85° de longitude à l'orient de Paris, et qu'il a eu soin d'ouvrir, comme il a fait pour tous les grands poissons qu'il a pris. C'est une précaution que l'on ne peut trop recommander aux voyageurs, et qui procure souvent des espèces rares et curieuses.

La CASTAGNOLE DE DUSSUMIER

(*Brama Dussumieri,* nob.)

a les dents, les nageoires, les écailles, la bouche, tous les caractères génériques, enfin, de la castagnole d'Europe; mais sa circonscription verticale est toute différente.

Sa plus grande hauteur est au milieu du tronc, et contenue deux fois dans sa longueur, la caudale non comprise. Son profil descend par une courbe uniforme et oblique depuis la dorsale jusqu'à la bouche, et n'a rien de cette convexité qui donne une physionomie

---

1. *Echinorhynchus vasculosus,* dans l'abdomen et les intestins; *monostoma filicolle,* dans la chair entre les interépineux; *scolex polymorphus,* dans les intestins; *gymnorhynchus reptans,* dans la chair; *tetrarhynchus discophorus,* sur les branchies; *anthocephalus gracilis,* dans le péritoine.

particulière à la castagnole ordinaire, d'où il résulte que son œil, au lieu de se trouver au milieu de la hauteur de la tête, est tout entier au-dessus du milieu et près de la ligne du front. La courbe du ventre est semblable à celle du dos. Les fourches de la caudale sont fort longues, mais mal conservées dans l'individu, qui n'est long que de quatre pouces, sur quoi la caudale en prend un et un quart. Il est entièrement argenté.

D. 3/29; A. 3/21; C. 17; P. 19; V. 1/5.

Ses canines d'en bas sont longues.

La Castagnole du Germon.

(*Brama orcini*, nob.)

L'autre espèce a de même le profil descendant obliquement et sans grande convexité, et l'œil au-dessus du milieu; mais la courbe de son ventre est plus convexe que celle de son dos, et sa partie la plus saillante est plus en avant, ce qui donne à l'ensemble une obliquité particulière. Sa hauteur n'est qu'une fois et demie dans sa longueur, non compris la caudale, qui paraît avoir été beaucoup moins alongée que dans l'espèce précédente; mais son anale a plus d'étendue. Ses nombres sont :

D. 3/27; A. 3/24, etc.

Ce poisson est long de deux pouces, et entièrement argenté.

CHAPITRE X.

Des Pemphérides (Pempheris, nob.).

On a découvert dans l'océan Pacifique des poissons qui, au premier coup d'œil, ressemblent assez aux kurtes, parce que leur dorsale et leur anale sont à peu près dans les mêmes positions et dans les mêmes proportions, mais en diffèrent beaucoup par la grandeur et la force des écailles dont ils sont recouverts et qui s'étendent sur presque toute leur anale. Ils n'ont pas d'ailleurs la même forme de tête, ni surtout la disposition extraordinaire des côtes que nous ferons connaître dans les kurtes.

Leur grand œil, leur double vessie natatoire, la forme de leur tête, semblent leur donner quelques rapports avec les myripristis; mais ils s'en éloignent beaucoup par leurs ventrales à cinq rayons, et par l'absence de dentelures à leurs pièces operculaires, où il n'y a qu'une petite épine cachée sous la peau.

Sous ce dernier point de vue ils tiennent un peu aux spares, et c'est dans ce genre qu'on les a rangés jusqu'à ce jour; mais leur anale écailleuse, et leur dorsale si peu étendue d'avant en arrière, ne permettraient pas de les y laisser, quand même les dents, dont leur vomer et leur palatin sont armés, ne les en éloigneraient pas invinciblement. Nous nous sommes donc vus obligés d'en faire un genre à part; car nous ne pouvions pas même les considérer comme subdivision de quelque genre déjà existant, et c'est ici, entre les castagnoles et les archers, que nous avons cru pouvoir les placer.

Le nom de *pemphérides,* que nous leur consacrons, est une de ces nombreuses dénominations de poissons que l'on trouve dans les anciens sans aucun caractère indicatif de leurs espèces. Se trouvant ainsi vacantes, les naturalistes s'en emparent comme de choses sans maîtres, pour les appliquer aux genres nouveaux qu'ils découvrent. Ce nom n'est que dans Athénée, qui l'a tiré de Numénius, où il désignait un petit poisson.

Parmi les observateurs modernes, c'est John White qui a le premier mentionné une espèce de ce genre. Il en donne une figure dans son Voyage à la Nouvelle-Galles du sud (appendice, p. 267), et la nomme *sparus compressus.* Faite d'après un échantillon mal conservé, cette image n'est pas très-correcte, et comme aucune description détaillée ne l'accompagne, c'est sur l'ensemble seulement qu'on peut la juger. Bloch, dans son Système posthume (p. 164), en a fait son *kurtus argenteus.*

Russel a donné une seconde figure du même genre à sa planche 114, et regarde aussi son poisson comme un *sparus.* Le nom sous lequel le connaissent les habitans de Vizagapatam est *mangula-kutti.*

Les anciens recueils de dessins faits aux Indes représentent aussi de ces poissons, mais, à leur manière, un peu grossièrement, et de sorte que l'on ne peut en reconnaître que le genre. Tel est le *tou-té-tou-mamel* de Renard (t. I, pl. 15, fig. 85), copié de Vlaming (n.° 234), où il porte le même nom. Dans Valentyn (n.° 46) il est nommé *ikan-toe-te-toe,* ce qui revient au même. Ruysch (pl. 10, fig. 4) l'appelle simplement *stomp-kop* (tête obtuse).

Ce qui est remarquable, c'est que les habitans des Moluques ont aussi été frappés des rapports de ces poissons avec les *kurtus;* car je trouve dans la collection de Vlaming (n.° 177) sous le nom de *tou-té-tou femelle,* la figure d'un véritable *kurtus,* semblable à l'*indicus,* et qui seulement, au lieu d'être enluminée de fauve, l'est de brun, semé de points noirs. Ses nageoires seules sont fauves. Cette figure n'a point été copiée dans les ouvrages auxquels le recueil de Vlaming a servi de base.

Selon Valentyn (p. 360, n.° 46) le *tou-té-tou* est long d'un fort empan et très-bon à manger.

La PEMPHÉRIDE D'OUALAN.

(*Pempheris oualensis,* nob.)

Un premier *tou-té-tou* a été rapporté de l'île d'Oualan par MM. Lesson et Garnot.

Il est, comme les kurtes, plus élevé au droit des pectorales, et la ligne du dos et celle du ventre se rapprochent ensuite par degrés, en sorte que la queue est assez étroite vers le bout.

Cette plus grande hauteur est un peu moins de trois fois dans sa longueur, et l'épaisseur au même endroit est trois fois dans la hauteur.

La longueur et la hauteur de la tête sont à peu près égales, et comprises quatre fois et demie dans la longueur totale. En avant de la dorsale et de l'anale la ligne du dos et celle du ventre sont l'une et l'autre convexes, et s'unissent au museau, qui est très-court et très-obtus. Le dessus de la tête est arrondi transversalement. Le diamètre de l'œil est des deux cinquièmes de la longueur de la tête; il n'est distant du bout du museau que de moitié de son diamètre. La distance d'un œil à l'autre est d'un peu moins que ce diamètre. La fente de la bouche descend rapidement en arrière et jusque sous le milieu de l'œil. La mâchoire inférieure monte au-devant de l'autre, et la dépasse un peu.

Il y a des dents en velours assez rudes aux deux mâchoires, au chevron du vomer et sur une bande à chaque palatin. La langue est lisse, triangulaire, un peu pointue et assez libre. Les pharyngiens n'ont aussi que des dents en velours : il y a de longues râtelures serrées à la première branchie; les autres ont de doubles rangs de tubercules.

Le sous-orbitaire est oblong et étroit; il ne couvre que la moitié antérieure du maxillaire dans l'état de repos. La moitié postérieure est élargie et tronquée carrément en arrière.

Les orifices de la narine sont deux très-petits trous oblongs, rapprochés l'un de l'autre et à moitié distance entre le quart supérieur de l'œil et le bout du museau.

Il y a des écailles jusqu'au bout du museau, sur les maxillaires et sur les branches de la mâchoire inférieure; toutes les pièces operculaires en sont couvertes : il y en a même sur une ligne à la membrane branchiostège, à l'endroit que ne recouvrent pas les branches de la mâchoire inférieure quand elles se rapprochent. Le préopercule n'a point de limbe distinct, il est arrondi; ses bords amincis et striés couvrent presque le sous-opercule et l'interopercule. On y sent sous la peau, à l'endroit à peu près où pourrait être l'angle, une petite épine forte, et au-dessus trois ou quatre autres, plates et tronquées. L'opercule a aussi un bord arrondi et mince; mais on sent que sa partie osseuse a près du sous-opercule une petite pointe.

Les ouïes sont fendues jusque sous l'œil, et assez serrées. Leurs membranes se croisent à peine sous la pointe antérieure de l'isthme; elles ont chacune sept rayons, dont les supérieurs sont assez larges.

L'épaule n'a point d'armure particulière.

La pectorale s'attache presque au tiers inférieur de la hauteur. Elle est un peu en faux, assez pointue, et compte seize rayons, dont le troisième et le quatrième sont les plus longs. Le premier est simple, et n'a que le tiers de la longueur de ceux-là.

Les ventrales ne sont nullement en avant des pectorales, et naissent même sous l'extrémité postérieure de leur base. Leur longueur est moitié moindre. Leur épine est forte et presque aussi longue que les premiers rayons mous. Le bassin n'a rien de particulier, et il n'y a d'épine ni à leur base ni entre elles.

La dorsale commence vis-à-vis le milieu des pectorales, à une distance du museau qui fait le tiers de la longueur totale. L'espace qu'elle occupe sur le dos ne fait pas le septième de cette longueur; elle est pointue et un peu plus haute que longue. Ses six premiers rayons sont épineux, et vont en grandissant depuis le premier, qu'on voit à peine, jusqu'au sixième, qui égale presque le premier rayon mou, lequel est le plus long de tous. Il y a neuf de ces rayons mous; le dernier n'a pas le tiers de la hauteur du premier.

L'anale commence sous le milieu de la dorsale par trois rayons épineux que suivent quarante-deux rayons mous enveloppés d'écailles. Le premier, qui est le plus long, est d'un quart moindre que le premier mou du dos; les autres décroissent lentement, et même, à compter du septième ou du huitième, ils restent presque égaux. Cette longue anale ne laisse entre elle et la caudale qu'un bout de queue du quatorzième de la longueur totale, un peu plus haut que long, et très-comprimé. Le poisson est terminé par une caudale échancrée en croissant, du cinquième de la longueur totale.

B. 7; D. 6/9; A. 3/42; C. 17 et 5 petits; P. 16; V. 1/5.

Les écailles sont grandes, lisses, demi-circulaires, très-amincies à leur bord externe, et ont dans leur partie cachée un éventail de dix ou douze rayons. Elles diminuent en arrière : on en compte quarante-huit ou cinquante entre l'ouïe et la caudale, et une vingtaine entre la dorsale et le ventre. Presque toute l'anale et la base de la caudale en sont couvertes; mais il n'y en a pas sur les autres nageoires. La ligne latérale règne parallèlement au dos, à une distance qui ne fait que le quart de la plus grande hauteur. Elle se marque par une élevure triangulaire, ou plutôt par un reflet, sur chaque écaille, et se prolonge sur le milieu de la caudale jusqu'à son bord, par une rangée de petites écailles.

Ce poisson est argenté, teint de brun vers le dos. Ses écailles argentées sont pointillées de brun, surtout à l'abdomen et aux opercules. La base de la pectorale est entourée d'une tache noire en dessus et en dessous. Le bord antérieur de la dorsale est brun ou noirâtre. Le reste des nageoires paraît jaunâtre.

Notre individu a près de neuf pouces.

Ce poisson ressemble encore moins au vrai *kurtus* par son anatomie que par son extérieur. Ses côtes sont de forme ordinaire, étroites, comprimées : il y en a neuf paires et autant de vertèbres abdominales. Les vertèbres caudales sont au nombre de quinze. La crête mitoyenne du crâne est élevée, très-mince : il y a trois inter-épineux sans rayons entre elle et la dorsale. Le cubital est très-large et a une grande échancrure carrée dans le milieu de sa jonction avec l'huméral. Le radial n'a au contraire qu'un petit trou. Le coracoïdien est pointu et assez fort. Les os du bassin sont étroits et pointus.

Sa vessie natatoire est entièrement dans son abdomen, grande, très-épaisse, divisée en deux par un étranglement. Sa partie antérieure est la plus petite, à peu près ronde, et s'attache au crâne par des ligamens tendineux; la postérieure est ovale, et s'étend jusque vers le fond de l'abdomen.

L'estomac est épais, cylindrique jusque vers le tiers postérieur de l'abdomen, où il se recourbe en avant. Sa branche récurrente est de moitié plus courte que l'autre. Le pylore a six ou sept cœcums, dont les antérieurs sont trois ou quatre fois plus longs que les autres, et plus longs que l'estomac. Le reste du canal fait trois replis avant d'arriver à l'anus.

L'individu que nous avons disséqué était femelle, et ses ovaires tenaient une grande place dans l'abdomen.

La Pemphéríde d'Otaïti.

(*Pempheris otaitensis*, nob.)

Les mêmes naturalistes ont pris à Otaïti une pemphéride très-semblable à la précédente,

surtout par la tache de la base de la pectorale et le noir du bord antérieur de la dorsale, qui est même plus prononcé; mais qui a le corps plus comprimé, les rayons de l'anale moins nombreux (D. 6/9; A. 3/40), et surtout les écailles plus petites. Il y en a cinquante-six sur une ligne longitudinale, et vingt-cinq sur une ligne verticale. Sa caudale et son anale ont un liséré noirâtre, et il y a sur les côtés du ventre des lignes de reflets brunâtres. Ses dents des mâchoires sont plus fines à proportion, et le chevron du vomer fait un angle un peu plus aigu, etc.

L'individu est long de sept pouces.

On nomme l'espèce à Otaïti *toueea*.

La Pemphéride du Bengale.

(*Pempheris mangula*, nob.)

Le *tou-té-tou* de la mer du Sud ressemble en tout pour les formes au *mangula-kutti* du golfe du Bengale qu'a représenté Russel. Les nombres mêmes paraissent assez s'accorder. Russel les donne ainsi écrits à notre manière :

B. 7; D. 5/10; A. 3/39; C. 19; P. 18; V. 1/5.

Mais il lui attribue une couleur générale rougeâtre, légèrement mélangée de doré, et des nageoires d'un jaune rougeâtre. Il ne fait aucune mention ni du bord noir de la dorsale, ni surtout de la tache très-noire de la base de la pectorale, qui est si remarquable et se conserve dans la liqueur et dans le sec.

Il est donc assez probable que c'est une autre espèce.

Il ne paraît pas qu'elle soit commune à Vizagapatam, puisque Russel ne dit rien de ses usages, et se borne à assigner la taille de son individu, qui était de six pouces.

La Pemphéride de Vanicolo.

(*Pempheris vanicolensis*, nob.)

MM. Quoy et Gaimard ont rapporté de Vanicolo une pemphéride qui nous paraît à peine différer spécifiquement de celle de Russel;

car elle a les mêmes formes et à peu près les mêmes nombres

(D. 6/9 ; A. 3/40, etc.), les mêmes couleurs, rouge cuivré sur le corps, jaunâtre aux nageoires, sans tache à la pectorale. Nous n'y voyons d'autre différence, qu'une tache noire au sommet de la dorsale, dont Russel ne parle pas. Sa hauteur, comme dans la figure de Russel, est plus considérable à proportion de sa longueur que dans le *toueea*.

Nos individus sont longs de six et de sept pouces.

La Pemphéride de l'Isle-de-France.

(*Pempheris nesogallica*, nob.) .

L'Isle-de-France a une pemphéride semblable à celle de Vanicolo

par le noir du sommet de la dorsale; mais qui a le profil plus droit, la poitrine argentée et non cuivrée comme le reste du corps, et les nageoires jaunâtres. Sa caudale paraît avoir été bordée de noirâtre : il y a deux rayons de moins à l'anale.

D. 6/9 ; A. 3/38, etc.

Ce poisson est long de cinq pouces.

Il a été apporté par MM. Quoy et Gaimard.

La Pemphéride des Moluques.

(*Pempheris moluca*, nob.)

L'espèce que nous avons reçue des Moluques ressemble à celle de Russel par les couleurs, mais s'en écarte pour les formes,

en ce que la ligne du profil n'est pas convexe entre les yeux, mais y prend un peu de concavité; ce qui fait que le bord supérieur de l'œil s'y élève un peu au-dessus, et fait saillie sur le profil. Son anale a un peu plus de rayons.

B. 7; D. 6/9; A. 3/43, etc.

Ses rangées longitudinales d'écailles sont au nombre de vingt-deux, et la plus longue en compte cinquante-deux. Le poisson paraît tout entier d'un rouge de cuivre, avec des lignes longitudinales de reflets d'une teinte dorée ou d'acier, suivant le jour. La poitrine et la tête sont plus dorées que le reste. En y regardant de près, on voit que le cuivré est produit par des points serrés d'un rouge brun, qui occupent le disque de chaque écaille, et que le bord de ces mêmes écailles est lisse, sans points, et de couleur d'acier ou un peu dorée. Les nageoires sont d'un jaune rougeâtre.

Notre individu est long de six pouces.

Il provient des récoltes faites aux Moluques par M. le professeur Reinwardt, pour le Musée royal des Pays-Bas.

M. Raynaud a retrouvé la même espèce, exactement semblable, à Batavia, où les pêcheurs la lui ont nommée en malais *ikan-batou* (poisson de roche).

Nous soupçonnons que c'est ce *tou-té-tou* cuivré que Bloch a placé dans son Système posthume (p. 164, n.° 2) sous le nom de CURTUS MACROLEPIDOTUS, *squamis magnis, margine rubro punctatis oculis subverticalibus, pinna ani falcata, anterius arcuata linea laterali dorso vicina.* Mais il faut supposer une grosse faute d'impression dans l'énoncé des rayons de l'anale, et croire qu'on a mis A. 1/12 pour A. 1/42, les nombres de la dorsale seraient assez bien, 7/17, ou à notre manière 7/10. Dans le cas où la faute n'existerait pas, ce serait un poisson d'un tout autre genre.

La Pemphéride du Malabar.

(*Pempheris malabarica?* nob.)

M. Bélenger nous a envoyé de Mahé, sur la côte de Malabar, des pemphérides que nous ne saurions comment distinguer de celle des Moluques, mais dont les individus varient par le nombre des rayons mous de l'anale, qui vont de quarante-trois à quarante-six. Comme ces individus sont mal conservés, nous laissons aux observateurs à reconnaître si d'autres caractères viennent se joindre à cette variation pour confirmer une différence d'espèces. Les nageoires paraissent avoir été rouges, sans taches ni bords noirs.

La longueur est de six pouces.

La Pemphéride du Mexique.

(*Pempheris mexicana*, nob.)

La mer du Sud a des pemphérides jusque sur les côtes de l'Amérique. M. Deppe en a envoyé une d'Acapulco au Musée de Berlin, de la même forme que celles de l'Isle-de-France et des Moluques,

mais où l'anale a moins de rayons que dans aucune autre.

D. 6/9; A. 3/35, etc.

Ses écailles sont aussi plus grandes. Elle en a seize rangées longitudinales, dont la plus longue n'en compte que trente-deux. Sa couleur est cuivrée; ses nageoires jaunâtres, sans noir.

CHAPITRE XI.

Des Archers (*Toxotes,* nob.).

Le poisson sur lequel nous avons établi le genre que nous appelons *archer,* mérite en effet ce nom par sa singulière industrie. Quoique sa bouche diffère infiniment par son organisation de celle du chelmon, il sait de même lancer des gouttes d'eau à une grande hauteur, à trois pieds et davantage, et atteindre presque sans les manquer les insectes ou autres petits animaux qui rampent sur les plantes aquatiques, ou même sur les herbes du rivage. Les habitans de plusieurs contrées des Indes, surtout les Chinois de Java, l'élèvent dans leurs maisons pour s'amuser de ses manœuvres, et lui offrent des fourmis et des mouches sur des fils ou des bâtons à sa portée. Nous en avons reçu de Batavia un individu dont l'estomac était tout rempli de fourmis. L'espèce est connue dans l'archipel des Indes sous le nom malais d'*ikan-sumpit.*

Comme il est arrivé souvent pour ces espèces isolées qui ne vont bien dans aucun des genres reçus, on a ballotté celle-ci de genre en genre. Schlosser, médecin et naturaliste d'Amsterdam, qui eut le premier connaissance de ses habitudes, l'ayant fait voir à Pallas, ce grand naturaliste en rédigea une description méthodique, qui fut envoyée par Schlosser à la Société royale, et insérée dans les Transactions de 1776 (t. LVI, p. 187), avec le nom de *sciæna jaculatrix,* quoique Pallas lui-même, en 1770, dans ses *Spicilegia* (fasc. 8, p. 41), hésitât encore s'il devait en faire une sciène ou un spare.

Près de vingt ans plus tard, Bonnaterre et Gmelin portèrent ce poisson de Pallas, et d'après lui, dans leur catalogue : le premier le tirant des Transactions, et sous le même nom de *sciæna jaculatrix*[1]; le second le prenant dans les *Spicilegia*, et imaginant, sans aucun motif que l'on puisse deviner, de le ranger parmi les scares, et de le nommer *scarus Schlosseri*, mais oubliant tous les deux de faire la moindre mention de l'instinct si remarquable dont il est doué.

Vint ensuite, en 1802, M. de Lacépède, qui ne manqua pas de porter séparément, et dans deux genres différens, le *scarus Schlosseri* de Gmelin[2], et le *sciæna jaculatrix* de Schlosser et de Pallas, sans laisser apercevoir qu'il ne s'agit dans ces deux articles que d'une même espèce, et qui plus est, que d'un seul et même individu; il se permet seulement de transporter ce *sciæna* dans les *labrus*[3], sans expliquer le moins du monde comment il y a été conduit, et sans rappeler plus que les deux auteurs qu'il copie, ce qui motive la dénomination de *sagittaire* qu'il lui laisse.

Il est fidèlement imité par Shaw, qui place aussi dans sa Zoologie générale et dans le même volume un *scarus Schlosseri*[4] et un *labrus jaculator*[5], mais qui du moins joint à ce dernier article une figure[6] copiée de celle des Transactions, et quelques mots sur la faculté de lancer des gouttes d'eau.

Voilà donc une espèce doublée, et cela non point, comme à l'ordinaire, faute d'avoir suffisamment comparé

---

1. Encyclopédie méthodique, planches d'ichtyologie, p. 121. — 2. Le *scare Schlosser*, Lacép., t. IV, p. 5 et 17. — 3. Le *labre sagittaire*, Lac., t. III, p. 425 et 463. — 4. Shaw, *Gener. Zool.*, t. IV, 2.ᵉ part., p. 398. — 5. *Id.*, *ib.*, p. 485. — 6. *Id.*, *ib.*, pl. 68.

divers individus, mais d'après des extraits d'une seule description.

M. Hamilton Buchanan l'a triplée en 1822; car son *coius chatareus*[1] n'est encore que notre *toxotes,* mais pris dans le Gange, et à ce qu'il paraît dans un canton où apparemment les pêcheurs ne s'étaient point encore aperçu de sa singulière faculté, et M. Hamilton lui-même ne s'est point aperçu de son identité avec le *sagittaire.*

Il suffit, à ce qu'il nous semble, de jeter un coup d'œil sur ce poisson, pour juger que ce n'est point un labre, puisqu'il n'en a ni les doubles lèvres, ni les formes alongées, ni les dents; que ce n'est point une sciène, puisqu'il n'en a ni le palais lisse, ni les armures aux pièces operculaires; que ce n'est point un spare, puisque, encore une fois, son palais n'est pas lisse, et que d'ailleurs ses formes sont toutes différentes. Le genre *coius,* où M. Hamilton Buchanan a entassé des varioles, des mésoprions, des anabas, des pristipomes et d'autres poissons encore, est trop artificiel pour qu'il soit nécessaire d'examiner si le *chatareus* peut y entrer; et d'ailleurs la réponse serait assurément négative, car il ne ressemble à aucune des autres espèces que l'auteur y a rassemblées.

Nous avons donc dû créer pour ce poisson un genre que nous avons publié dès 1817.[2]

Ses caractères consistent dans la position de sa dorsale en arrière; dans les écailles qui la recouvrent, ainsi que l'anale; dans ses sept rayons branchiaux; dans les dents en velours très-ras qui garnissent toutes les parties de sa bou-

---

1. Poissons du Gange, p. 201, pl. 14, fig. 34.
2. Règne animal, 1.re édit., t. II, p. 338.

che; dans la fine dentelure de son sous-orbitaire et du bas
du préopercule, sans autre armure aux pièces operculaires;
dans les écailles qui couvrent toute sa tête, etc.

Il y en a beaucoup plus qu'il n'en faut pour établir un
genre; mais la place de ce genre n'est pas aussi facile à
trouver. Nous lui avions d'abord soupçonné quelques rapports avec les poissons à appendices labyrinthiformes aux
branchies; mais rien d'analogue ne s'est rencontré dans les
siennes : au total, c'est encore des pemphérides qu'il nous
semble se rapprocher le plus par l'ensemble de son organisation.

L'ARCHER SAGITTAIRE.

(*Toxotes jaculator,* nob.; *Sciœna jaculatrix,* Pall. [1])

Son corps est en ovale peu régulier, comprimé vers le bas et en
arrière, plus épais en dessus et en avant, à dos arrondi, à crâne plat.
Ce qui lui donne une apparence singulière, c'est la position très en
arrière de sa dorsale. Elle ne commence qu'après le milieu de sa
longueur.

Sa hauteur au milieu est d'un peu plus des deux cinquièmes de
sa longueur totale. Son épaisseur au-dessus des pectorales est de
près de moitié de sa hauteur. La longueur de sa tête est trois fois
et un quart dans celle de tout le poisson. La ligne du profil descend
un peu obliquement et presque en ligne droite du pied de la dorsale
jusqu'au bout du museau, et fait un angle aigu avec la ligne du
ventre, qui s'y joint un peu en avant de la bouche; car la mâchoire
inférieure avance plus que l'autre, et c'est elle qui forme l'extrémité
du museau. Le dessus de la tête est plat. L'œil est près de la ligne
du front, plus près du museau que de l'ouïe, et son diamètre est
quatre fois et demie dans la longueur de la tête. Les orifices de la

---

1. *Scarus Schlosseri,* Gmel.; *Labre sagittaire* et *Scare Schlosser,* Lacép. et Shaw;
Coius chatareus, Hamilt. Buch.

narine sont près du bord antérieur de l'œil; le supérieur plus grand, ovale; l'inférieur un peu plus en avant, rond et entouré d'une membrane dont le bord inférieur s'aiguise en un petit tentacule. La fente de la bouche descend parallèlement à la ligne inférieure jusque sous le bord postérieur de l'œil. L'intermaxillaire est mince, assez protractile. Le maxillaire est fort étroit, à peine s'élargit-il un peu en arrière; il ne se cache point sous le premier sous-orbitaire, qui lui-même est étroit et très-finement dentelé au bord.

Une bande étroite de dents en velours très-ras, très-fin et très-serré, garnit chaque mâchoire. Une garniture ou une âpreté pareille occupe une plaque rhomboïdale sur le devant du vomer, une bande à chaque palatin, toute la large surface du ptérygoïdien, et toute celle de la langue, qui est fort libre et terminée en pointe obtuse. Les pharyngiens ont des dents en velours plus prononcées. Le bord montant du préopercule, à peu près à égale distance entre l'œil et l'ouïe, est rectiligne, un peu incliné en avant, très-entier. Son bord horizontal est légèrement convexe et très-finement dentelé. Il n'y a point de limbe ni rien qui le sépare de la joue.

L'opercule, deux fois aussi haut que large, a sa partie osseuse coupée en arc, et sans aucune pointe; mais son bord membraneux est anguleux. La fente de l'ouïe est assez ouverte. La membrane branchiostège s'unit à sa semblable sous l'isthme, vis-à-vis la commissure des mâchoires.

Il y a sept rayons aux ouïes; mais les trois inférieurs sont cachés dans la réunion des membranes.

Toute la tête est couverte d'écailles, excepté l'intermaxillaire et le petit bord correspondant de la mâchoire inférieure; mais il y en a sur le museau, le crâne, le sous-orbitaire, le maxillaire, les branches de la mâchoire inférieure, les pièces operculaires, et jusque sur la portion de la membrane des ouïes qui est entre les deux branches de la mâchoire.

La pectorale est attachée un peu au-dessous du milieu de la hauteur, coupée en demi-ovale ou un peu en faux, et du quart de la longueur totale. Elle a treize rayons; le premier très-court, le second le plus long de tous, sans branches, mais articulé; les autres branchus.

Les ventrales, attachées sous le bord inférieur, un peu plus en arrière que les pectorales, mais plus courtes, en sorte qu'elles ne vont pas aussi loin, ont une forte épine et cinq rayons branchus, dont le premier, qui est le plus long, dépasse l'épine d'un quart. Tout leur bord supérieur adhère à l'abdomen au-dessus d'elles. En dehors est de chaque côté une pièce triangulaire garnie d'écailles, aussi longue, et entre elles il y en a une autre, mais plus courte. Leurs rayons même sont écailleux.

Sa dorsale commence sur le troisième cinquième de la longueur totale, et en occupe deux septièmes. Ses cinq premiers rayons sont de fortes épines, dont les trois dernières, les plus longues, ont près de moitié de la hauteur du corps. La seconde est d'un tiers et la première de deux tiers plus courte. La membrane est fortement échancrée en avant de chacune. La partie molle, plus basse que les épines, et toute couverte de petites écailles, a treize rayons branchus.

L'anale commence et finit à peu près aux mêmes aplombs que la dorsale; elle a trois épines et seize rayons mous, enveloppés les uns et les autres dans les écailles qui la couvrent.

Un intervalle du douzième de la longueur du corps, et plus élevé d'un tiers, est entre ces nageoires et la caudale.

Celle-ci, du sixième à peu près de la longueur du corps, carrée ou du moins très-légèrement coupée en croissant, a dix-sept rayons entiers, dont les deux extrêmes n'ont pas de branches. Les petits des deux bords sont peu sensibles. Il n'y a de petites écailles qu'à sa base.   B. 7; D. 5/13; A. 3/16; C. 17; P. 13.

Le corps a environ trente écailles sur une ligne entre l'ouïe et les petites de la caudale, et treize ou quatorze entre le dos et les ventrales. Leur partie visible, coupée en arc de cercle, a le bord entier; à la loupe sa surface paraît finement pointillée. Leur partie cachée est lisse, et a un éventail de six ou sept rayons, et autant de crénelures à son bord radical.

La ligne latérale marche d'abord droite et assez près du dos. Un peu avant l'aplomb de la dorsale elle s'infléchit vers le bas, et après une légère courbure elle suit le milieu de la hauteur jusqu'à la caudale. Elle se marque par un tube longitudinal sur le milieu de chaque écaille.

Le fond de la couleur de ce poisson paraît d'un argenté teint de verdâtre ou de brunâtre. Son dos est d'un brun plus foncé, et il y a quatre taches d'un brun noir placées l'une au haut de l'opercule, la seconde au-dessus de la pectorale, la troisième sous le commencement de la dorsale, la quatrième sous l'arrière de sa partie molle, la cinquième sur le dessus de la queue.

Cette description est faite sur des individus pris dans le Gange, et envoyés du Bengale par M. Bélenger en 1828. Le plus grand est long de sept pouces sur trois de hauteur, sans compter les nageoires.

Mais d'autres individus, semblables d'ailleurs en tout à ces premiers, ont offert quelques différences dans les taches et même dans les nombres des rayons, sans que pour cela nous osions en faire autre chose que des variétés.

Ainsi nous en avons un de l'île de Bourou, rapporté par MM. Quoy et Gaimard en 1829,

qui n'a que onze rayons mous à sa dorsale; mais qui en compte dix-sept à son anale, et dont les taches se joignent au brun du dos, de manière à former des demi-bandes. D'après le dessin que ces messieurs en ont fait sur le frais, son corps était fortement teint de gris verdâtre; son dos était noirâtre, ainsi que ses taches. Toutes ses nageoires étaient verdâtres, avec une teinte noirâtre au bord de l'anale et de la partie molle de la dorsale. L'iris est d'un bel orangé.

Un autre, du Havre-Dorey, à la Nouvelle-Guinée,

qui a aussi des demi-bandes brunes au lieu de taches, n'a que quatre épines à la dorsale; c'est la première ou petite qui lui manque. Ses rayons mous sont au nombre de douze à la dorsale et de quinze à l'anale.

Un troisième, qui provient de l'ancienne collection du Stadhouder,

n'a que des taches rondes, quatre épines et dix rayons mous seulement à la dorsale, seize rayons mous à l'anale.

Ces variations dans les nombres des rayons sont plus grandes que dans beaucoup d'autres espèces.

Pallas comptait à la dorsale quatre épines et de neuf à onze rayons mous, et à l'anale quinze rayons mous. Son individu représenté dans les Transactions avait les taches réunies au brun du dos.

M. Buchanan compte les rayons à peu près comme nous dans nos échantillons du Gange (D. 5/12; A. 3/16). Sa figure ne montre que des taches rondes; la quatrième est double et la cinquième manque.

Nous trouvons dans les dessins rapportés de Malaca par M. Farkhar, une figure de *toxotes*

à cinq épines à la dorsale, et qui a le long de chaque côté du dos une double rangée de taches rondes et noires; six à la série supérieure et quatre à l'inférieure.

Le corps est d'un gris argenté, teint de verdâtre vers la nuque. Sa dorsale est verdâtre, avec un fin liséré noirâtre; l'anale grise, avec un bord plus foncé et un liséré noirâtre. Les autres nageoires sont jaunes, et sur les ventrales le jaune est teint de rouge. L'iris est orangé.

Il se pourrait que ce fût une espèce différente des autres; mais nous ne pouvons donner les nombres de ses rayons mous.

L'anatomie d'un *toxotes* de Java nous a montré un foie assez petit, composé d'un lobe gauche triangulaire beaucoup plus fort que le droit, auquel est suspendue une vésicule biliaire grêle et pointue. L'œsophage est assez long, dilaté en un estomac globu-

leux, dont la veloutée est sillonnée par de grosses rides irrégulières. La branche montante est très-petite. J'ai trouvé neuf appendices cœcales, disposées en cercle autour du pylore. Le duodénum
est large, remonte jusque sous le diaphragme, et alors l'intestin
devient très-grêle, et il se replie quatre ou cinq fois sur lui-même.
La rate est petite et trièdre. Les organes de la génération sont
peu gros, et rejetés vers l'arrière de la cavité abdominale. La vessie
aérienne est grande, simple, arrondie en avant, et terminée en
pointe en arrière. Ses parois sont minces et transparentes. Les corps
rouges sont très-développés, et forment deux larges rubans épais,
qui occupent de chaque côté de l'épine la longueur presque entière
de la vessie. Les reins sont très-petits.

L'intérieur du canal alimentaire était rempli d'une grande quantité de petites aiguilles noirâtres, à surface rugueuse. Nous n'avons
pas pu reconnaître d'où provenaient ces singuliers corps.

Nous avons aussi disséqué des individus pris sur la côte de
Malabar, et à cinq épines dorsales. Ils avaient l'estomac beaucoup
plus grand, à parois plus minces, sans aucunes rides à l'intérieur;
sept longues appendices cœcales entouraient le pylore. Le reste
des intestins n'était pas assez bien conservé pour que nous puissions regarder ces différences comme spécifiques. L'estomac était
rempli de petits crustacés.

Enfin un troisième individu avait l'estomac tout-à-fait semblable
au précédent; il était rempli de fourmis.

Dans le squelette du *toxotes* on peut remarquer surtout le crâne
aplati, qui n'a de chaque côté qu'une légère arête au-dessus du
bord de l'orbite, et dont la crête mitoyenne est tout-à-fait en arrière.
Le corps de l'hyoïde est fort comprimé, l'échancrure du cubital
très-grande. Les coracoïdiens descendent jusque tout près du bord
postérieur du bassin qui porte les ventrales. Il y a dix vertèbres
abdominales et quatorze caudales, dont les trois dernières s'unissent pour former la lame qui porte la caudale. Les quatre premiers interépineux ne portent point de rayons. Les suivans, qui
portent les épines de la dorsale, sont robustes et dirigés obliquement en arrière, ce qui occasionne la position singulière de

cette nageoire. Les côtes n'ont que de frêles appendices. Les deux premières vertèbres caudales unissent leurs apophyses descendantes pour porter les premiers interépineux de l'anale. Les deux premiers de ceux-ci sont soudés en une seule masse pyramidale et anguleuse.

LIVRE HUITIÈME.

DES POISSONS A PHARYNGIENS
LABYRINTHIFORMES.

La famille dont nous allons faire l'histoire est remarquable par une structure qui lui est propre, et qui consiste dans une division en feuillets de la surface d'une partie des pharyngiens; division qui produit des cavités et de petites loges plus ou moins compliquées, mais propres à retenir une certaine quantité d'eau, à peu près comme le réseau de la panse des chameaux. Cet appareil est renfermé sous des opercules bombés et bien serrés contre le corps; en sorte que, même après que le poisson est sorti de l'eau, celle que contiennent ces petites loges ne s'évapore pas aisément, et, coulant sur les branchies, les empêche de se dessécher; aussi tous les poissons de cette famille dont on a constaté les habitudes, jouissent-ils de la faculté de sortir des rivières et des étangs, qui sont leur séjour ordinaire, et de se porter à d'assez grandes distances, en rampant dans l'herbe ou sur la terre.

Ce qui est étonnant, c'est que des êtres à peine remarqués de nos jours par les naturalistes, aient déjà été bien connus des anciens.

Théophraste, dans son Traité des poissons qui vivent à sec, dit qu'il existe dans l'Inde certains petits poissons qui sortent des rivières pour quelque temps, et qui y retournent ensuite, et que ces poissons ressemblent à ceux que les Grecs nommaient μύξινος, c'est-à-dire aux muges.

On ne pouvait pas désigner plus clairement soit notre anabas, soit surtout les ophicéphales, qui tous ont la tête grosse et obtuse, le corps oblong et couvert de grandes écailles, comme les muges.

POISSONS OSSEUX.

ACANTHOPTÉRYGIENS.

A PHARYNGIENS LABYRINTHIFORMES, ou munis d'un organe ou appareil divisé en feuillets plus ou moins compliqués, et situé sous le crâne, au-dessus des branchies.

Point de dents au palais.

Ventrales à rayons non prolongés en longs filets.

ANABAS. Bord de l'opercule, du sous-opercule, de l'interopercule, du sous-orbitaire dentelés ; celui du préopercule sans dentelures.

HÉLOSTOMES. Bouche petite, protractile ; dents attachées sur les lèvres, et mobiles comme elles ; l'opercule seul sans dentelures.

POLYACANTHES. Dents implantées sur les mâchoires ; opercules non dentelés.

Un ou plusieurs rayons des ventrales prolongés en longs filets.

COLISA. Sous-orbitaire dentelé ; préopercule et opercule sans dentelures ; ventrales réduites à un seul filet très-long.

MACROPODES. Rayons de la dorsale, de l'anale et des lobes de la caudale prolongés en longs filets ; ventrales à cinq rayons alongés.

OSPHROMÈNES. Dentelures à peine visibles au sous-orbitaire et à l'angle du préopercule ; dorsale longue.

TRICHOPODES. Dentelures sensibles au sous-orbitaire et au bord du préopercule ; dorsale courte.

Des dents au palais.

SPIROBRANCHES. Pièces de l'opercule sans dentelures.

CHAPITRE PREMIER.

Des Anabas (Anabas, nob.).

J'ai nommé ainsi, du verbe ἀναβαίνω (je monte), un petit genre, dont je ne crois posséder encore qu'une espèce décrite par Bloch (pl. 322) sous le nom d'*anthias testudineus,* et reconnue ensuite par Schneider (p. 570) pour identique avec le *sennal* de Tranquebar ou le *perca scandens* de Daldorf[1]. C'est l'*amphiprion scansor* de Schneider.[2] C'est aussi le *lutjan tortue* de M. de Lacépède (t. IV, p. 192 et 235), et son *lutjan grimpeur* (*ib.,* p. 195 et 239); car ce naturaliste n'a presque jamais pris le soin de rapprocher les descriptions des différens auteurs, pour en faire ressortir l'identité; il aimait mieux inscrire une espèce de plus dans son ouvrage que de la discuter.

Plus tard M. Hamilton Buchanan (p. 98) a décrit ce poisson sous le nom de *coius cobojius,* et en a donné une bonne figure (pl. 13, fig. 38); mais il n'en est pas question dans Russel, et je ne trouve dans Renard ni dans Valentyn rien que l'on puisse y rapporter.

Ce genre se reconnaît à des caractères extérieurs et intérieurs très-sensibles, et aussi faciles à exprimer qu'à saisir. Le plus apparent, c'est que par une disposition toute contraire à celle qui a lieu communément, les bords de son opercule, de son subopercule et de son interopercule sont dentelés, tandis que celui du préopercule ne l'est pas, et que même cette pièce n'a point de limbe distinct.

---

1. *Trans. Soc. linn. Lond.*, t. III, p. 62. — 2. Bloch, *Syst.*, p. 204 et 570.

La tête de ces anabas est ronde et large; leur museau très-court, obtus, plus ou moins déprimé, a l'œil très-près de son extrémité. Leur bouche est petite, fendue en travers au bout du museau; quand elle se ferme, le maxillaire, qui, ainsi que l'intermaxillaire, est petit et étroit, se retire sous le premier sous-orbitaire, dont le bord inférieur est dentelé. D'autres sous-orbitaires, larges et plats, couvrent entièrement la joue et la tempe, de manière à ne laisser paraître le préopercule que par un bord étroit. De fortes écailles revêtent toutes les parties de leur tête, et même la partie qui réunit les deux membranes branchiostèges entre les branches de la mâchoire inférieure. Celles du dessus du crâne forment des plaques polygones plutôt que de vraies écailles imbriquées. Des pores réguliers sont creusés sur la tête et la mâchoire inférieure.

Des dents en velours occupent une bande étroite à chaque mâchoire; les externes sont un peu plus fortes, surtout en avant de l'inférieure. On en voit une petite rangée transversale en avant du vomer: il n'y en a pas aux palatins; mais par une singularité remarquable, et dont je ne connais pas d'autre exemple, il y en a un groupe appartenant encore au vomer, mais situé tout-à-fait sous l'arrière du crâne, entre les troisièmes pharyngiens supérieurs, qui eux-mêmes en ont de coniques, serrées et assez grosses. Ce sont les deux autres pharyngiens supérieurs qui constituent l'appareil en forme de labyrinthe; les inférieurs sont grands, et armés aussi de beaucoup de dents coniques.

Ces poissons ont six rayons à la membrane branchiale; leur corps est oblong, comprimé du milieu et de l'arrière; leur dorsale et leur anale sont à peu près partout d'une hauteur égale et peu considérable, et les rayons épineux

y dominent dans une grande proportion. Leur ligne latérale, d'abord plus voisine du dos, arrivée vers le tiers
postérieur, s'interrompt pour recommencer un peu plus
bas, et régner sur le milieu de la hauteur de la queue.
La caudale est arrondie. Des écailles fortes et assez grandes
couvrent le corps comme la tête, et il s'en étend quelques
petites sur les bases des parties molles de la dorsale et de
l'anale, ainsi que sur la caudale.

Leur foie est médiocre, leur estomac petit; leurs appendices sont peu nombreuses; leur vessie natatoire est
peu épaisse, et, par une disposition que nous avons déjà
remarquée dans beaucoup de sparoïdes, de ménides et
de squammipennes, elle est fourchue en arrière, et enfonce ses branches dans deux sinus des côtés de la queue.

Parmi leurs caractères intérieurs, le plus extraordinaire
consiste dans les appendices de leurs branchies.

Leurs pharyngiens inférieurs et les supérieurs postérieurs, comme nous l'avons dit, ont la forme ordinaire,
et sont garnis de dents en petits pavés ou en cônes obtus;
mais les deux autres pharyngiens supérieurs de chaque
côté se dilatent en lames minces, repliées diverses fois,
et forment ainsi une masse légère plus ou moins compliquée, que l'on ne peut mieux comparer qu'à un chou frisé,
ou qu'à certaines espèces d'escares ou de millépores lamelleux; des vaisseaux considérables rampent sur toutes ces
lames. Mais je n'ai pu décider, d'après les individus mal
conservés qu'il m'a été permis de disséquer, s'ils viennent
de l'artère branchiale ou de l'artère dorsale; cependant c'est
la première origine qui me paraît le plus vraisemblable.
C'est pour loger ces productions singulières que la tête
est dilatée en largeur. Le crâne, pour le même objet,

a en dessus une crête verticale, qui augmente en hauteur l'espèce de voûte latérale où les masses foliacées sont reçues. Cette voûte est couverte à l'extérieur par une partie des os du crâne et par les pièces operculaires, et, quand on soulève l'opercule, on voit encore une membrane tendue de l'opercule à l'os scapulaire, qui empêche que la masse foliacée ne communique avec le dehors, si ce n'est par un orifice assez étroit qui lui est commun avec les branchies. Entre la membrane et l'os de l'épaule est un sinus assez profond, mais aveugle, et qui ne donne point dans la cavité intérieure où est la masse foliacée. Il y a enfin une bride charnue et membraneuse, qui forme le bord postérieur latéral du palais, et se fixe d'une part à la crête inférieure du crâne et de l'autre à l'opercule; elle rétrécit du côté de la bouche l'entrée de la cavité qui recèle les appendices.

On comprend que ce labyrinthe lamelleux, si étroitement enfermé, et qui, chaque fois que le poisson ouvre la bouche, reçoit de l'eau comme les branchies, doit retenir cette eau entre ses feuillets, et que l'anabas mis à sec peut, au moyen de cette eau, conservée en quelque sorte comme celle que le dromadaire garde dans l'appendice foliacée de sa panse, humecter encore pendant long-temps ses branchies. C'est ce qui fait qu'il peut vivre des heures et peut-être des jours entiers hors de l'eau, et ce qui a donné lieu de lui attribuer une faculté assurément bien rare dans la classe à laquelle il appartient.

En effet, ces poissons, déjà si remarquables par leur organisation, ont obtenu une célébrité particulière d'une habitude que deux observateurs danois, résidans l'un et l'autre à Tranquebar, M. de Daldorf et M. John, assurent

avoir vu pratiquer à l'espèce commune dans ce canton :
celle de grimper sur les arbres et de vivre dans l'eau qui
s'amasse entre leurs feuilles. M. de Daldorf, lieutenant au
service de la Compagnie danoise des Indes, dans un mémoire imprimé en 1797, parmi ceux de la Société linnéenne
de Londres (t. III, p. 62), affirme avoir pris un de ces
poissons de ses propres mains, en Novembre 1791, dans
une fente de l'écorce d'un palmier de l'espèce du *borassus
flabelliformis,* qui croissait près d'un étang. Le poisson
était à cinq pieds au-dessus de l'eau, et s'efforçait de monter
encore ; à cet effet il se retenait à l'écorce par les épines de
ses opercules, fléchissait sa queue, s'accrochait par les épines
de son anale, et, détachant alors sa tête, s'élevait ainsi et se
fixait de nouveau pour recommencer le même mouvement.
C'est par des mouvemens pareils que ce poisson se promène
sur la terre. John fait un récit semblable dans une note
publiée dans le Bloch de Schneider (p. 295). C'est, dit-il,
un poisson qui se tient d'ordinaire dans la vase des étangs,
qui rampe à sec pendant plusieurs heures, au moyen des
inflexions de son corps, et qui, par le secours de ses opercules dentelés en scie et des épines de ses nageoires, grimpe
sur les palmiers voisins des étangs, le long desquels ruisselle
l'eau que les pluies ont accumulée à leur cime ; aussi le
nomme-t-on en tamoule *pannei-eri,* ce qui signifie *montant aux arbres, grimpeur des arbres.*

Cependant des observateurs non moins respectables ne
font aucune mention d'un fait si extraordinaire. M. Reinwardt, qui a souvent pris l'anabas à Java, n'a point entendu
dire qu'on lui attribuât rien de semblable. M. Leschenault,
qui nous a envoyé plusieurs de ces poissons de Pondichéry,
sous ce même nom tamoule ou malabare de *pané-éré,* se

borne à dire qu'ils habitent les rivières et les étangs d'eau douce. M. Hamilton Buchanan, dans son Histoire des poissons du Gange (p. 99), va plus loin, et peut-être trop loin. Non-seulement il nie le fait, mais il le regarde comme contraire à tout l'ordre de la nature, et suppose que l'observation de Daldorf, dont le témoignage seul lui était connu, était due à quelque circonstance accidentelle dont ce naturaliste n'avait pas su se rendre compte.

Un point du moins sur lequel tous les observateurs s'accordent, et qui s'explique par la conformation particulière des pharyngiens de ce poisson, c'est que c'est un de ceux qui vivent le plus long-temps hors de l'eau : il rampe à terre pendant des heures entières; les pêcheurs le tiennent cinq ou six jours dans un vase à sec; on en apporte ainsi en vie, au marché de Calcutta, des grands marais du district de Yazor, dont la distance est de plus de cent cinquante milles. Comme on en rencontre quelquefois à d'assez grandes distances des eaux, le peuple les croit tombés du ciel, et il a la même opinion, et par la même raison, de quelques autres poissons qui jouissent de la même propriété que l'anabas, et qui la doivent à la même structure, notamment des ophicéphales. Les charlatans et jongleurs, dont l'Inde abonde, ont généralement de ces poissons avec eux dans des vases, pour amuser la populace de leurs mouvemens.

On attribue aussi à l'anabas des vertus médicales : les femmes croient qu'il augmente leur lait, et les hommes qu'il excite leurs forces, ce qui en multiplie l'usage, bien qu'il soit petit et abonde en arêtes.

L'ANABAS SENNAL.

(Anabas scandens, nob.; *Perca scandens,* Dald.; *Anthias
testudineus,* Bl.)

L'espèce sur laquelle toutes ces observations ont été
faites, le *sennal* de Tranquebar, le *pané-éré* de Coromandel, le *coï* du Bengale, se distingue tout de suite entre
tous les poissons par les dentelures ou plutôt par les nombreuses petites épines pointues qui découpent tout le
bord de son opercule et de son sous-opercule.

Son corps est d'une forme oblongue; sa hauteur n'est qu'un peu
plus de trois fois dans sa longueur. La longueur de sa tête est encore un peu moindre que sa hauteur, et elle est d'un tiers plus haute
que large; mais le corps diminue d'épaisseur : il est même assez comprimé en arrière. Le dessus de sa tête a des écailles polygones ou
rhomboïdales non imbriquées et plus petites que celles du corps.
Des pores y sont disposés sur plusieurs rangées : une de cinq, en
travers sur le crâne, du bord postérieur d'un orbite à l'autre; une
de deux, sur le front, entre les orbites, et une autre aussi de deux.
L'ouverture supérieure de la narine est un peu au-dessus de l'orbite,
tout près de son bord en avant; l'inférieure est plus avant, au-
dessus du sous-orbitaire; elle est plus grande et garnie d'un petit
lobe charnu. Le maxillaire et l'intermaxillaire sont tous deux fort
étroits; le sous-orbitaire l'est aussi. Ses dentelures antérieures sont
plus fortes que les autres, et se dirigent en avant; les suivantes sont
très-fines. Le préopercule est à peu près rectangulaire, sans dentelures. L'opercule est demi-circulaire. Des dentelures pointues garnissent tout son bord, et celles du milieu forment deux groupes
plus saillans que le reste, entre lesquels n'en sont que de fort petites,
qui manquent même quelquefois. Celles du subopercule sont plus
égales, et se prolongent davantage en sillons sur la surface de la
pièce, qui est beaucoup plus mobile qu'à l'ordinaire, et doit être d'un
grand usage au poisson, soit pour grimper, soit pour se défendre.

L'interopercule n'a que de petites dentelures à sa moitié postérieure. Il y a des écailles sur toutes ces parties; il y en a aussi sur la mâchoire inférieure, où l'on voit de plus trois pores de chaque côté. La série s'en continue par deux ou trois autres sur le bord inférieur du préopercule, et il y en a deux ou trois de plus à son bord montant.

Les membranes branchiales, petites et serrées, n'ont chacune que six rayons cachés sous le subopercule, et dont l'inférieur est si mince que l'on a peine à le reconnaître : elles s'unissent sous la gorge par une membrane garnie d'écailles.

Cette espèce est de toute la famille celle où les appendices lamelleux des branchies sont le plus compliqués; ils forment de chaque côté un vrai labyrinthe, et comme une fraise à replis multipliés en plusieurs sens. Une ligne tirée en quelque sens que ce soit couperait dix ou douze des lames saillantes et des sillons qui les séparent.

Le surscapulaire est petit et ne se manifeste que par deux ou trois dentelures; mais on n'en voit point aux autres os de l'épaule. La base des pectorales est écailleuse sur un espace demi-circulaire. Du reste, ces nageoires sont médiocres et obtuses : on y compte quinze rayons. Les ventrales naissent un peu plus à l'arrière qu'elles; mais cette différence est à peine sensible : elles sont un peu plus courtes. La dorsale a seize ou dix-sept épines à peu près égales, si ce n'est la première, qui est très-courte; toutes peuvent se cacher entre les écailles du dos. Sa partie molle ne fait pas le quart de la longueur de sa partie épineuse; elle donne une saillie arrondie en arrière, et compte neuf rayons, dont le dernier est fort petit; de petites écailles montent entre leurs bases. L'anale, semblable à la dorsale par la saillie arrondie de sa partie molle, mais qui va un peu plus vers l'arrière, a dix ou onze épines et dix rayons mous. Ses épines se cachent aussi entre les écailles du ventre. L'espace nu derrière ces deux nageoires est court, et sa hauteur est double de sa longueur. La caudale est arrondie, et a seize rayons (en nombre pair, ce qui est rare). Sa longueur est près de cinq fois dans la longueur totale. Des petites écailles s'étendent entre ses rayons sur plus de moitié de sa surface.

D. 17 ou 16/9; A. 10 ou 11/10; C. 16; P. 15; V. 1/5.

Les écailles du corps sont dures, grandes et placées très-régu-lièrement : il n'y en a que trente environ sur une ligne longitudinale, et douze ou treize sur une ligne verticale ; elles sont aussi larges que longues. Leur partie extérieure est ciliée et pointillée. Les pointil-lures du bord sont moins marquées que celles du disque, et forment ainsi une bordure plus lisse. Leur partie cachée est coupée carré-ment, avec un éventail de dix-huit ou vingt rayons, quelquefois davantage, et sans crénelures sensibles. A une forte loupe les rayons paraissent eux-mêmes striés en travers.

La ligne latérale se marque par deux lignes fourchues sur chaque écaille, dirigées l'une en avant, l'autre en arrière : elle s'interrompt sous la seizième épine, et recommence vis-à-vis du même point, mais deux écailles plus près du ventre ; elle ne s'étend pas sur la caudale.

Dans la liqueur ce poisson paraît d'un brun assez foncé, et a seulement le dessous de la gorge et la poitrine d'un gris blanchâtre. Une ligne noirâtre, partant de la commissure des mâchoires, se dirige en arrière vers l'angle du préopercule, entre deux lignes blanchâtres, venant la supérieure du sous-orbitaire, l'inférieure de la mâchoire inférieure. Le bord membraneux de l'opercule, entre ses deux plus fortes épines, forme une tache ronde et d'un noir profond. Les nageoires sont brunes comme le reste. On voit une tache blanchâtre derrière la base de chacune des épines de la dor-sale et de l'anale. M. Leschenault dit que dans l'état frais le brun est d'un noir bleuâtre.

Mais dans un dessin fait à Java sous les yeux de MM. Kuhl et Van Hasselt, le corps est d'un vert très-foncé. Le museau et le ventre sont blanchâtres, la dorsale et l'anale violâtres, les pectorales et les ventrales roussâtres ; la caudale verte.

Malgré cette différence dans les couleurs, il n'y en a aucune dans les formes.

M. Leschenault ajoute que l'espèce parvient à une longueur de dix pouces.

Selon M. Buchanan elle passe rarement six pouces. Les iris de ses yeux sont rougeâtres. Sa couleur, que cet auteur décrit plus en détail,

est en dessus d'un vert-brun obscur, en dessous d'un jaunâtre pâle,
avec des bandes plus obscures en travers de chaque côté. La gorge
a une légère teinte bleuâtre. On voit quelquefois une tache irrégu-
lière au bout de l'opercule, et une autre à la fin de la queue. Toutes
les nageoires, excepté la partie épineuse de la dorsale, sont un peu
rougeâtres; mais dans les marais vaseux le poisson devient presque
tout noir.

Ce sont encore là, comme on voit, des différences de
teintes qui pourraient indiquer une différence d'espèce, si
elles étaient appuyées par quelque caractère pris de la
forme; mais des individus du Bengale, comparés à ceux
de Pondichéry et de Java, se sont trouvés sous ce rapport
parfaitement semblables. Il est donc probable que les variétés de couleurs ne tiennent qu'à la nature des eaux.

M. Duvaucel nous ayant adressé plusieurs anabas dans
le dernier des envois qu'il nous a faits, il nous a été possible d'ajouter quelques détails à l'anatomie de ce genre si
remarquable.

L'anabas a le foie petit, réduit en un seul lobe dans le côté
gauche de l'abdomen. La vésicule du fiel est assez grande, placée
à la droite de l'œsophage. Ce canal est court, et il se dilate en un
estomac médiocre et arrondi. La branche montante naît auprès du
cardia; elle est courte. On voit au pylore trois appendices cœcales:
deux sont au-dessous de l'estomac, et la plus éloignée du pylore
est longue et grosse; l'autre est au contraire petite : en dessus on
voit la troisième grêle et longue aussi, mais moins que la première.

Le duodénum est large, et l'intestin continue ensuite à se rétrécir
insensiblement jusqu'à l'anus, en faisant plusieurs replis sur lui-
même. A tout l'intestin est attaché un épiploon très-fortement chargé
de graisse. La rate est assez grosse; elle est cachée entre les replis de
l'intestin.

La vessie natatoire de ce poisson est remarquable; elle se compose
d'un sac rond, situé à peu près vers le milieu de l'abdomen, donnant

naissance à deux longues cornes qui se prolongent en arrière dans deux sinus, creusés dans les muscles de la queue le long de l'anale, de chaque côté jusqu'auprès de la caudale.

Le péritoine est mince et argenté.

A ce que nous avons déjà dit de l'ostéologie de l'anabas[1], on peut ajouter les observations qui suivent.

Le dessous du crâne est remarquable par une crête verticale, qui règne jusque sous l'occiput, et qui appartient au sphénoïde. C'est dans cet os que sont implantées en arrière les dents coniques dont nous avons parlé, comme attachées au crâne entre les derniers pharyngiens. Sur l'occiput est une autre crête verticale, qui soulève les pariétaux et une partie des os voisins, de manière à former une cavité proportionnée à l'appareil labyrinthiforme des branchies. L'épine a vingt-six vertèbres, y compris celle qui porte la caudale; dix de ces vertèbres appartiennent à l'abdomen, et seize à la queue. Les abdominales ont des côtes doubles et assez fortes. Les apophyses épineuses du dos et du dessous de la queue, et les interépineux des nageoires correspondantes forment un ensemble compacte. La rangée des côtes inférieures se continue sur les côtés de la queue pour protéger les deux cornes de la vessie natatoire.

Ce poisson habite dans toutes les parties des Indes, et jusque dans les îles de leur archipel. On l'y trouve dans les étangs, les fossés, les marais, où il paraît qu'il se nourrit principalement d'insectes aquatiques.

Nous en avons reçu de Célèbes par MM. Quoy et Gaimard, de Java par MM. Kuhl et Van Hasselt, du pays des Birmans par M. Raynaud, du Bengale par le même voyageur et par MM. Duvaucel et Bélenger, de Pondichéry par MM. Leschenault et Raynaud, et nous en avons vu des

---

1. Le squelette de l'anabas est représenté par M. Rosenthal, planche 14, fig. 2, et les labyrinthes de ses pharyngiens, fig. 3 et 4, mais assez imparfaitement.

dessins faits à Malaca par le major Farkhar et à Manille par la dernière expédition russe.

Outre les noms que nous avons déjà cités de *panné-éré* à Coromandel et de *coï* ou *coïmas* au Bengale, il porte ceux de *nabiema* chez les Birmans, de *kété-kété* à Célèbes, et d'*ikan-beto* à Malaca.

La figure que M. Buchanan en a donnée est exacte, à quelques négligences près dans les dentelures de l'opercule. Celle de Bloch est défectueuse, en ce qu'elle ne marque ni la partie antérieure de la ligne latérale, ni les petites écailles des nageoires verticales.

CHAPITRE II.

Des Hélostomes (*Helostoma*, K. et V. H.).

Ce genre, très-voisin des anabas, a été découvert à Java
par M. Kuhl, qui lui a imposé le nom que nous lui conservons, et qui en a envoyé au Cabinet royal des Pays-Bas
un échantillon unique, mais sans notes sur ses caractères
ni sur ses habitudes. Il a voulu probablement exprimer la
forme de la bouche, qui a quelque rapport avec un clou
enfoncé dans le museau (d'ῆλος, *clavus*), du moins nous
ne voyons pas quelle autre étymologie assigner à ce nom.
Le caractère le plus apparent de ce genre consiste en effet
dans une bouche petite, comprimée et protractile, de
manière qu'elle a l'air de sortir et de rentrer sous le sous-
orbitaire. Il se distingue en outre parce que ses dents ne
sont attachées qu'à ses lèvres, et non aux parties osseuses
de sa bouche.

C'est d'après cet individu du Cabinet des Pays-Bas que
nous avons fait la description suivante et la figure qui
l'accompagne. Nous croyons devoir donner à l'espèce le
nom de M. Temmink, qui a bien voulu nous en accorder
la communication.

L'Hélostome de Temminck.

(*Helostoma Temminckii*, K. et V. H.)

Le corps est comprimé, ovale; sà hauteur n'est que deux fois et
deux tiers dans sa longueur, et son épaisseur, à compter des pectorales vers le museau, est trois fois un quart dans sa hauteur; mais

plus en arrière elle devient de moitié moindre. La longueur de la
tête fait un peu plus du quart de la hauteur totale. La gorge monte
autant que le front descend, en sorte que le bout du museau, où
la bouche est fendue en travers, se trouve au milieu de la hauteur :
le dessus du museau est arrondi, mais le crâne et la nuque se com-
priment un peu. La bouche est assez protractile, et se retire dans
une espèce de fente ou de cavité transverse, dont le bord supérieur
est formé par l'ethmoïde, les deux nasaux et les deux sous-orbitaires,
et l'inférieur par les deux jugaux, qui avancent d'une façon singulière pour embrasser la mâchoire inférieure, qui semble enchâssée
entre eux plutôt qu'articulée sur eux[1]. Les lèvres sont charnues et
transversales. Quand la bouche est très-ouverte, on voit entre elles
les branches de la mâchoire inférieure, qui représentent alors deux
lames verticales, ce qui offre une apparence toute particulière. Il n'y
a aucune dent aux mâchoires mêmes ni au palais ; mais, chose extraordinaire, on en voit une rangée de très-fines le long du bord
de chaque lèvre charnue, et il y en a deux ou trois de plus petites
encore de chaque côté de la lèvre inférieure, un peu plus en arrière :
ces dents se meuvent avec les lèvres et comme les lèvres. Le bord
du front est charnu, et se continue avec celui de deux sous-orbitaires, ou plutôt antorbitaires, qui occupent l'espace au-devant de
l'orbite et s'y terminent. Ces os ont le bord inférieur finement dentelé ; le maxillaire, qui est fort court, se cache entièrement sous eux.
L'œil est placé précisément au milieu de la hauteur de la tête, vis-
à-vis la commissure des lèvres, et à une distance moindre que son
diamètre, qui est à peu près le quart de la longueur de la tête.
L'ouverture postérieure de la narine est placée au-dessus de la
commissure du sous-orbitaire avec le jugal et à la hauteur du dessus de l'œil : l'antérieure est un peu plus bas et au-dessus de la
commissure des lèvres ; elle est garnie d'un très-petit lobe. Les
deux interopercules sont très-longs, et se rapprochent sous la gorge
de manière à cacher presque la membrane des ouïes. La partie pos-

---

1. Ne seraient-ce point les os postérieurs de la mâchoire inférieure qui seraient
mobiles ?

térieure de leur bord a une dentelure, mais si fine qu'on a peine
à l'apercevoir, et il y en a une semblable à la partie antérieure du
bord du subopercule. Le bord postérieur du préopercule est sans
dentelure, rectiligne et à peu près vertical, et comme l'inférieur
va en descendant en arrière, ils font ensemble un angle d'environ
cinquante degrés, dont la pointe est arrondie. L'opercule n'a pas
d'épines ni de dentelures, et sa partie osseuse est coupée en arc de
cercle; sa partie membraneuse s'avance un peu en angle. Les ouïes
sont assez fendues, quoique leur membrane soit cachée sous les
pièces operculaires. On y compte cinq rayons seulement. Aucun
des os de l'épaule n'a de dentelure, et l'on ne voit point d'écailles
particulières dans l'aisselle des nageoires paires. Il y a des écailles
sur toutes les parties de la tête, les lèvres et les mâchoires exceptées. Sur le corps il s'en trouve environ quarante-cinq sur une
rangée longitudinale au milieu de la hauteur, et vingt-quatre sur une
ligne verticale au-dessus des ventrales. Ces écailles sont placées bien
régulièrement; leur partie visible est demi-circulaire; la loupe seule
y fait voir les petites lignes courbes et serrées qui la rident, et les
petits cils courts qui en garnissent les bords. Il se porte de petites
écailles sur les bases et entre les rayons des nageoires verticales.
La ligne latérale marche droit au tiers de la hauteur; vis-à-vis le
commencement de la partie molle de la dorsale elle s'interrompt,
et recommence plus bas pour aller en ligne droite sur le milieu de
la hauteur jusqu'à la caudale, sur laquelle cependant elle ne se
continue pas. Les pectorales et les ventrales n'ont rien de particulier; leur grandeur est médiocre. L'anus est très-près des ventrales, et l'anale en conséquence commence presque dès le tiers
antérieur de la longueur. L'anale et la dorsale ont leurs parties
épineuses assez basses, composées de rayons courts qui peuvent
se cacher entre les écailles du corps. Leurs parties molles s'élèvent
un peu et saillent un peu en arrière en s'arrondissant; il n'y a
presque pas de queue derrière elles et avant la caudale : celle-ci est
coupée carrément et environ du cinquième de la longueur totale.

B. 5; D. 17/15; A. 15/18; C. 13; P. 12; V. 1/5.

La couleur générale de ce poisson dans la liqueur paraît d'un gris doré, plus foncé sur le dessus du corps, plus clair sur les flancs et le ventre. De chaque côté, à la hauteur de la ligne latérale et plus bas, huit ou neuf lignes brunes, suivant la direction des écailles, s'étendent en ligne droite depuis l'ouverture des ouïes jusqu'à la caudale; les deux ou trois supérieures se perdent en avant dans le brun du dos, et les deux ou trois inférieures s'effacent en arrière. Toutes les nageoires sont brunes. D'après le dessin fait sur le frais, le fond doit être olivâtre, les raies d'un brun-olive foncé. La dorsale et l'anale ont des taches bleuâtres dans les intervalles de leurs rayons épineux, et il y a du noirâtre à leurs parties molles. Le bord de l'iris est rouge.

Notre individu est long de six pouces et demi sur deux et un tiers de hauteur.

La circonstance peut-être la plus singulière de son organisation, c'est que les arceaux qui portent ses branchies ne sont pas armés comme à l'ordinaire, du côté de la bouche, de dents ou de tubercules hérissés, mais qu'ils portent chacun de ce côté une lame ou un repli membraneux saillant; en sorte que le fond de la bouche se trouve ainsi creusé de sillons longitudinaux très-profonds. Chacun de ces feuillets est strié finement en travers, et contient dans son intérieur des vaisseaux parallèles entre eux, et perpendiculaires à l'arceau, de manière qu'il ressemble lui-même beaucoup à la branchie qui garnit l'extérieur de l'arceau, et qu'un examen fait sur l'animal vivant ou frais sera très-intéressant pour savoir si ce poisson n'aurait pas des peignes de branchies doublés; les uns dirigés à l'extérieur, comme dans tous les autres poissons; les autres, opposés à ceux-là et dirigés vers l'intérieur de la bouche. Il faut dire cependant que le feuillet intérieur n'est pas divisé profondément comme l'extérieur, et que sa surface est plus continue; mais elle est encore moins dure. En arrière de cet appareil branchial sont les plaques pharyngiennes armées de dents, mais cachées dans ces replis semblables à des branchies internes. Il n'en est pas de même de l'appareil en forme de labyrinthe, si remarquable dans l'anabas. Il est fort apparent dans l'*helostoma*, et formé de même d'un développement et d'une reduplication des pharyngiens antérieurs. Bien que moindre que dans l'anabas ordinaire, sa complication est encore assez grande. Cet appareil est logé, comme dans l'anabas, dans une cavité ménagée sous le crâne, au-dessus de la cavité branchiale, et de chaque côté d'une arête ou lame du basilaire qui fait saillie vers le bas.

Il n'est guère douteux que cet organe ne doive procurer à l'hélostome la même faculté de vivre long-temps sans eau qu'à l'anabas, aux ophicéphales et, à ce qu'il paraît, à tous les poissons qui ont quelque-chose d'analogue ou d'équivalent.

La cavité abdominale de l'*helostoma* s'étend assez loin en arrière de l'anus au-dessus des nombreuses épines de la nageoire anale. A l'ouverture du corps on voit sur le côté gauche le foie divisé en plusieurs lobes, et les laitances pliées en V, qui remontent et embrassent les lobes du foie dans leurs branches. Du côté droit se montrent les nombreux replis de l'intestin entourés de beaucoup de graisse.

Le foie est de grandeur moyenne; il est rejeté tout-à-fait à gauche; à droite il n'y a qu'une simple saillie du lobe gauche, à laquelle est attachée la vésicule du fiel. Le lobe gauche du foie recouvre l'estomac, et il est divisé en deux lobules placés l'un sur l'autre. Ils sont tous deux triangulaires; c'est le supérieur qui est le plus grand.

La vésicule du fiel est très-grande et remplie d'une bile verte, très-foncée.

L'œsophage est d'une longueur médiocre, rond, peu large et très-charnu.

L'estomac est petit, situé verticalement ou de haut en bas quand le poisson est horizontal; sa cavité est beaucoup plus petite qu'elle ne le paraît, surtout vers le pylore, à cause de la grande épaisseur et de la substance charnue de ses parois. Il se prolonge en une branche assez petite, qui remonte vers le diaphragme, et c'est dans l'anse formée par l'œsophage et cette branche de l'estomac qu'est placée la vésicule du fiel.

Le pylore est peu distinct, si ce n'est par la présence de deux appendices cœcales, courtes, mais grosses, dont la plus grande est située sous la vésicule du fiel, le long de l'estomac; l'autre, plus courte, longe la face postérieure de l'estomac.

L'intestin qui suit le pylore est très-grêle; il se porte de bas en haut derrière l'estomac, et puis il se contourne sur lui-même un très-grand nombre de fois, de manière à former sur la droite de l'estomac un paquet spiral, enveloppé d'épiploons graisseux.

A l'avant-dernier tour le diamètre de l'intestin augmente, et le colon acquiert un diamètre presque égal à celui de l'estomac.

Le rectum est plus étroit; il descend le long de l'estomac et de la première portion du duodénum, droit à l'anus, qui se trouve ainsi placé à la hauteur de l'estomac.

Les laitances sont assez grosses; la droite est beaucoup plus petite que la gauche : elles sont pliées en V, entre les branches duquel sont tous les intestins que nous venons de décrire. Les deux branches de la gauche sont égales entre elles; mais la branche supérieure de la laitance droite est beaucoup plus petite que l'inférieure. La pointe de l'angle de ces branches remplit une partie du prolongement de la cavité abdominale.

La vessie natatoire est simple, médiocre, à parois assez épaisses, d'un bel éclat d'argent à reflets nacrés.

Les reins sont réunis vers leur partie antérieure, et très-volumineux.

Le péritoine est blanc.

Le squelette de l'hélostome a le crâne lisse et très-bombé entre les yeux. La crête mitoyenne est élevée et épaisse; mais les latérales (deux de chaque côté) sont si petites qu'elles ne simulent plus que deux larges fosses très-peu profondes sur l'arrière du crâne. L'éthmoïde fait une assez grande saillie à l'extrémité du museau entre les deux os du nez, qui sont ainsi fort écartés l'un de l'autre. Ces os sont larges, arrondis, et éloignés du bord antérieur des orbites par la pièce antérieure, élargie et denticulée du sous-orbitaire, de façon que l'extrémité supérieure du museau est formée par un arc large, composé dans le milieu de l'ethmoïde, et ensuite de l'os du nez et de la pièce antérieure du sous-orbitaire. Cette pièce est d'ailleurs peu épaisse. Les pièces qui suivent et qui ferment l'orbite sont peu larges extérieurement; mais elles s'étendent sous le plancher de l'orbite, et contribuent ainsi à donner dans l'orbite plus d'étendue au plancher, et en avant sous la joue à produire une fosse profonde, dont l'autre bord est formé par le préopercule. Les pièces de la joue sont fortement échancrées sur le bord antérieur, afin de laisser entrer dans cet arc la branche montante de la mâchoire inférieure si élargie, comme nous le décrirons plus bas.

L'opercule est mince et arrondi en arrière; il reçoit sur le bord, par une articulation écailleuse, l'interopercule, qui est aussi très-mince. Le subopercule est plus épais; il est large et forme un grand arc osseux, qui recouvre et cache entièrement les rayons branchiostèges et même le corps de l'hyoïde, du moins en arrière.

Les intermaxillaires sont très-petits, et leur branche horizontale est presque réduite à un fil; mais les branches montantes sont larges et fortes, quoique très-courtes.

Les maxillaires ne sont pas plus longs que les branches horizontales de l'intermaxillaire; ils sont ronds et forts.

La mâchoire inférieure n'est pas très-forte; elle se bifurque très-peu pour donner articulation à une pièce robuste, que je nomme la branche montante de la mâchoire inférieure : elle a une surface carrée verticale, appliquée sur la joue, et une autre pliée à angle droit sur le bord supérieur, ce qui donne ainsi à cette pièce une grande fosse, qui doit recevoir les muscles destinés à porter en avant avec rapidité la mâchoire inférieure. La surface horizontale a en dessus une carène; son bord externe d'ailleurs est très-tranchant, tandis que le bord inférieur de la surface verticale est épais et arrondi.

Le surscapulaire est un os étroit, alongé, courbé en arc, et placé presque en entier au-devant de l'apophyse montante et styloïde du scapulaire.

Ce scapulaire a un corps triangulaire, aplati, articulé avec l'épaule au-dessus de l'angle supérieur et arrondi de l'opercule. Il donne supérieurement l'apophyse styloïde dont j'ai déjà parlé : elle est longue, forte, arrondie, et s'articule par une surface plane sur l'extrémité de la crête paire moyenne du crâne. Une seconde apophyse styloïde arrondie, aussi forte, mais plus courte, va du corps du scapulaire s'articuler sur la base de l'occipital, et servir à ce que l'épaule dans ses mouvemens ne puisse pas s'abaisser sur la cavité qui reçoit l'appareil des branchies supplémentaires.

L'huméral est long, fort, arqué et uni fortement au cubital, qui est lui-même plié en gouttière creuse, et qui s'articule avec celui du côté opposé, pour former une ceinture solide et épaisse derrière les ouïes. Le radial est court; son apophyse styloïde est forte et épaisse.

Le styléal est aussi très-fortement articulé avec l'huméral, sous lequel il monte presque jusqu'au scapulaire : son apophyse styloïde est très-forte, arrondie, et s'articule avec l'extrémité postérieure des os du bassin.

Ceux-ci sont courts, très-forts et pliés en une gouttière assez profonde en arrière. Antérieurement une crête osseuse s'élève sur leur surface, et forme ainsi deux gouttières, une latérale extérieure simple, une autre interne, divisée en deux par une lame osseuse longitudinale mince, qui s'élève de la base de la grande crête.

Les pharyngiens antérieurs sont alongés, arqués et peu larges; les deux postérieurs sont plus courts, mais très-élargis. Les organes labyrinthiformes attachés aux deux premiers se composent de cinq feuillets osseux, creux et placés les uns dans les autres, et protégés supérieurement par une lame osseuse horizontale que fournit l'occipital. Les dents pharyngiennes sont en carde ou même en velours, très-fines.

On compte à la colonne vertébrale quatorze vertèbres abdominales et seize caudales. Les six premières apophyses épineuses sont élargies, comprimées et articulées entre elles, de manière à former une lame osseuse élevée sur la colonne vertébrale : les autres apophyses épineuses sont rondes et grêles.

Les interépineux de la dorsale sont lancéolés et ont de chaque côté une crête osseuse assez forte. Les douze premiers interépineux de l'anale sont très-forts et très-étroitement unis entre eux ; mais ils ne correspondent à aucune apophyse épineuse des vertèbres. Le treizième et le quatorzième rayon épineux seulement sont portés par un interépineux, qui s'articule avec les apophyses épineuses des premières vertèbres caudales. Les interépineux des rayons mous de l'anale sont plus grêles et plus faibles que ceux des autres rayons.

Il y a quatorze paires de côtes. Les deux premières sont très-courtes ; les autres sont grandes, arquées, assez fortes, et s'appuient sur les interépineux de l'anale : elles ont près de leur articulation avec les apophyses transverses des vertèbres chacune une appendice styloïde en forme de côte horizontale, qui n'a pas en longueur le quart de celle de la côte. Les premières apophyses épineuses inférieures des vertèbres caudales ont aussi de semblables appendices.[1]

---

1. Cette description de l'ostéologie de l'hélostome a été faite à Leyde par M. Valenciennes.

CHAPITRE III.

Des Polyacanthes (Polyacanthus, K. et V. H.).

Un troisième poisson à branchies labyrinthiformes, et
très-semblable à l'hélostome, a aussi été envoyé de Java
au Musée royal des Pays-Bas par MM. Kuhl et Van Hasselt, qui lui avaient donné le nom générique de *polyacanthe*, à cause du grand nombre des rayons épineux de
sa dorsale et de son anale. Nous conservons cette dénomination à un petit genre, dans lequel entre cette espèce,
et qui se distingue des hélostomes par ses mâchoires armées de dents, de l'anabas par l'absence de dentelures
aux opercules, et des colisa par les cinq rayons mous de
ses ventrales.

Le POLYACANTHE DE HASSELT.

(*Polyacanthus Hasselti,* nob.)

Sa forme est ovale, moins comprimée qu'à l'hélostome ; mais
ses nageoires sont disposées de même, sa bouche également fendue
en travers au bout du museau, sa ligne latérale interrompue, son
anus très en avant, etc. Il n'a de dentelure à aucune des pièces
operculaires. Ses deux petites mâchoires sont garnies de bandes
étroites de dents en velours, et il n'en a point au palais.

Sa hauteur est deux fois et demie dans sa longueur. Sa tête y
est quatre fois. Son épaisseur au milieu est deux fois et demie dans
sa hauteur. L'œil est un peu plus haut que le milieu, très-près de la
commissure des mâchoires, et en partie au-dessus. Les ouvertures
de la narine sont fort rapprochées. Le sous-orbitaire n'a pas plus
de dentelures que les pièces operculaires. Le préopercule a son
bord postérieur rectiligne, vertical, et son angle arrondi. Des écailles

couvrent toutes les parties de la tête (excepté les mâchoires), même
la partie qui unit sous la gorge les membranes branchiostèges. Ces
membranes n'ont chacune que quatre rayons bien cachés sous le
subopercule. On ne voit aucune dentelure aux os de l'épaule.
Le corps a trente-deux écailles sur une ligne longitudinale, et dix-
huit sur une ligne verticale; toutes grandes, toutes à peu près aussi
longues que larges, finement pointillées et ciliées dans leur partie
externe, sillonnées de dix-huit ou vingt rayons à l'éventail de leur
partie cachée, et sans crénelures à leur bord radical, qui est rectiligne. Les parties molles de leur dorsale et de leur anale sont presque entièrement recouvertes de petites écailles. Le rayon épineux
de leurs ventrales est court; mais le premier mou se prolonge en
deux filamens, qui ne dépassent cependant que bien peu la pectorale.

B. 4; D. 19/11; A. 17/12; C. 16; P. 12; V. 1/5.

Ce poisson paraît dans la liqueur d'un brun-clair uniforme, et
a seulement ses nageoires d'un brun un peu plus foncé. Une figure
faite sur le frais à Batavia, colore le dos, la queue, la partie molle
de la dorsale et de l'anale d'un brun violâtre, changeant en verdâtre; les flancs et le ventre plus clairs et tirant au jaunâtre. Le
reste des nageoires est jaunâtre.

Les arceaux inférieurs de ses branchies ne ressemblent point
à ceux de l'*helostoma*, mais sont garnis, comme dans la plupart
des poissons, de petits tubercules âpres. Ses pharyngiens sont aussi
comme à l'ordinaire armés de dents, qui sont en velours un peu
rude; mais les pharyngiens supérieurs antérieurs se dilatent en lames
qui, pour être plus simples que dans l'*helostoma*, et surtout que
dans l'*anabas*, n'en sont pas moins des organes du même genre; ils
consistent principalement de chaque côté en deux lames adhérentes
l'une à l'autre par leur bord interne, obliquement dirigées de l'arrière
à l'avant, et un peu vers le haut; l'inférieure vers l'avant se courbe
et se dilate en une espèce de conque dans laquelle adhère une lame
plus petite, et il y a aussi une semblable petite lame à l'arrière dans
l'intervalle des deux grandes, et une autre à l'avant, adhérente à la
face interne de la supérieure. L'étendue de cet appareil n'est pas

moindre que dans les deux poissons précédens, bien que sa composition soit plus simple. Il est logé de la même manière et dans le même endroit.

Le foie de ce polyacanthe est petit, réduit presque à un seul lobe, et situé à gauche de l'estomac, qu'il recouvre presque en entier. Sa forme est quadrilatère. Sa couleur est brune, mêlée de gris.

La vésicule du fiel est très-petite, et cachée entre le foie et l'estomac.

L'œsophage est médiocre et n'a que très-peu de plis. Il se dilate pour former l'estomac, qui est petit, situé en travers et de haut en bas dans l'abdomen. Sa partie supérieure est large et tronquée. Il se termine en canal assez étroit, remontant très-peu vers le diaphragme. Ses parois, ainsi que celles de l'œsophage, sont minces, mais solides.

Le pylore est étroit, muni de deux appendices cœcales étroites, situées sur les côtés de l'estomac.

Le duodénum est très-large, beaucoup plus que le rectum et que le reste de l'intestin, qui est très-grêle; il se porte de bas en haut à droite de l'estomac. Arrivé à la hauteur du cardia, il se plie, descend vers l'anus, et s'enroule ensuite plusieurs fois sur lui-même; alors il se plie de nouveau et se roule en plusieurs tours contraires au précédent, va rejoindre le premier pli du duodénum, et descend droit à l'anus en se dilatant un peu pour marquer le rectum. Les tuniques sont minces et peu solides.

Les laitances sont fort petites; la droite est plus grosse que la gauche, et elle est pliée en V incliné.

La vessie natatoire est médiocre; ses parois sont blanches et assez épaisses.

Il y avait dans l'estomac des débris d'insectes.

Le crâne entre les yeux est aplati. La crête moyenne est courte, mais plus élevée que celle de l'*helostoma*.

La colonne vertébrale a onze vertèbres abdominales et seize caudales. Les trois premiers interépineux de l'anale seuls sont libres.

Le POLYACANTHE D'ARIAN-COUPANG.

(*Polyacanthus cupanus*, nob.)

M. Raynaud nous a apporté un très-petit polyacanthe
de la rivière d'Arian-Coupang à Pondichéry,

de forme oblongue, à caudale pointue; la partie molle de sa dorsale et de son anale aussi aiguisée en pointe; le filet de sa ventrale
n'atteignant qu'au cinquième ou sixième rayon de l'anale; son
épine et ses autres rayons mous bien prononcés. Il est remarquable
par le petit nombre de ses rayons mous à la dorsale.

D. 14/5; A. 19/11; C. 11; P. 12; V. 1/5.

Dans la liqueur il paraît d'un gris brunâtre, avec une petite tache
noire de chaque côté sur la naissance de la caudale. Les rayons
de la caudale ont de petits points noirs.

Sa longueur n'est que de deux pouces sur une hauteur de cinq
ou six lignes.

Le POLYACANTHE CHINOIS.

(*Polyacanthus chinensis*, nob.; *Chætodon chinensis*, Bl.;
Chétodon chinois, Lacép.)

Le *chætodon chinensis* de Bloch (pl. 218, fig. 1), dont
nous ne pouvons parler que d'après ce naturaliste, me
paraît offrir, aux ventrales près, tous les caractères génériques des polyacanthes: la même étendue de l'anale, plus
considérable que celle de la dorsale; un nombre également
très-grand d'épines, etc.; et je ne m'étonnerais pas que ses
ventrales, comme il arrive si souvent aux poissons apportés
de loin, eussent été mutilées.

Ses nombres de rayons sont indiqués comme il suit:

B. 5; D. 15/9; A. 18/10; C. 16; P. 10; V. 1/5.

Sa couleur est argentée, avec huit ou dix bandes brunes qui traversent verticalement toute la hauteur du corps, et dont les deux ou trois antérieures se bifurquent vers le bas. Une tache noire, entourée de blanc, occupe l'opercule. Deux bandes noires vont de l'orbite vers la tempe, et ces traits, que nous retrouverons dans les macropodes, ajoutent encore aux rapports de ce poisson avec toute cette famille.

CHAPITRE IV.

Des Colisa (Colisa, nob.).

Les deux jeunes naturalistes aux travaux de qui est due
la connaissance du polyacanthe, n'ayant envoyé aucune
note sur ses mœurs, ni sur le séjour qu'il habite, et ayant
gardé le même silence à l'égard de leur hélostome, nous
sommes réduits à conjecturer qu'avec une conformation
de branchies si semblable à celle de l'anabas, ces deux
espèces doivent avoir à peu près les mêmes habitudes;
mais cette conjecture est singulièrement renforcée par ce
que nous apprend M. Buchanan sur plusieurs poissons
du Bengale, qui sont tous évidemment de la même famille,
qui tiennent même de très-près aux polyacanthes, ayant
des organes pharyngiens très-semblables, la même forme,
les mêmes dispositions de nageoires, et jusqu'aux mêmes
nombres de rayons ou à peu près, et n'en diffèrent que
par leurs ventrales, réduites à un seul filet très-alongé.
Ce sont les espèces que ce savant ichtyologiste a cru devoir considérer comme des trichopodes, à cause de ce filet
prolongé de leurs ventrales, mais dont le trichopode pri-
mitif de M. de Lacépède, ou *labrus trichopterus* de Pallas, diffère beaucoup par la brièveté de sa dorsale et par
la longueur encore plus considérable de son anale, quoique d'ailleurs il appartienne aussi à cette famille, comme
nous le verrons à son article. Or, tous ces poissons habitent
dans les étangs, les marais et les fossés des pays qu'arrose
le Gange; et, sans être en grand nombre nulle part, ils
s'y trouvent à peu près partout. Quoique agréables au goût,

leur petitesse empêche qu'ils n'aient de l'importance comme aliment. Il n'est pas douteux pour moi qu'ils ne puissent vivre à sec, comme tous les autres poissons qui ont aux branchies un appareil semblable au leur.

« Leur corps, dit M. Hamilton Buchanan[1], est oblong,
« élevé, comprimé verticalement, rude au toucher, opaque,
« agréablement varié en couleur; leur tête petite, ovale,
« couverte d'écailles jusque sous la gorge, et quelques-
« uns de ses os dentelés; leur bouche petite, haut placée,
« protractile; les dents manquent, ou sont très-petites;
« les yeux sont placés haut et en avant; les opercules
« sont couverts d'écailles; le dos et le ventre sont à peu
« près également arqués, et c'est vers le milieu qu'il y a
« le plus de hauteur : l'anus est bien avant le milieu;
« toutes les écailles ont leurs bords ciliés; la dorsale s'étend
« depuis le dessus des ouïes jusqu'à la caudale, et s'élève
« graduellement à compter depuis sa première épine; la
« partie épineuse est plus longue; la molle plus élevée.
« L'anale lui ressemble par la structure, et s'étend au
« moins sur la moitié de la queue. Les pectorales sont
« petites et en éventail; les ventrales n'ont point de mem-
« brane, et consistent en un rayon mou, long comme un
« filet, qui s'étend au moins jusqu'à la base de l'anale. »

Il compte trois à quatre rayons branchiaux; mais nous pensons que le nombre cinq est le véritable. Lui-même convient qu'ils sont tellement cachés sous l'opercule, qu'on a peine à les voir.

Au Bengale on comprend tous ces poissons sous le nom de *colisa,* qui est cependant plus particulièrement celui

---

1. Poissons du Gange, p. 115 et 116.

de la première espèce. Nous le conservons au genre tel
que nous venons de l'établir.

Le COLISA VULGAIRE.

(*Colisa vulgaris*, nob.; *Trichopodus colisa*, Buch.)

Cette première espèce, ou le colisa proprement dit,
a quelquefois jusqu'à cinq pouces de longueur. Sa caudale est en
éventail; sa dorsale s'arrondit en arrière. Les dents des mâchoires
sont très-petites; il n'en a point au palais : à peine peut-on voir sa
langue. Le bord inférieur de son sous-orbitaire est dentelé; il y a
aussi une dentelure, mais encore plus fine, vers l'angle de son préopercule. Son opercule finit en angle. La ligne latérale s'interrompt
vis-à-vis la dernière épine dorsale, et recommence plus bas. Le filet
des ventrales atteint jusqu'à la naissance de la caudale.

D. 16/11; A. 17/17; C. 16; P. 10; V. 1.

Le dessus de ce poisson est d'un beau vert, et le dessous blanc;
quelquefois il est jaunâtre. Des bandes bronzées ou ardoisées descendent obliquement du dos sur les flancs. La dorsale et la caudale
sont tachetées de noir, et sur l'arrière de la dorsale il y a quelque
mélange de rouge. L'anale est variée de blanc, de vert et de noir, et
bordée de rouge. On voit une tache verte sur l'opercule. Les yeux
sont rouges.

Nous avons reçu récemment des échantillons d'un colisa
pris dans le Gange par M. Raynaud, qui nous paraissent
appartenir à cette espèce, et qui nous ont permis d'en compléter la description.

Sa hauteur est le tiers de sa longueur, et son épaisseur les deux
cinquièmes de sa hauteur. La longueur de sa tête est le quart du
total, et à la nuque elle est aussi haute que longue. Le diamètre de
l'œil est de plus du quart de la longueur de la tête, et sa distance
au bout du museau, quand la bouche est fermée, en égale à peine

le diamètre; mais la bouche est protractile, et peut s'avancer en un cylindre qui double cette distance. La mâchoire inférieure est fort courte, s'articule sous le milieu de l'espace en avant de l'œil. Quand la bouche est fermée, elle remonte en avant de la supérieure. Des dents très-fines garnissent le bord de l'une et de l'autre.

Le sous-orbitaire antérieur est carré et un peu arrondi dans le bas, où il est finement dentelé. Au-dessus sont deux ouvertures assez grandes pour la narine, surtout la seconde. Le bord montant du préopercule descend un peu obliquement en arrière; son angle est arrondi et très-finement dentelé. L'opercule est arrondi. La dorsale et l'anale finissent en angle en arrière. La caudale est un peu arrondie. La pectorale est ovale et d'un peu moins du quart de la longueur : il n'y a bien sûrement à la ventrale qu'un filet simple et articulé, qui atteint presque au milieu de la caudale, et qui n'a qu'un vestige microscopique d'épine à sa base.

B. 5; D. 16/12; A. 17/15; C. 15; P. 12; V. 1.

Les écailles sont demi-circulaires; leur base est rectiligne et très-finement crénelée par quinze stries à son éventail. Leur partie visible, qui paraît lisse à l'œil, est à la loupe très-finement pointillée et ciliée. La ligne latérale, marquée par une tubulure simple à chaque écaille, éprouve une légère inflexion vers le milieu de sa longueur.

Dans la liqueur ce colisa paraît d'un vert jaunâtre bronzé, avec dix ou douze lignes d'un gris d'acier, placées un peu inégalement, et descendant un peu obliquement en arrière. Les nageoires verticales ont des points noirâtres dans les intervalles de leurs rayons.

Nos individus sont longs de trois pouces.

Les viscères du colisa vulgaire diffèrent peu de ceux du polyacanthe, excepté en ce qui regarde la vessie aérienne. Elle se prolonge dans le colisa en deux longues cornes dans les muscles de la queue, et chaque corne va en augmentant de diamètre à mesure qu'elle approche de l'extrémité, qui est arrondie. Cette disposition donne une grande capacité à la vessie, dont la portion contenue dans la cavité abdominale est très-petite. Le foie est placé à droite et à gauche de l'estomac. La vésicule du fiel est très-grande. L'estomac est petit, et le canal intestinal roulé en spirale. Il n'y a que deux appendices au pylore. Le péritoine est blanc d'argent mat. La colonne vertébrale n'a que huit vertèbres abdominales : il y en a dix-sept pour la queue. Les cinq premiers interépineux de l'anale sont libres.

Le Colisa béjéi.

(*Colisa bejeus*, nob.; *Trichopodus bejeus,* Buchan., p. 118.)

La seconde espèce, ou le *béjéi,*

a aussi le sous-orbitaire dentelé, et en général la même forme que la première; ses opercules sont plus arrondis. Sa dorsale et son anale terminent leur partie molle en pointe aiguë. Les filets de ses ventrales vont jusqu'au bout de la caudale : celle-ci est en éventail, mais a le bord échancré au milieu. Il n'y a pas proprement de ligne latérale; mais on dirait qu'il y en a plusieurs, parce que les écailles ont chacune dans son milieu une légère élévation.

D. 17/9; A. 16/17; C. 16; P. 9; V. 1.

Ce colisa a le dessus d'un vert obscur, le dessous blanc. Ses flancs sont marqués de barres transverses vertes et couleur de cuivre ou jaunes. La dorsale est verdâtre, tachetée de noir en avant, de rouge vers l'arrière. L'anale, tachetée de la même manière, est de plus bordée de rouge. La caudale est tachetée de noir et de rouge. Les yeux sont couleur d'argent, nuancés de rouge. Au total cette espèce a la plus grande ressemblance avec la précédente.

Elle ne passe pas quatre pouces.

Le Colisa cotra.

(*Colisa cotra,* nob.; *Trichopodus cotra,* Buchan., p. 119.)

La troisième espèce se nomme *cotra.*

Elle ne passe pas deux pouces. Sa tête est aiguë et sans dentelures à ses sous-orbitaires : on ne peut lui apercevoir de dents. Le préopercule est dentelé. On ne voit point de ligne latérale. Sa caudale est en éventail. Le filet de la ventrale finit vis-à-vis la dernière épine du dos.

D. 17/8; A. 19/16; C. 17; P. 9; V. 1.

Sur le dos sa couleur est d'un vert brónzé; en dessous elle change du cuivré à l'argenté, et vers la queue elle se teint de pourpre. En travers des flancs sont plusieurs bandes bleues. La dorsale et la caudale ont des taches obscures; l'anale en a de bleues, et est bordée de rouge.

Le COLISA LALI.

(*Colisa lalius,* nob.; *Trichopodus lalius,* Buchan., p. 120.)

La quatrième espèce, ou le *lalius,* est la plus belle.

Sa taille ne surpasse point celle du *cotra.* Sa tête est obtuse; il n'y a point de dentelure au sous-orbitaire ni de dents sensibles à l'œil. Le préopercule est dentelé: on ne voit point de ligne latérale. La caudale est en éventail; la ventrale atteint jusqu'au bout de l'anale.

D. 16/8; A. 18/15; C. 16; P. 9; V. 1.

Elle est verte, avec plusieurs lignes rouges en travers des flancs. Sa poitrine et ses opercules ont l'éclat de l'argent. Ses nageoires verticales sont tachetées de rouge vers l'arrière.

Le COLISA SOTA.

(*Colisa sota,* nob.; *Trichopodus sota,* Buchan., p. 120.)

La cinquième espèce a pour surnom *sota.*

A peine passe-t-elle un pouce et demi. Sa queue a le bord un peu taillé en croissant. Sa tête est aiguë. Ses sous-orbitaires n'ont pas de dentelure; mais il y en a au bord inférieur de son préopercule. Ni les dents ni la ligne latérale ne peuvent s'apercevoir. La ventrale atteint jusqu'au bout de l'anale.

D. 18/8; A. 19/11; C. 16; P. 9; V. 1.

Le dessus et l'arrière de son corps sont d'un rouge brun, légèrement marqué de lignes longitudinales brunes; le dessous et le devant sont de couleur d'argent, avec une teinte bleuâtre : on voit divers points sur le corps. L'anale a le bord postérieur rouge.

Le COLISA CHUNA.

(*Colisa chuna,* nob.; *Trichopodus chuna,* Buchan., p. 121.)

Enfin, la sixième des espèces de M. Buchanan se nomme *chuna.*

Elle n'est pas plus grande que la cinquième, et a comme elle la queue un peu en croissant. Sa tête est pointue, et son préopercule dentelé. Sa ventrale atteint le bout de la caudale.

D. 17/7; A. 19/11; C. 15; P. 9; V. 1.

Le dessus de son corps est d'un vert brun, le dessous blanc, avec une teinte de pourpre vers la queue. De chaque côté, depuis l'œil jusqu'au bout de la queue, règne une ligne de points noirs et brillans d'un éclat doré. L'anale est bordée de rouge. La couleur des yeux est écarlate.

Le COLISA UNICOLOR.

(*Colisa unicolor,* nob.)

M. Dussumier a pris dans les étangs salés de Calcutta un petit colisa long d'un pouce et demi,

dont la tête est pointue, le ventre arrondi, la portion molle de la dorsale et de l'anale terminée en pointe, la caudale arrondie. Le fil de la ventrale dépasse beaucoup l'anale, et atteint au-delà du milieu de la caudale. La ligne latérale est visible jusqu'à la moitié de la longueur du corps. Son sous-orbitaire est lisse. Ses dents sont excessivement petites. Ses nombres diffèrent de tous les autres.

D. 15/6; A. 14/12; C. 15; P. 9; V. 1.

Sa couleur paraît avoir été verte, rembrunie sur le dos et bronzée sous le ventre. On ne voit aucune trace de bandes ou de points sur le corps ou sur les nageoires.

Le COLISA RUBANNÉ.

(*Polyacanthus fasciatus*, nob.; *Trichogaster fasciatus*, Bl. Schn.)

Le *trichogaster fasciatus* de Bloch (édit. de Schneider, p. 164, et pl. 36), appartient manifestement à ces colisa, et ressemblerait même beaucoup à la première des espèces de M. Buchanan, au *colisa vulgaris,* si les nombres des rayons de sa dorsale n'étaient pas trop différens.

On lui voit sur un fond jaunâtre huit ou dix paires de bandes verticales brunes, rapprochées deux à deux des nageoires brunes, des filets ventraux qui atteindraient jusqu'au bout de l'anale, une caudale arrondie, et l'auteur lui attribue les nombres des rayons suivans :   D. 14/8; A. 21/8; C. 17; P. 13; V. 1.

Mais la figure marque A. 17/12, et elle est plus exacte que le texte ; car sur l'original même de Bloch, que M. Lichtenstein a bien voulu nous prêter, nous avons compté D. 14/9 et A. 16/13. Nous devons faire remarquer ici que cet original est à peine long de dix-huit lignes, et que Bloch, comme il ne lui était que trop ordinaire, en a grossi la figure jusqu'à lui donner quatre pouces. Il l'avait reçu de Tranquebar, sans doute par les soins de son ami John.

Le COLISA DE PONDICHÉRY.

(*Colisa ponticeriana,* nob.)

Feu M. Sonnerat nous avait rapporté de Pondichéry un de ces colisa, qui ressemble beaucoup au *vulgaire* et au *bejeus*, sans correspondre entièrement aux caractères de l'un ni de l'autre.

Son opercule est rond comme au *bejeus*, et porte vers le bas une tache noirâtre comme au *colisa*. Des lignes brunes, rapprochées par paires, traversent obliquement tout son corps sur un fond qui paraît d'un brun-fauve clair; mais il faut se souvenir que nous n'indiquons là que des couleurs altérées par le desséchement.

D. 16/12; A. 16/17, etc.

C'est au colisa vulgaire qu'on le rapporterait de préférence sans la forme arrondie de son opercule.

Nos individus ne sont longs que de trois pouces. L'espèce ne doit pas en être commune à Pondichéry, puisque M. Leschenault ne l'y a pas recueillie.

Malgré leur mauvaise conservation, ces poissons nous ont permis d'observer avec soin la structure de leur ventrale. Nous n'avons pu y apercevoir d'autres rayons mous que le long filet; mais l'épine y existe bien certainement, et, malgré son extrême petitesse, on ne peut la méconnaître.

———

CHAPITRE V.

Des Macropodes (*Macropodus*, Lacép.).

A tous ces petits poissons doit en succéder un que M. de Lacépède (t. III, p. 417, et pl. 16, fig. 1) a représenté, et plutôt indiqué que décrit d'après des peintures chinoises, et auquel il a donné le nom générique de *macropode*.

Nous avons appris ses véritables caractères génériques, dont le peintre chinois avait laissé échapper plusieurs, par des poissons entièrement semblables, sauf la couleur, que M. Diard nous a envoyés de la Cochinchine.

Leur appareil surbranchial est à peu près semblable à celui des poliacanthes et des colisa, et ils ont aussi de nombreuses épines à l'anale, qui a la même étendue en longueur; mais leur dorsale prend beaucoup moins d'espace sur le dos. C'est un commencement de l'inégalité entre ces deux nageoires, que nous verrons plus forte dans les *gourami* et surtout dans les trichopodes. Leurs ventrales ont cinq rayons complets, et toutes ces nageoires, ainsi que les lobes de la caudale, se prolongent en pointes filamenteuses.

Le Macropode vert-doré.

(*Macropodus viridi-auratus*, Lacép.)

La caudale de ce macropode est fourchue, et ses filets, formés surtout par le cinquième rayon de chaque lobe, lui donnent une longueur qui surpasse la moitié de celle du corps. La dorsale a treize rayons épineux[1] et six ou sept mous. D'abord très-basse, elle s'élève par degrés jusqu'au filament qui appartient à son troisième rayon mou, et qui atteint jusqu'au tiers de la longueur de la caudale. L'anale a dix-sept ou dix-huit rayons épineux et quinze mous : c'est le dixième qui se prolonge le plus en filet; il dépasse les deux tiers de la caudale. Le premier rayon mou de la ventrale se prolonge jusque sous le milieu de l'anale. Les pectorales seules ne sont pas très-prolongées. On n'aperçoit pas la ligne latérale. Les dentelures des pièces de la tête existent aux mêmes endroits, c'est-à-dire au bord du sous-orbitaire et au bord inférieur du préopercule près de l'angle; mais elles sont si fines qu'on ne les voit aisément que dans le squelette. Toutes ces pièces sont couvertes d'écailles, même la jonction des membranes branchiostèges sous la gorge. La bouche est fendue en travers et protractile. C'est aux mâchoires que les dents sont attachées. Les lèvres ni le palais n'en ont aucunes; elles sont en fin velours. A la loupe cependant on distingue plus de force dans le rang extérieur. Il n'y a que quatre rayons aux branchies.

B. 4; D. 12/15; A. 17/7; C. 15; P. 10; V. 1/5.

Nos individus dans la liqueur paraissent entièrement noirâtres, avec des nageoires rougeâtres tachetées de brun entre les rayons.

Ceux que représentent les peintures chinoises sont d'un vert foncé changeant au vert doré. Des bandes nuageuses plus vertes traversent leur dos. On voit sur la joue et l'opercule trois bandes longitudinales, nuageuses et noirâtres, et toutes les nageoires sont rouges sans points bruns.

Il faudrait avoir vu nos individus de la Cochinchine dans un plus grand état de fraîcheur, pour décider s'ils sont ou non de la même espèce que ceux de la Chine; mais quant à la forme, ils n'offrent aucune différence.

Ce poisson ne devient pas très-grand; les nôtres n'ont que de trois à quatre pouces.

---

1. Le peintre chinois n'a point exprimé les épines de la dorsale, ni celles de l'anale; c'est le seul défaut de ses figures.

M. Diard n'ayant accompagné son envoi de la Cochinchine d'aucune notice, on ignore entièrement les habitudes
de ce macropode. On peut croire cependant qu'il habite
l'eau douce, comme les colisa avec lesquels il a tant de
rapports; mais ce n'est que par conjecture que M. de Lacépède dit que les Chinois en élèvent l'espèce pour orner
les pièces d'eau de leurs jardins. Le recueil de peintures
chinoises qui lui a servi de source, n'ayant aucun texte,
n'a pu lui apprendre cette particularité.

Le foie de notre macropode de la Cochinchine est petit, jaune,
situé en travers sous un œsophage large, assez long, plissé inté-
rieurement, qui s'élargit encore pour former l'estomac. La forme de
ce viscère est celle d'une cornue située verticalement dans l'abdomen.
Sa portion rétrécie a ses parois plus épaisses que le reste du sac.
Le pylore n'a que deux appendices cœcales, mais longues et grosses.

L'intestin fait plusieurs plis sur lui-même, et il se dilate un peu
vers le rectum. Ses parois sont excessivement minces.

Je n'ai pas vu de vessie natatoire. Le labyrinthe des branchies
est un des plus simples de toute la famille; il ne consiste qu'en
une lame ovale un peu contournée, sur laquelle s'en élève une
autre plus petite, qui dépasse un peu son extrémité antérieure.

Son squelette a vingt-sept vertèbres, dont neuf appartiennent
à l'abdomen. Ses côtes ont des appendices.

Le BEAU MACROPODE.

(*Macropodus venustus,* nob.)

Des peintures très-soignées, que M. Dussumier a fait
faire récemment à Canton, nous offrent un poisson tout
semblable à ce macropode vert-doré, mais plus grand et
encore plus beau.

Les trois bandes de sa tempe et la tache ronde de son opercule sont d'un beau bleu de ciel. La tache est entourée d'un cercle changeant en or et en rouge. Le corps est coloré par de larges bandes alternativement vertes et rouges. La dorsale est verte, et sa longue pointe est rouge; la caudale, dont les pointes se prolongent aussi beaucoup, est entièrement d'un beau rouge. L'anale, un peu moins longue que la dorsale, est pâle et rougeâtre vers sa pointe. Les pectorales sont d'un gris pâle, et les ventrales se prolongent en un fil simple et rouge, comme dans le trichoptère.

Les figures représentent ces poissons longs de six pouces.

—

CHAPITRE VI.

Des Osphromènes (Osphromenus, Commers.),

*Et particulièrement de l'*OSPHROMÈNE GOURAMI.

(*Osphromenus olfax,* Commers.[1])

Le plus célèbre des poissons que l'on doit rapprocher des polyacanthes et des colisa, c'est le *gourami* ou l'*osphromène* de Commerson. Je ne vois même pas comment on pourrait l'en distinguer autrement que par la brièveté de sa dorsale et la plus grande complication de ses organes subbranchiaux.

Commerson, à qui l'on en doit la première description, lui avait donné le nom d'*osphromène* (non pas *osphronème,* comme écrit M. de Lacépède, d'ὄσφρομαι, *olfacio*), et le surnom d'*olfax,* parce que cet appareil labyrinthiforme au-dessus des branchies que le *gourami* a comme tous les poissons de cette famille, lui avait paru ressembler aux lames d'un ethmoïde, et qu'il avait supposé que c'était un organe d'odorat.

Aucune expérience n'a encore confirmé cette conjecture, et il nous semble bien plus naturel de croire que c'est un organe supplémentaire de respiration, ou plutôt, comme nous l'avons déjà insinué, un réservoir d'eau pour la respiration de ces poissons, quand l'eau extérieure leur manque.

Le *gourami* n'est pas moins remarquable par sa taille que par son bon goût; il devient autant et plus grand qu'un

---

1. *Osphromenus olfax,* Comm.; *Osphronème gourami,* Lacép., t. III, p. 117, et pl. 3, fig. 2; *Trichopus goramy,* Shaw, t. IV, part. 2, p. 388.

turbot; et sa chair est délicieuse. M. Dupetit-Thouars en a souvent vu qui pesaient vingt livres, et il y en a de plus grands. Commerson déclare, dans ses manuscrits, n'avoir jamais rien mangé de plus savoureux, ni dans les poissons de mer, ni dans ceux d'eau douce : *Nihil inter pisces tum marinos tum fluviatiles exquisitius unquam degustavi.* Il ajoute que les Hollandais de Batavia nourrissent de ces poissons dans de très-grands vases de terre, renouvelant l'eau chaque jour, et leur donnant pour toute nourriture des herbes fluviatiles et particulièrement le *pistia natans;* même dans ceux qui vivent en liberté, l'estomac et les longs intestins, repliés un grand nombre de fois sur eux-mêmes, ne contiennent jamais, selon lui, que des herbes broyées et serrées en masses. Mais M. Dupetit-Thouars nous assure que les *gourami* ne sont pas toujours si délicats; et à l'Isle-de-France, dit-il, dans un vivier sur lequel donnaient des latrines, on les voyait arriver en foule pour dévorer les excrémens à mesure qu'ils tombaient.

Commerson croit cette espèce apportée de la Chine à l'Isle-de-France. Les habitans de cette île, et surtout l'estimable Céré, l'ont nourrie d'abord dans des viviers, d'où elle s'est échappée dans les rivières, et maintenant elle y est au nombre des poissons qui vivent en liberté; elle y fait l'ornement des tables les plus délicates.

Si l'on s'en rapportait à Cossigny, ce serait lui qui aurait transporté le *gourami* de Batavia à l'Isle-de-France; il proposait d'en porter aussi au Bengale, où ce serait un aliment bien agréable ajouté à ceux que fournit cette grande province.

On a essayé d'en procurer aussi l'espèce à nos colonies d'Amérique. Le capitaine Philibert, à qui le Jardin du

Roi doit beaucoup d'objets intéressans, et qui a porté à Cayenne plusieurs des végétaux utiles de l'archipel des Indes, y a introduit aussi des *gourami* en vie, qui s'y multiplieront probablement. Sur cent individus qu'il avait pris à l'Isle-de-France, il n'en perdit que vingt-trois dans la traversée [1]; il avait même réussi, à son retour, à en amener un vivant, jusqu'à la vue des côtes de France, mais qui périt au moment de débarquer. De nouveaux essais seront peut-être plus heureux, et il faudra voir ensuite si ce poisson est en état de supporter notre climat. La chose ne serait pas impossible, s'il venait de la Chine comme on le dit; mais il est bien singulier qu'aucun des auteurs qui ont parlé de l'histoire naturelle de cet empire, n'ait fait mention d'une espèce si intéressante. Au reste, il n'en est pas question non plus dans ceux qui ont traité des poissons de l'archipel des Indes; Renard et Valentyn ne le connaissent pas plus que Russel et Buchanan. Je ne trouve même ce nom de *gourami* ou *goramie* dans aucun ouvrage antérieur à Commerson ; et je soupçonne beaucoup qu'il est corrompu de celui de *gouragi, koragi, koravé,* que l'on donne dans les Indes aux ophicéphales.

Les habitudes du *gourami* doivent avoir quelque chose de particulier. On assure que la femelle creuse une petite fosse sur le bord de l'étang ou du réservoir où on la tient, pour y déposer ses œufs. C'est un soin que l'on n'a pas remarqué dans beaucoup de poissons.

L'*osphromène* ou le *gourami* a le corps haut et comprimé. Vu de côté, son contour est oblong; sa hauteur est un peu moins de deux

---

1. M. Moreau de Jonnès m'assure que c'est sur sa proposition, et d'après un mémoire qu'il présenta dans le temps au ministère de la marine, que cette entreprise fut tentée.

fois et demie dans sa longueur, et son épaisseur un peu moins de quatre fois dans sa hauteur. La longueur de sa tête est près de quatre fois dans sa longueur totale. La courbe du dos descend jusqu'à la nuque, qui est encore aussi haute que la tête est longue. Ensuite le profil descend obliquement en courbe un peu concave; le museau se trouve ainsi un peu aigu. La bouche est protractile; sa fente ne va pas jusqu'à l'œil; la mâchoire inférieure avance un peu plus que l'autre; des dents en fin velours garnissent les deux mâchoires : le rang extérieur en a quelques-unes d'un peu plus longues et plus crochues; il n'y en a point au palais. La langue est lisse; sa pointe n'est pas libre. L'œil est placé de manière que le bord inférieur répond à la hauteur de la commissure des lèvres, dont il est éloigné à peu près du quart de la longueur de la tête, qui est aussi à peu près son diamètre; les deux orifices de la narine sont petits, l'un devant l'autre, près de l'œil vis-à-vis son tiers supérieur. Le museau, à compter de l'intervalle des yeux, n'a point d'écailles, non plus que les sous-orbitaires et les mâchoires, si ce n'est un peu à la base de l'inférieure; mais il y a des écailles sur tout le reste de la tête et sous la gorge, à la membrane qui unit celles des ouïes. C'est à peine si l'on peut apercevoir la fine dentelure du sous-orbitaire et du bord inférieur du préopercule près de son angle. Cet angle est arrondi; le bord montant est rectiligne; l'opercule est demi-circulaire. On compte six rayons aux ouïes, qui s'ouvrent assez bien. Il n'y a rien de particulier aux os de l'épaule ou aux aisselles des nageoires paires. La dorsale ne commence que sur le milieu des pectorales, par des épines d'abord très-basses, qui s'alongent uniformément jusqu'à la quatorzième; les rayons mous qui les suivent, au nombre de douze, s'alongent encore jusqu'aux cinquième, sixième et septième, qui forment un angle saillant à cette partie de la nageoire. Il reste entre elle et la caudale un espace nu, du douzième environ de la longueur totale. L'anale, qui naît aussi en avant que la dorsale, se porte bien plus loin en arrière; car, après avoir formé de sa partie molle une saillie arrondie, elle s'unit à la caudale par un petit reste de membrane. Elle a onze épines et dix-neuf rayons mous, la plupart longs à proportion. Ses épines, comme celles de la dorsale,

se cachent entre les écailles du dos. La caudale est arrondie ou
tronquée, et a seize rayons. Les pectorales sont oblongues et médiocres; on y compte quatorze rayons. Les ventrales naissent un
peu plus en arrière que les pectorales; leur épine est médiocre; mais
leur premier rayon mou, simple et semblable, comme le dit Commerson, à une antenne d'écrevisse, atteint presque jusqu'au bout
de l'anale. Le deuxième n'est pas plus grand que l'épine, et les trois
autres vont en diminuant. Ce poisson a de grandes écailles; on n'en
compte que trente grandes et quelques petites sur une ligne entre
l'ouïe et la caudale. Sur une ligne verticale au milieu il y en a dix-
huit. Elles ne se portent pas très-loin sur la base de la caudale, ni
sur celle des parties molles de la dorsale et de l'anale. Elles sont
arrondies tout autour, finement pointillées et ciliées à leur partie
externe; l'éventail de leur partie cachée a environ quinze stries, et
les parties latérales sont striées si finement, qu'une forte loupe peut
seule le faire apercevoir; la ligne latérale est à peu près au tiers de
la hauteur, et se continue jusqu'à la caudale sans interruption ni
courbure.   B. 6; D. 14/12; A. 11/19; C. 16; P. 14; V. 1/5.

L'osphromène, dans la liqueur, paraît d'un brun-doré clair : des
reflets semblent y former des lignes verticales plus brunes; les bords
des écailles paraissent aussi plus foncés que leur milieu, et les nageoires le sont réellement.

Commerson, qui l'a vu frais, dit qu'il a la tête, le dos et toutes
les nageoires d'un brun-rougeâtre obscur; que les écailles de son
front et de son ventre ont le disque argenté et le bord brun, ce qui
produit autant de taches ou de mailles rhomboïdales qu'il y a
d'écailles.

Nous avons maintenant sous les yeux des *gourami,* les
uns rapportés de l'Isle-de-France par MM. Quoy et Gaimard, ou envoyés du même parage par M. Desjardins;
les autres pris à Batavia par M. Raynaud; enfin, un dernier
envoyé de Cayenne par M. Poiteau, et qui est de ceux que
le capitaine Philibert y a transportés de l'Isle-de-France.

Ils ont tous une tache brune sur la base de la pectorale, et un trait noirâtre allant de l'œil au bout du museau. La plupart offrent des bandes verticales plus brunes et plus claires, au nombre de huit à dix de chaque couleur, et une tache ronde, noirâtre, plus ou moins marquée, se voit sur le côté de la queue au-dessous de la ligne latérale.

Les lames en labyrinthe du *gourami* sont presque aussi compliquées que celles de l'*anabas*, et beaucoup plus que dans tous les polyacanthes et autres poissons de la famille. Commerson, en les prenant pour des ethmoïdes, était frappé de leur ressemblance avec les cornets supérieurs du nez de plusieurs quadrupèdes, qui est en effet très-grand. Leur appareil se compose de quatre lames principales en arrière, qui en avant se réduisent à deux, et se contournent un peu, et dont l'externe en porte cinq ou six de transversales, qui vont en diminuant d'avant en arrière; mais la vue seule peut donner une idée de ce que ces lames produisent par leurs replis de cellules et d'autres complications.

Le foie de ce poisson est de grandeur médiocre, divisé en deux lobes; il y adhère une très-grande et très-longue vésicule du fiel. L'estomac a la forme d'une cornue; sa membrane est opaque, mais non très-épaisse. Le pylore n'a que deux appendices, mais assez longues. Le canal intestinal est très-long, mince, plusieurs fois roulé sur lui-même en spirale. Il se dilate un peu dans le dernier quart de sa longueur. La vessie natatoire est simple, argentée, sans grande épaisseur.

Le squelette du *gourami* a douze vertèbres abdominales et dix-huit caudales. La crête mitoyenne de son crâne est élevée; celle de son os basilaire, qui descend pour séparer les cavités des labyrinthes, a son angle postérieur divisé en deux. Il y a six interépineux avant celui de la première épine dorsale. Les interosseux des sept premières épines anales, de plus en plus longs, se groupent en avant de l'apophyse descendante de la première vertèbre caudale, apophyse qui est très-forte. Les côtes sont grêles, et n'embrassent pas toute la hauteur de l'abdomen.

M. de Lacépède a établi une espèce de trichopode (son *trichopode mentonnier*) sur un dessin laissé par Commerson, et qui ne nous paraît autre chose qu'une figure du *gourami* faite de mémoire par M. Céré. Ce dessin ne porte pas d'autre étiquette que *gourami;* il est sans correction, et mal fini; et Commerson, ni dans ses anciens papiers, ni dans ceux que l'on a recouvrés plus récemment, ne fait mention d'aucun poisson qui se rapporterait à cette image. Nous pensons donc que tous les raisonnemens auxquels elle a donné lieu, et l'espèce que l'on a établie sur elle, malgré l'adoption qu'en a faite Shaw (t. IV, part. 2, p. 391), en la nommant *trichopode satyre,* ne reposent sur aucun fondement réel. Dans tous les cas, d'après la forme de sa dorsale, ce poisson serait un *gourami,* et non pas un trichopode, et ce pourrait être tout au plus quelque individu monstrueux, comme on en voit si souvent parmi les carpes.

Il a été placé dans les osphromènes une autre espèce qui en est encore bien plus éloignée que le *gourami à menton* ne le serait des trichopodes; c'est le *scarus gallus* de Forskal (p. 26, n.° 11) ou *labrus gallus* de Gmelin, dont M. de Lacépède a fait son *osphronème gal,* et Shaw son *trichopode arabique.* Ce poisson, que nous décrirons ailleurs, est une girelle, et même c'est à peine s'il diffère de celle que M. de Lacépède nomme *labre hébraïque.* Ce naturaliste a été induit à en faire un osphromène, à cause de ces mots de Forskal : *Radius secundus longo filo terminatur;* mais cette indication n'est faite que comparativement aux espèces voisines, et d'ailleurs tous les autres détails sont absolument ceux d'un labre.

Cependant MM. Kuhl et Van Hasselt ont envoyé de

Java au Musée royal des Pays-Bas deux osphromènes, qui leur ont paru distincts du *gourami.*

Le premier, qu'ils ont nommé *osphromenus notatus,*

a une tache noire sur le côté de la queue, au-dessus de la fin de l'anale. Le fond de sa couleur est rouge-brun ; il a le museau plus pointu et le front plus étroit que le gorami. Ses nombres de rayons sont :

D. 13/11 ; A. 10/19 ; C. 16 ; P. 11 ; V. 1/5.

L'autre, ou l'*osphromenus vittatus* de ces naturalistes,

a le corps plus alongé, moins haut ; le front plus convexe, le museau obtus, la dorsale courte. Il est brun, avec une ou deux bandes longitudinales noires, dont une dans la direction de l'œil.

CHAPITRE VII.

Des Trichopodes (Trichopus, Lac.; *Trichogaster,* Bl. Schn.),

Et particulièrement du TRICHOPODE TRICHOPTÈRE.
(*Labrus trichopterus,* Pall. [1])

Le véritable trichopode, le *trichopode trichoptère* de M. de Lacépède, publié dès 1764 par Kœlreuter, dans les Nouveaux Commentaires de Pétersbourg (t. IX, p. 452, et pl. 9, fig. 1), sous le nom de *sparus,* et par Pallas dans ses *Spicilegia* (8.ᵉ cahier, p. 45), sous celui de *labrus trichopterus,* n'est ni un labre, ni un spare; c'est un poisson de la famille dont nous parlons maintenant, et qui ne diffère presque de l'osphromène que par un chanfrein plus convexe et une dorsale moins étendue en longueur.

Vu de côté, son corps est plus régulièrement elliptique, et il est aussi un peu plus comprimé; sa hauteur est deux fois et un tiers dans sa longueur, et son épaisseur quatre fois dans sa hauteur. La courbure de son dos descend uniformément en ligne un peu convexe jusqu'au bout du museau. Le chanfrein n'est point concave; mais sa longueur est à peu près rectiligne; sa courbure est convexe transversalement. Des écailles règnent jusqu'au bout du museau, où est une petite bouche transverse et protractile, dont la mâchoire inférieure avance un peu plus que l'autre. L'œil est vis-à-vis la commissure et occupe le deuxième quart de la longueur et le milieu de la hauteur de la tête. Entre lui et la bouche est un sous-orbitaire

---

1. *Trichopode trichoptère,* Lacépède, t. III, p. 129; *Trichogaster trichopterus,* Schn.; *Labrus trichopterus,* Pall. et Gmel.; *Sparus duabus utrinque maculis, etc.,* Kœlreuter; *Trichopus Pallasii,* Shaw, t. IV, part. 2, p. 392.

écailleux et finement dentelé. Les deux orifices de la narine sont percés dans un creux alongé au-dessus de ce sous-orbitaire. Quelques dents en velours, à peine visibles à l'œil nu, garnissent les mâchoires. Il y a des écailles sur toutes les parties de la tête. Tout le bord inférieur du préopercule est finement dentelé; l'opercule a le sien arrondi. Je n'ai pu bien compter les rayons des ouïes, mais il n'y en a pas plus de quatre. Ni Pallas ni Kœlreuter n'en ont donné le nombre plus exactement; mais Bloch le fixe à quatre. Il n'y a aucune dentelure ni écaille particulière à l'épaule. La ligne latérale se courbe légèrement en ⌒⌣.

Les écailles sont plus petites qu'à l'osphromène, surtout aux côtés de l'abdomen et vers l'anale. On en compte plus de quarante de l'ouïe à la caudale, et au moins vingt-cinq sur une ligne verticale au milieu. De petites écailles couvrent une grande partie de l'anale; mais la dorsale n'en a que sur sa base; elle ne commence que vis-à-vis l'extrémité des pectorales; ses rayons s'élèvent graduellement comme dans les précédens, et elle finit en angle pointu. On y compte seulement cinq épines et huit rayons mous. L'espace nu entre elle et la caudale est du quart de la longueur totale. Au contraire, l'anale, qui commence sous la base des pectorales, s'étend jusqu'à la caudale, à laquelle elle touche. Ses épines sont au nombre de onze, que suivent trente-quatre rayons mous; sa fin est aussi anguleuse. La caudale est un peu coupée en croissant. La longue soie articulée que forme le premier rayon mou de la ventrale, s'étend jusqu'au bout de la caudale. Les quatre rayons suivans sont au contraire si petits, que quelques naturalistes ont cru qu'ils n'existaient pas; mais c'est une erreur. Quant à l'épine, j'avoue que je n'ai pu l'apercevoir, ou si elle existe, elle ressemble à une petite écaille plutôt qu'à une épine. Les pectorales sont bien un peu pointues, mais non pas en forme de fil, comme les représente Kœlreuter.

D. 5/8; A. 11/35 ou 36[1]; C. 16; P. 14; V. 5.[2]

---

1. Pallas ne donne que quatre épines à l'anale, et il a été copié par Bonnaterre et par Gmelin; c'est une erreur.

2. Bloch dit : B. 4; D. 7/7; A. 11/33; C. 16; P. 10. Il donne trois soies à chaque ventrale. Aurait-il eu sous les yeux une espèce différente?

Ce poisson demeure petit : on n'en voit guère qui aillent à quatre pouces.

Dans l'état sec ou dans la liqueur il paraît d'un brun-doré clair, avec une tache ronde et noire au milieu du flanc sous la pectorale, et une autre de chaque côté de la base de la caudale. La caudale et une partie de la dorsale ont des points bruns entre leurs rayons.

L'appareil labyrinthiforme du trichopode est plus simple que celui de l'osphromène, et n'a de chaque côté que trois lames principales. Son estomac, embrassé entre les lobes de son foie, est en forme de sac obtus; il n'y a qu'un ou deux cœcums longs et grêles au pylore. Le canal intestinal est mince et plusieurs fois roulé sur lui-même en spirale, comme dans la plupart des genres voisins.

Bloch rapporte assez légèrement à ce poisson le *pangay* ou *kapirat* de Renard (t. I, pl. 16, fig. 90), ou le *ikan-marate* de Valentyn (t. III, p. 506, n.° 512), et avec son érudition accoutumée il nous dit que ce dernier nom est japonais, et en conclut que notre trichopode est originaire de la mer du Japon. Tout cela est imaginaire; les individus de cette espèce, répandus dans divers cabinets, viennent de Java et des Moluques, et il n'est nullement certain que ce soit un poisson de mer. Dans aucun cas ce ne peut être le *kapirat,* qui n'a point de caudale distincte, et que plusieurs naturalistes ont pris pour un notoptère, malgré ses longues ventrales.

CHAPITRE VIII.

Des Spirobranches (Spirobranchus, nob.).

Après tous ces poissons plus ou moins voisins des polyacanthes, nous en plaçons un petit des rivières du cap
de Bonne-Espérance, qui pourrait aussi se rapprocher de
l'anabas par sa forme et le moindre nombre des rayons de
son anale, mais qui, par ses dents palatines, conduit aux
ophicéphales, et dont nous nous voyons en conséquence
obligés de faire un sous-genre particulier, que nous appelons *spirobranche.*

Le Spirobranche du Cap.

(*Spirobranchus capensis,* nob.)

Sa forme est oblongue, sa tête épaisse, arrondie, comme dans
l'anabas. Son opercule se termine par deux pointes, mais non
dentelées, et en général il n'y a de dentelures à aucune des pièces
de sa tête ; mais elles sont couvertes d'écailles. Sa gueule est presque
fendue jusque sous l'œil, et armée de dents en fines cardes, dont
les latérales d'en bas sont assez longues. Il y en a au-devant du
vomer et sur une longue rangée à chaque palatin. Trois gros
pores marquent chacune des branches de sa mâchoire inférieure,
et trois autres le bord inférieur de son préopercule. La membrane
branchiostège n'a que quatre rayons. Il n'y a point de dentelure à
l'épaule.

Les écailles sont grandes à proportion. On n'en compte pas plus
de trente sur une ligne longitudinale, et sur une ligne verticale il
n'y en a pas plus de dix : elles sont demi-circulaires ; c'est leur
bord radical qui fait le diamètre. Ses stries ne convergent presque
pas : il y en a de quinze à dix-huit, et autant de très-fines crénelures.

La partie extérieure est légèrement âpre. La ligne latérale s'interrompt et recommence plus bas, comme dans l'anabas; elle se marque par une ligne élevée sur chaque écaille. Les ventrales naissent sous le milieu des pectorales, et ne se prolongent point en filets. La dorsale commence à l'aplomb du milieu des pectorales : l'anale commence plus en arrière; mais ces deux nageoires finissent vis-à-vis l'une de l'autre, et laissent derrière elles, jusqu'à la caudale, un espace nu de queue égal au neuvième du total. Leur partie molle est coupée en angle un peu aigu; la caudale l'est carrément.

D. 12/8; A. 7/8; C. 16; P. 10; V. 1/5.

Ce petit poisson paraît entièrement brun foncé, avec une légère teinte dorée sur les flancs et sur le ventre; trois lignes noirâtres vont en rayonnant de l'œil au bord de son préopercule. Ses nageoires sont brunes.

Il ne passe pas trois pouces.

Nous le devons à feu Delalande, selon lequel cette espèce abonde dans toutes les petites rivières du pays des Hottentots; il assure même que c'est presque la seule qui se trouve dans quelques-unes.

Les feuilles accessoires des branchies de ce poisson ne méritent pas autant que celles des précédentes le nom de *labyrinthiformes;* car il n'y en a que deux de chaque côté, à peine légèrement courbées comme une moule, dont celle de la seconde branchie est même beaucoup plus petite que l'autre. Toutefois ces pièces, ainsi que l'ensemble de ses viscères, confirment l'analogie que son extérieur montrait déjà avec toute la famille dont nous parlons maintenant.

Le foie est à gauche de l'estomac, composé d'un seul lobe triangulaire alongé. Sa couleur est jaunâtre. L'œsophage est assez large, médiocrement long, plissé longitudinalement, à parois épaisses,

Il se dilate pour former un estomac en cul-de-sac, qui donne une branche montante vers le diaphragme le long de l'œsophage.

Le pylore est peu marqué extérieurement ; on ne voit aucun étranglement ou renflement qui l'indique. Il y a deux cœcums, qui s'étendent assez loin en arrière de l'estomac. L'intestin fait deux replis avant de se rendre à l'anus. Les vésicules séminales sont médiocres. Les reins sont petits, un peu renflés en avant.

Il n'y a pas de vessie natatoire.

Le péritoine est d'un beau blanc d'argent.

Le squelette de ce poisson a neuf vertèbres abdominales et seize caudales.

APPENDICE AU LIVRE HUITIÈME.

Des Ophicéphales (Ophicephalus, Bl.).

S'il était possible d'admettre qu'il existe dans la nature des êtres anomaux, il n'y en aurait aucuns que l'on dût à plus juste titre considérer comme tels, que les *ophicéphales;* non pas tant à cause de leur tête couverte de plaques rappelant un peu celle des couleuvres, qui leur a valu leur nom générique, et qui n'a rien de plus extraordinaire que celle des muges, qu'à cause de l'analogie singulière qu'ils montrent avec les genres dont nous venons de traiter, les anabas, les hélostomes, les polyacanthes, les osphromènes et les trichopodes, et cela dans toutes leurs parties, hors un seul point, l'absence totale de rayons épineux dans leurs nageoires, excepté l'épine de leurs ventrales; seul caractère par lequel ils tiennent aux acanthoptérygiens. Ils sont ainsi très-près de rompre cette grande division des poissons osseux en acanthoptérygiens et malacoptérygiens, qui avait paru jusque-là ne détruire aucun rapport naturel.

Théophraste avait déjà eu connaissance de ces poissons singuliers; car c'est bien à eux que doit se rapporter le passage de ce philosophe que nous avons cité, et où il dit qu'il y a dans les Indes des poissons semblables à des muges, qui passent une partie de leur temps à terre; mais les modernes ne les connaissent que depuis peu. Bloch en a décrit et fait graver deux espèces, qui lui avaient été envoyées de Tranquebar par le missionnaire John ; et tout ce qui en a été dit dans les ichtyologies générales, est emprunté de son ouvrage. On l'a même copié dans cette erreur qu'il a commise tant de fois, de confondre la langue malabare avec la langue malaie. John lui ayant écrit que l'un de ces poissons s'appelle *karuvei* en tamoule, et l'autre *vral* ou *varal* en malabare[1], Bloch et ses successeurs ont toujours fait de ce *vral* ou *varal* un mot malais, ne se doutant point que *malabare* est le nom que les Européens donnent communément à la langue de la côte de Coromandel, dont le nom propre est *tamoule,* et que par conséquent le malabare et le tamoule[2] sont la même langue, mais une langue très-différente du malais, que l'on ne parle point dans la presqu'île en deçà du Gange.

Depuis Bloch, deux auteurs originaux ont beaucoup étendu nos connaissances sur les *ophicéphales.* M. Patrice Russel, dans ses Poissons de Vizagapatam, en a représenté trois espèces, et en a décrit quatre ; et M. Hamilton Buchanan, dans son Histoire des poissons du Gange, en a donné jusqu'à sept, et n'a rien laissé ignorer de leurs habitudes et des usages que l'on en fait aux Indes.

MM. Sonnerat, Leschenault, Kuhl, Duvaucel, Bélenger et Dussumier, nous ont procuré des occasions de voir par nous-mêmes plusieurs de ces poissons, et d'ajouter quelques espèces à celles que l'on connaissait, ainsi que d'entrer dans de nouveaux détails sur les caractères du genre et sur son organisation.

---

1. Quand on prend les noms étrangers dans un auteur allemand ou hollandais, on doit rendre son *w* en français par un *v* simple. Il n'en est pas de même quand on les tire des auteurs anglais.

2. Voyez Adelung, *Mithridates.*

On distingúe les ophicéphales des autres poissons à nageoires molles et à ventrales thoraciques par les écailles, ou
plutôt par les plaques polygones qui recouvrent leur crâne
et leur front, comme dans les muges et les anabas.

Leur corps est assez alongé, peu comprimé de l'arrière,
et presque cylindrique de l'avant. Leur tête se déprime
plus ou moins et est un peu plus large que le corps. Le
museau est très-court, large, obtus. Les yeux s'approchent
de son extrémité. Les deux orifices de la narine sont assez
éloignés; car l'antérieur, garni d'un petit tube charnu, est
sous le bord du museau : le postérieur, en forme de simple
trou, est tout près de l'œil. La gueule est fendue en travers,
au bout du museau, large, garnie aux deux mâchoires, au
chevron du vomer et aux palatins, de dents en velours ou
en cardes, parmi lesquelles il se mêle souvent d'assez fortes
canines. Il y a même une plaque de ces dents en velours
sous l'arrière du crâne, comme on en voit de coniques dans
l'anabas. Les couvercles de leurs ouïes sont convexes latéralement et couverts d'écailles, ainsi que la joue, et il n'y a
de dentelures ni d'épines à aucune de leurs pièces, ni aux
sous-orbitaires. Les sous-orbitaires, les mâchoires et la
membrane branchiostège sont nus. La langue est lisse, obtuse et assez libre. Les ouïes sont médiocrement fendues,
et leur membrane n'a que cinq rayons. Il n'y a aucune dentelure ni écaille particulière, soit aux os de l'épaule, soit
aux nageoires paires. Presque tout le long du dos règne
une nageoire d'à peu près égale hauteur, et dont tous les
rayons sont articulés et un peu branchus. L'anale corres-
pond aux deux derniers tiers de la longueur de cette dorsale, et se compose également de rayons mous. La caudale
est arrondie. Les pectorales et les ventrales sont petites et

n'ont rien de particulier, si ce n'est que le premier rayon des ventrales paraît simple; ce qui serait le seul vestige d'organisation qui rappellerait les acanthoptérygiens. Toutes leurs écailles sont fortes et granulées; leur ligne latérale ne s'interrompt point, et a seulement une légère courbure à son quart antérieur.

Les ophicéphales ont, comme les anabas et les osphromènes, au-dessus de leurs branchies de chaque côté une cavité divisée par des lames saillantes et propres à retenir l'eau; mais ces lames sont moins compliquées.

L'élargissement de la tête est produit par les frontaux principaux et postérieurs, les pariétaux et les mastoïdiens, qui s'avancent pour former de chaque côté du crâne une voûte au-dessus de la cavité qui loge les branchies, et qui est fermée du côté extérieur par l'appareil temporal et ptérygoïdien et par les pièces operculaires. La branche supérieure de l'arceau de la première branchie (pleuréal supérieur) est dilatée en une grande lame formée de deux plans joints à angle obtus, et terminée dans le haut en une tige grêle, qui, dans les autres poissons, forme un os particulier (le pharyngien antérieur)[1]: cette tige suspend la première branchie au mastoïdien de ce côté. Une grande lame verticale de la face interne de l'os que j'appelle *temporal*[2], se trouve placée en avant de cette lame de la première branchie, et c'est par les membranes qui joignent l'une à

---

1. Il est marqué 69 dans les figures VI et VII, pl. III, de l'ostéologie de la perche (t. I); et je dois faire remarquer ici que l'on y a donné par mégarde sur la figure VI le même numéro au stylet qui suspend l'os hyoïde ou stylhyal, au lieu de 29, qu'il doit porter, comme sur la figure VI de la planche II.

2. Marqué 23 dans les figures de l'ostéologie de la perche (pl. I, II et III du tome I).

l'autre qu'est formé le sinus, beaucoup plus simple que dans l'anabas, où l'eau peut être retenue. Le pleuréal de la seconde branchie est courbé de manière à ce que son extrémité supérieure va rejoindre le troisième pharyngien, qui lui même s'articule avec le quatrième, lequel est porté par les deux derniers pleuréaux. Le deuxième pharyngien est long et étroit, suspendu sous le deuxième pleuréal, dont il croise la direction; il n'a que de fines dents en velours : les deux derniers, réunis en une seule plaque, portent, au contraire, de grosses dents coniques et un peu crochues. Il y en a de pareilles sur le bord postérieur des deux pharyngiens inférieurs, dont le reste de la surface n'en a qu'en velours. Les lames ou plutôt les franges, qui forment l'organe branchial proprement dit, sont singulièrement grêles et courtes; il n'y a pas de demi-branchie attachée à l'opercule. L'estomac est un sac charnu assez long, à fond obtus, à parois intérieures très-plissées. La branche qui conduit au pylore est voisine du cardia. Deux cœcums seulement adhèrent au pylore, mais assez grands. L'intestin n'a que deux replis, et est mince. Le foie est divisé en deux lobes, dont le gauche est alongé.

Ainsi, les ophicéphales n'ont pas le canal intestinal aussi long et aussi enroulé que les polyacanthes, et surtout que le *gourami;* mais leurs cœcums sont en même nombre, et l'on peut remarquer que ce nombre est aussi celui de la plupart des muges.

Cette cavité, propre à tenir de l'eau en réserve, dont les ophicéphales sont pourvus, leur donne, comme aux anabas, la faculté de vivre long-temps à sec. Non-seulement on peut les transporter au loin; ils sortent eux-mêmes volontairement des marais ou des canaux où ils vivent,

pour aller chercher d'autres eaux, et le peuple qui les
rencontre ainsi sur la terre, se figure qu'ils sont tombés
des nuages. Les jongleurs, dont l'Inde abonde, en ont
toujours avec eux pour divertir la populace, et les enfans
mêmes s'amusent des mouvemens qu'ils leur font faire
pour ramper sur le sol. Leur vie est si dure, qu'on leur
arrache les entrailles et que l'on en coupe des morceaux
sans les tuer d'abord, et sur les marchés l'on en vend ainsi
des tranches aux consommateurs; mais aussitôt qu'on en
a assez enlevé pour que le poisson ne remue plus, ce qui
reste perd beaucoup de son prix.[1]

La chair des ophicéphales, sans avoir beaucoup de goût,
est légère et de facile digestion; cependant les Indiens seuls
les mangent : on n'en sert point sur les tables des Européens, peut-être à cause de leur ressemblance avec des
reptiles.[2]

Les espèces de ce genre se ressemblant beaucoup, il n'est
pas étonnant que les noms de quelques-unes aient été
donnés à d'autres, et qu'il y ait des confusions à cet égard
dans les diverses provinces de l'Inde. Ainsi, d'après John,
à Tranquebar une espèce porte le nom de *karruvi*, et
l'autre celui de *vral* ou de *varal*. Le premier de ces noms
se retrouve dans celui de *koravé* ou *korévé*, que les ophicéphales portent à Pondichéry selon M. Leschenault, et
même en partie dans celui de *kora-motta*, que Russel
donne à l'un de ceux de Vizagapatam. M. Hamilton Buchanan nous apprend qu'au Bengale on le prononce *gorayi*,
et qu'on le réserve aux jeunes individus d'une espèce dont
l'adulte se nomme en bengali *lata* et en tamoule *mota*.

---

1. Buchanan, p. 59. — 2. Dussumier, Mém. manuscr.

Le second des noms de Tranquebar, *vral* ou *varal,* se retrouve dans celui de *sowara,* qui est aussi donné par Russel à une de ses espèces. Quant à *mota,* c'est le même nom que *muttah,* qui est usité à Vizagapatam, mais pour une autre espèce qu'au Bengale.

Au reste, il faudrait être beaucoup plus instruit que nous le sommes, des divers langages de l'Indostan, pour pouvoir apprécier la signification de tous ces noms, et même pour y distinguer ce qu'ils peuvent avoir de générique d'avec ce qui n'a rapport qu'à des épithètes ou à des qualifications d'espèces.

On pourrait diviser les ophicéphales d'après le nombre de leurs rayons dorsaux. Les uns, comme l'*ophicephalus punctatus* de Bloch, n'en ont que trente et quelques; d'autres, comme son *ophicephalus striatus,* en ont quarante ou davantage; d'autres, enfin, que M. Buchanan a fait connaître, en ont plus de cinquante.

*L'*OPHICÉPHALE KAROUVÉ.

(*Ophicephalus punctatus,* Bl.[1])

Parmi les espèces qui n'ont que trente et quelques rayons, se trouve la première qui ait été décrite, le *karruvei* de Tranquebar que Bloch (pl. 358) a nommé *ophicephalus punctatus.* Je le crois le même, ou bien peu s'en faut, que le *koravé* qui nous a été envoyé de Pondichéry, et que le *gorayi* ou *lata* du Bengale de M. Buchanan.

Cependant, pour mettre les naturalistes à même d'en

---

1. *Ophicéphale karouvéi,* Lacép.; *Ophicephalus lata,* Ham. Buch.

juger, je décrirai d'abord les individus de Pondichéry et ceux du Bengale que j'ai sous les yeux, et je leur comparerai ensuite les descriptions de ces deux auteurs.

Ce *koravé* a le corps cylindrique à l'endroit des pectorales; plus en arrière il se comprime latéralement; sa tête est un peu déprimée horizontalement et aplatie en dessus. La région operculaire est légèrement bombée. Sa hauteur aux pectorales est six fois dans sa longueur, et il y est un peu plus large que haut; mais vers la queue son épaisseur ne fait que le tiers de sa hauteur. La longueur de sa tête est trois fois et demie dans sa longueur totale; la hauteur de sa tête en arrière fait moitié de sa longueur, et sa largeur a quelque chose de plus. Le contour horizontal de son museau est en demi-cercle; sa mâchoire inférieure avance un peu plus que la supérieure. La fente de sa bouche descend un peu en arrière, et prend le tiers environ de la longueur de la tête. L'œil est au-dessus de la moitié postérieure de cette fente, par conséquent fort près du bout du museau. Son diamètre est du sixième de la longueur de la tête. Le sous-orbitaire est étroit et alongé. Il forme avec les os nasaux et le bout de l'ethmoïde un rebord contre lequel se placent les intermaxillaires dans la rétraction. Ces derniers os sont grêles et d'égale venue; leur protraction est peu considérable. Le maxillaire, très-peu élargi en arrière, se cache entièrement, quand la bouche se ferme, sous le sous-orbitaire et une des écailles de la joue. La mâchoire inférieure a ses branches presque horizontales. Les dents sont en velours sur une bande à chaque mâchoire, au chevron du vomer et à chaque palatin. Il y a de plus quatre ou cinq fortes canines pointues de chaque côté de la mâchoire inférieure. La langue est lisse, assez libre, épaisse et un peu pointue. L'orifice antérieur de la narine est de chaque côté dans une échancrure du rebord dont nous avons parlé, ou en d'autres termes, dans le sillon qui est entre l'intermaxillaire d'une part, et le nasal et le sous-orbitaire de l'autre; il est garni d'un petit tentacule charnu. L'autre orifice est tout près du bord antérieur et supérieur de l'œil; le contour du préopercule est arrondi; l'opercule se termine en angle assez obtus. Les interopercules dans l'état de repos se rapprochent l'un de l'autre sous la gorge, plus que les branches de la mâchoire inférieure, derrière lesquelles ils sont situés. Les membranes branchiostèges se réunissent sous la gorge et y embrassent l'isthme. Elles ont chacune cinq rayons; en les soulevant un peu, l'on aperçoit la triple valvule formée de chaque côté par une lame osseuse du crâne, par celle qui tient au premier arceau des branchies, et par un repli de la peau du pharynx. Toutes les parties de la tête, les mâchoires et la membrane des ouïes exceptées, sont couvertes d'écailles dures comme celles du corps; celles du dessus de la tête sont diversement anguleuses. L'épaule n'a aucune armure particulière, tout y est écailleux comme sur le reste du corps. La pectorale, quand on l'étend, est ronde et a seize rayons grêles et articulés. Sa longueur est cinq fois et deux tiers dans celle du poisson. Les ventrales, attachées très-près l'une de l'autre, et un peu plus en arrière que les pectorales, sont moins longues d'un quart, en sorte qu'elles ne se portent pas aussi loin. Leur épine est très-grêle, et n'a que moitié de leur longueur. La dorsale commence à peu près vis-à-vis l'insertion des ventrales, et règne jusque très-près de la caudale; l'intervalle entre ces deux nageoires n'étant que du quinzième de la longueur du poisson, et de moitié de la hauteur à son endroit. Les rayons de la dorsale, au nombre de trente-un, et à peu près égaux, sont tous branchus et articulés. Leur hauteur commune est à peu près de moitié de la hauteur du poisson aux pectorales. L'anale commence sous le tiers antérieur de la dorsale, et finit un peu plus tôt qu'elle. On lui compte vingt rayons semblables à ceux de la dorsale. La caudale est arrondie et n'a que seize rayons, même en comptant les petits de sa base. Sa longueur est d'un peu moins du sixième de la longueur totale.

B. 5; D. 31; A. 20; C. 16; P. 16; V. 1/5.

Les écailles sont fortes et grandes; on n'en compte que quarante de l'ouïe à la caudale, et treize ou quatorze sur une ligne verticale. Elles ont un quart de plus en longueur qu'en largeur, sont coupées carrément en arrière, et en demi-cercle en avant. Deux diagonales les divisent en quatre triangles. Celui qui se voit extérieurement est strié en longueur par des séries un peu convergentes et serrées de points enfoncés. Les latéraux ont de très-fines stries longitudinales, qui ne se voient qu'à la loupe. Le postérieur ou l'éventail a aussi des stries longitudinales, mais plus fortes, au nombre de quinze ou seize. La ligne latérale est presque droite; à peine a-t-elle une légère inflexion derrière la pectorale. Sa partie antérieure est au tiers de sa hauteur; la postérieure à moitié : elle se marque par une légère élevure longue et étroite sur chaque écaille.

Le *koravé* a sur la tête des pores très-marqués; on en voit deux sur le devant du museau, trois un peu en arrière des yeux, trois sur une ligne verticale le long de chaque préopercule, et trois gros sous chaque branche de la mâchoire inférieure. C'est un rapport marqué que les ophicéphales offrent avec les anabas.

Dans la liqueur sa couleur est sur le dos et les côtés un gris verdâtre, sombre, et en dessous un blanc grisâtre. De larges bandes nuageuses noirâtres, au nombre de huit, descendent obliquement en avant jusqu'à la ligne latérale, et se continuent au-dessous, mais en reculant un peu. Ses nageoires verticales sont grises, avec des lignes de points noirâtres entre les rayons, et l'anale a de plus un liséré blanc, étroit, produit surtout par les extrémités des rayons. Les pectorales sont grises, les ventrales blanchâtres et sans taches.

Tel est l'individu que nous avons reçu de Pondichéry. Je n'y vois pas de points.

Sa longueur est de six pouces.

Les individus apportés par M. Raynaud des étangs de Calcutta, semblables d'ailleurs à celui-là,

ont les taches du dos et des flancs plus marquées; l'un d'eux a sur chacune des écailles du ventre, et même des côtés, un point ou une petite ligne noirâtre, ce qui lui en forme cinq ou six séries. On lui voit aussi sur la tempe une bande longitudinale noirâtre nuageuse, et une autre sur la joue. Les taches noires de sa dorsale et de son anale forment des séries plus prononcées; mais les autres individus, pris en même temps, ont les points du ventre et les bandes

de la tête presque effacées, ou même en manquent tout-à-fait. Ils
n'ont que vingt-neuf rayons à la dorsale.

Un individu un peu plus grand, pris dans l'Iraouadi, le grand
fleuve des Birmans, manque aussi de points, et a trente-deux rayons
à la dorsale.

M. Bélenger en a pris dans la rivière de Mahé qui ,
s'ils appartiennent à la même espèce, y forment au moins
une variété prononcée.

Tout leur dos paraît uniformément d'un brun noirâtre, qui
s'affaiblit vers le ventre, sans y former de taches; le ventre même
ne montre pas de points. Les nageoires verticales sont brunes, en
sorte que les lignes de points noirs y paraissent moins.

D. 30; A. 22, etc.

On les nomme au Malabar *caddel-caddoun.*

Bloch pourrait avoir vu une variété assez semblable ;
il ne lui marque pas de bandes sur le corps, et enlumine
son dos et ses flancs d'un noirâtre uniforme ; le fond de la
couleur des nageoires est brun ; mais il sème son ventre ,
ses opercules et les côtés de sa dorsale de petits points
noirs ; il donne pour nombres de rayons :

B. 5; D. 31; A. 23; C. 14; P. 16; V. 6.

M. Buchanan donne au sien, dans l'âge adulte, des points
noirs et des bandes noirâtres, mais ces dernières dans la
partie postérieure et jusqu'à la ligne latérale seulement.
Dans le jeune les bandes descendent au-dessous de la ligne ;
mais il n'y a pas de points. Tous les deux ont une bande
longitudinale, qui règne depuis l'œil jusques au-dessus de
la pectorale.

D. 30; A. 20; C. 12; P. 16; V. 6.

Nous trouvons précisément ces nombres à six individus
rapportés des étangs de Calcutta par M. Dussumier. Trois

d'entre eux, longs de six pouces, ont des bandes sans points, comme l'indique Buchanan : les autres, longs de neuf, ne montrent plus de bandes; mais on ne leur voit pas encore les points qui doivent exister sur les adultes.

M. Leschenault dit que l'espèce du karouvé habite en abondance les rivières et les étangs d'eau douce des environs de Pondichéry, qu'elle parvient à une longueur de dix-huit pouces et qu'elle est bonne à manger.

Selon John, cité par Bloch, ce poisson est commun dans les rivières et les lacs de la côte de Coromandel; dans la saison des pluies, tous les étangs, les ruisseaux et les canaux en fourmillent. Au mois de Juillet il retourne dans les lacs pour y frayer. Sa chair passe pour très-saine.

M. Buchanan nous apprend qu'au Bengale les jeunes individus seuls s'appellent du nom de *gorayi*, qui est le même que celui de *kouravei* un peu autrement prononcé; mais que les adultes s'y nomment *lata*, et qu'en tamoule ils portent le nom générique de *mota*. Il ajoute que l'on trouve cette espèce dans les étangs de toutes les parties de l'Inde qu'il a parcourues, qu'elle n'excède pas un pied de longueur, et qu'elle passe pour inférieure au *sola* comme aliment.

On a vu qu'il y en a des variétés dans les eaux du Malabar et du Pégu, ou qu'il s'y trouve du moins des espèces infiniment voisines.

L'Ophicéphale bordé.

(*Ophicephalus marginatus,* nob.; *Ophicephalus gachua,*
Buchan.?)

Avec l'ophicéphale précédent, et sous ce même nom de *koravé*, M. Leschenault nous en a envoyé un autre fort semblable, et qu'il est naturel de confondre avec lui, comme il paraît qu'on le fait à Pondichéry.

Il a quelques rayons de plus à la dorsale (trente-quatre). Sa tête est plus courte, plus large et plus arrondie en avant. Les filamens de ses narines sont plus longs. On ne lui voit guère distinctement de pores que ceux de la mâchoire inférieure, qui sont très-petits. Toutes ses dents sont fines et sans canines. Sa teinte générale paraît un brun roussâtre, un peu plus pâle en dessous. La base de chaque écaille est un peu plus foncée. La dorsale et l'anale sont d'un brun noirâtre un peu bleuâtre, avec un petit liséré qui paraît blanc. La pectorale a à sa base une tache roux-brun, suivie de deux lignes transverses brunes; le reste de son étendue est gris. Les ventrales sont très-petites, blanchâtres, teintes de brunâtre. La caudale est brune ou noirâtre, avec des lignes transverses plus noires, mal marquées près de sa base; son bord est blanc ou blanchâtre.

D. 34; A. de 21 à 23; P. 14; V. 6; C. 12.

Nos individus n'ont que cinq à six pouces.

MM. Kuhl et Van Hasselt ont trouvé dans les eaux douces de Buytenzorg, près de Batavia, des ophicéphales très-semblables à ce deuxième *koravé*,

avec les mêmes taches et les mêmes lignes sur la base de la pectorale, mais dont la caudale a huit ou neuf lignes brunes en travers; son bord paraît blanc, ainsi que celui de la dorsale et de l'anale. Il y a quelque inégalité ou des apparences de bandes, mais légères, sur le dos. D. 34; A. 22, etc.

D'après le dessin colorié qu'ils en ont fait sur le frais, le dos serait verdâtre; les flancs et le ventre blanchâtres; la caudale jaunâtre et bordée, ainsi que la dorsale et l'anale, d'un beau rouge aurore.

Les individus sont longs de six et sept pouces.

Il nous paraît que c'est cette variété que M. Buchanan

a représentée (pl. 21, fig. 21) et décrite (p. 68) sous le nom d'*ophicephalus gachua*, au moins sa description s'en rapproche-t-elle extrêmement. Cet observateur la caractérise

par environ trente-six rayons à la dorsale, et par des bandes irrégulières et obscures en travers du dos. La teinte du dos est d'un
brun verdâtre; celle du ventre d'un blanc sale. Les nageoires verticales sont d'un brun verdâtre, bordées de noir et lisérées de blanc,
ou à l'anale et à la caudale de rougeâtre; sur la pectorale sont plusieurs lignes de taches bleuâtres.

D. environ 36 ; A. 22 ; C. 12 ; P. 15 ; V. 5 (l'auteur néglige le premier rayon,
qui en effet est d'une petitesse excessive).

M. Buchanan ajoute que ce *gachua* arrive quelquefois à un pied de longueur, mais que rarement il excède un empan. Il est très-commun dans les étangs et les fossés du Bengale, et c'est une des espèces sur lesquelles l'idée qu'elles tombent avec la pluie est le plus répandue parmi le peuple. En effet, dès les premières grosses pluies de la mauvaise saison, on en voit qui rampent dans l'herbe; mais notre naturaliste pense que cette habitude tient seulement à ce que, fatigué de l'eau bourbeuse et corrompue à laquelle il est réduit à la fin de la saison sèche dans les fossés étroits qu'il habite, les premières pluies qui mouillent l'herbe des environs, l'attirent aussitôt hors de ces tristes réceptacles pour chercher une eau pure, de l'espace et une nourriture plus fraîche.

L'Ophicéphale cora-mota.

(*Ophicephalus cora-mota*, nob.)

Ce doit encore être un poisson très-semblable, sinon le même, que le *kora-motta* de Russel (t. II, p. 49).

Il n'est long que de six pouces. Son dos est teint d'un pourpre

obscur. Sa poitrine est bleuâtre, son abdomen gris sale. La dorsale
et l'anale ont la même couleur que les parties adjacentes; mais en
arrière la dorsale prend un orangé foncé. La pectorale est rayée en
travers de noir et de jaune; les pointes des rayons de la caudale sont
marquées de jaune. Selon le texte il n'aurait que douze rayons à la
pectorale.   B. 5; D. 36; A. 23; C. 14; P. 12; V. 5.

L'OPHICÉPHALE BRUN.

(*Ophicephalus fuscus*, nob.)

M. Duvaucel avait encore recueilli au Bengale un ophicéphale fort semblable au *gachua*, à la couleur près,

et dont la tête et les joues sont seulement un peu plus renflées.
Il est entièrement d'un brun verdâtre foncé, et a trente-cinq ou
trente-six rayons à la dorsale et vingt-deux à l'anale. On lui voit
des traces de lignes transversales sur la base de la pectorale. On
n'aperçoit aucun liséré à ses nageoires.

M. Bélenger en a rapporté du même pays de nombreux
individus. M. Dussumier en a aussi trouvé dans le Maissour.
Aucun ne passe six pouces.

L'OPHICÉPHALE ORANGÉ.

(*Ophicephalus aurantiacus*, Buchan.)

M. Buchanan a un *ophicephalus aurantiacus* trouvé
dans un ruisseau d'eau pure près de Gayalpara, et que les
pêcheurs nommaient aussi *gachua*. Il lui attribue trente-
quatre rayons dorsaux et une couleur uniformément orangée sur tout le corps. Il doit être extraordinairement semblable à notre *marginatus* de Pondichéry. La figure marque
même une tache à la base de la pectorale, comme celle
que nous avons décrite.

Le squelette de ces ophicéphales à trente et quelques rayons dorsaux a soixante ou soixante et une vertèbres. La cavité abdominale se prolonge en arrière sur l'anale, et entre des espèces de côtes, jusque très-près de la vertèbre dilatée qui porte la caudale, en sorte qu'il est difficile de dire où commence la vraie queue dans le squelette. Le dessus de la tête est plat comme dans les muges. Leurs côtes ont des appendices. On pourrait les ranger parmi les abdominaux, dans ce sens que les deux pièces de leur bassin, ou les os qui portent leurs ventrales, ne sont point unies entre elles, ni immédiatement attachées au cercle des os de l'épaule, mais suspendues dans les chairs.

*L'*OPHICÉPHALE TÊTE-DE-BROCHET.
(*Ophicephalus lucius*, K. et V. H.)

Un ophicéphale découvert à Java par nos jeunes naturalistes, et nommé par eux *ophicephalus lucius*, se distingue par l'aplatissement un peu concave de son front. Son museau est aussi plus pointu que dans les autres. Les dents sont en fort velours à la mâchoire supérieure, et il y en a de grosses coniques et pointues aux palatins et au vomer. La mâchoire inférieure a vers le bout une brosse de dents en velours, et sur le bord interne de l'os une rangée de dents fortes, grosses, coniques et pointues, comme celles des palatins et du vomer. Le nombre de ses rayons dorsaux est un peu supérieur aux précédens.

D. 89; A. 27; C. 13; P. 17; V. 6.

La couleur est d'un gris pâle sous le ventre, et nuagée de brun sur le dos et sur les flancs. Le front est presque noir, avec des points noirs irrégulièrement distribués; il y en a aussi quelques-uns sur le corps. On voit des lignes brunâtres en travers sur la pectorale et sur la caudale; plusieurs bandes obliques mal marquées sur la dorsale, et deux longitudinales sur l'anale. On aperçoit aussi une ligne brune allant de l'œil au bord du préopercule, et une tache brune sur le haut de l'opercule; mais toutes ces parties, plus foncées, sont plus ou moins nuageuses.

L'individu qui est au Cabinet de Leyde n'a que neuf
pouces de longueur.

Le Cabinet du Roi en possédait depuis long-temps un
de la mer des Indes, que nous avons reconnu pour appartenir à la même espèce. Il est long de six pouces seulement.

L'OPHICÉPHALE STRIÉ.

(*Ophicephalus striatus*, Bl., pl. 359?)

C'est parmi les espèces à quarante et quelques rayons
que se rangent les ophicéphales qui paraissent les plus
répandus, et dont nous avons de deux sortes qui, bien
qu'un peu différentes par le nombre des rayons, se ressemblent tellement par les formes et même par l'ensemble
des couleurs, que nous hésiterions à les séparer comme
espèces.

Les premiers ont de quarante à quarante-deux rayons
à la dorsale, et les autres quarante-quatre ou quarante-cinq.

Dans les uns et dans les autres la tête est déprimée, arrondie en
avant; des pores ou des impressions, quelquefois d'apparence
étoilée, se voient en différens endroits de la tête; deux près du
bord antérieur du museau, deux entre les yeux, trois un peu plus
en arrière, six formant sur la nuque un demi-cercle convexe en
avant. Le long du bord du préopercule il y a trois groupes de
très-petits pores, et l'on en voit autant sous chaque branche de
la mâchoire inférieure. Les filamens des narines sont beaucoup plus
petits que dans les espèces à trente-quatre ou trente-six rayons.
La mâchoire inférieure est un peu plus avancée que l'autre. Des
dents en cardes garnissent toute la mâchoire supérieure, le milieu
de l'inférieure, un chevron sur le devant du vomer, et une bande
à chaque palatin; il y en a quelques-unes d'un peu plus grandes au
milieu du rang de derrière à la mâchoire supérieure, et de celui

de devant à l'inférieure. Mais on voit de chaque côté de celle-ci trois, quatre et même cinq fortes canines, qui arment seules cette partie de la mâchoire. Toutes les écailles sont finement chagrinées dans leur partie externe, mais non ciliées; elles sont disposées fort régulièrement : on en compte près de soixante sur une ligne entre l'ouïe et la caudale, et dix-huit ou vingt sur une ligne verticale ou plutôt sur une demi-circonférence. Leur contour est à l'extérieur en demi-cercle dans celles du dos, un peu en ogive dans celles du ventre, élargi et rectiligne à la racine, et un peu plus long que large. La partie visible a des séries de points enfoncés un peu convergentes. Leur troncature radicale est parfaite et sans crénelure; mais il y a jusqu'à vingt-cinq stries en éventail, et à la loupe les parties latérales sont striées beaucoup plus finement.

D. 40, 41 et 44 ou 45; A. 26 ou 27; C. 14; P. 15; V. 1/5.

Dans la liqueur le dessus du corps paraît d'un gris-brun plus ou moins noirâtre ou verdâtre, et le dessous d'un blanchâtre un peu rosé; le brun descend jusqu'au-dessous de la ligne latérale, et donne encore à peu près de trois en trois écailles des lignes irrégulières qui descendent plus bas dans le blanc, en se portant obliquement en arrière, et en s'interrompant diversement. Ces productions descendantes sont plus ou moins nuageuses dans quelques individus; il y a aussi quelquefois sur le brun du dos des bandes transverses plus noirâtres et mal marquées. La dorsale et l'anale s'élèvent un peu, en arrière, et se terminent chacune par un angle arrondi. Dans certains individus, et cela quel que soit le nombre des rayons, le fond de leur couleur est d'un brun uniforme; dans d'autres on y voit des lignes brunes obliques dans deux sens opposés : celles de la dorsale se portant en avant en montant, et celles de l'anale en descendant; le fond de la couleur de l'anale est plus blanc qu'à la dorsale; la caudale est aussi tantôt d'un brun uniforme, tantôt marquée de lignes verticales plus brunes; les ventrales sont blanchâtres, avec des traces de lignes transversales grises; les pectorales paraissent généralement d'un gris uniforme.

Le foie de ces ophicéphales est petit, composé de deux lobes à peu près égaux : celui de gauche est le plus gros, et divisé en deux lobules pointus. L'œsophage est court, large, et se rétrécit en un petit estomac conique et pointu, dont l'extrémité n'atteint pas au tiers de la longueur de la cavité abdominale. L'intestin est grêle, long, droit, replié deux fois sur lui-même. Il n'y a que deux appendices cœcales grêles, celle de droite est du double plus longue que l'autre. Les laitances sont longues, cylindriques, d'un diamètre médiocre.

La vessie natatoire est très-grande, quoique d'un diamètre étroit, parce qu'elle se prolonge dans les muscles de la queue au-dessus des rayons de l'anale jusqu'auprès de la caudale. Les reins sont longs, grêles et séparés jusqu'à la hauteur de la pointe de l'estomac. Plus en avant ils se réunissent en un seul lobe.

Leur squelette a de cinquante-trois à cinquante-cinq vertèbres, y compris celle qui est élargie pour porter la caudale. L'anale commence sous la vingt-deuxième; mais ce n'est pas là que se termine à beaucoup près la cavité abdominale. Les vertèbres qui suivent continuent de porter des côtes, une de chaque côté, et manquent d'apophyses épineuses inférieures, en sorte que la vessie natatoire se porte jusque sous l'extrémité de la queue. Les douze ou quatorze premières côtes sont plus longues que les autres, arquées, presque horizontales, et munies chacune à leur base d'un appendice : ensuite il en vient de beaucoup plus courtes; mais sur la plus grande partie de l'anale elles sont grêles, simples, et embrassent les côtés de la cavité qui règne dans l'intérieur de la queue. Les quatre dernières vertèbres ont seules des apophyses épineuses inférieures, et la dernière de toutes, celle qui porte la caudale, a son éventail composé de six rayons comprimés, dilatés, et qui demeurent plus distincts que dans le grand nombre des poissons.

Nous avons reçu de ces ophicéphales de presque toutes les parties de l'Inde.

Des individus à quarante, à quarante-deux rayons dorsaux, nous sont venus de Pondichéry par M. Leschenault, et du Malabar par M. Bélenger et M. Dussumier. On les trouve dans la rivière de Mahé; mais on dit qu'ils vont aussi à la mer. Ils y portent le nom de *caitchel,* qui appartient également aux autres espèces du genre. Les teintes dans le frais en sont décrites comme verdâtres sur le dos, blanches sous le ventre et jaunes aux ventrales.

M. Dussumier en a rapporté de fort beaux du Maissour, où ils vivent dans les puits.

MM. Quoy et Gaimard en ont eu du lac d'eau douce de Tondano, dans l'île de Célèbes, situé à deux mille pieds au-dessus du niveau de la mer, et qui est séparé des parties inférieures des rivières par une cascade de quatre-vingts pieds de hauteur. D'après la figure qu'ils en ont faite sur le frais, le dos est noirâtre, et il y a du jaunâtre à la base des pectorales et des ventrales, et autour du museau. De très-jeunes individus, pris dans le même lac, ont, le long de chaque côté, une bande d'un jaune d'orpin. L'espèce y parvient à une longueur de deux pieds.

M. de Mertens en a trouvé à Manille, où on les nomme *bakule.*

Les individus à quarante-quatre et à quarante-cinq rayons dorsaux ont été apportés de Pondichéry par MM. Sonnerat et Raynaud, de la rivière d'Ougli et des étangs d'auprès de Calcutta par MM. Duvaucel, Raynaud et Bélenger, et de l'Iraouadi, la grande rivière du pays des Birmans, par M. Raynaud. On les nomme à Rangoon *na-pino.*

L'*ophicephalus striatus,* ou *varal* de Tranquebar de Bloch (pl. 359), présente assez exactement les couleurs de ceux que nous venons de décrire, avec les nageoires barrées ou tachetées de noir, et le nombre de ses rayons dorsaux semble même lier ensemble les deux nombres extrêmes que nous avons observés, puisqu'il est intermédiaire (43). Aussi croyons-nous devoir le rapporter aux ophicéphales du présent article, bien que les dents soient mal rendues dans cette figure.

C'est au contraire d'après les dents que nous y rapportons le *muttah* de Russel (pl. 162), quoique cette figure ne marque pas les lignes de la dorsale et de l'anale ; elle lui donne quarante-cinq rayons dorsaux.

M. Russel est du même avis que nous sur l'identité de son *muttah* avec le *varal* de Bloch ; mais M. Buchanan croit retrouver ce *varal* dans le *sola,* dont nous parlerons bientôt d'après lui. En conséquence il produit le *muttah* comme une espèce nouvelle, qu'il nomme *ophicephalus chena,* d'après le nom qu'elle porte au Bengale. Le caractère de cette espèce consisterait, selon lui, dans le brun verdâtre de son corps, sans taches ni bandes sur les nageoires; c'est, comme on voit, notre variété à nageoires uniformément brunes.

Le *sol* ou *sola* du Bengale, dans lequel M. Buchanan (pl. 32, fig. 17, et p. 61) croit plutôt retrouver le *varal* de Bloch, que dans le *chena* ou *muttah* dont nous venons de parler, le *sola,* disons-nous, ressemble beaucoup à ce *chena* ou *muttah;* leurs tailles, les nombres de leurs rayons, sont pareils, et même M. Buchanan ne les aurait pas distingués, si les pêcheurs de Goyalpara, sur le Bourampouter, ne lui eussent fait connaître la différence de ces deux espèces, qui sont l'une et l'autre très-communes dans leur canton.

Le *sola* a tout le dessus du corps d'un vert brunâtre, varié de bandes obliques et irrégulières noires; les flancs au-dessous de la ligne latérale ont des bandes brunes et jaunes, et le dessous est blanc. La partie postérieure de la dorsale et de l'anale est jaunâtre, avec plusieurs petites taches noires entre les rayons.

Ce *sola*, ajoute M. Buchanan, est répandu dans les étangs et les rivières de toutes les parties de l'Inde que ce naturaliste a parcourues. Il est évident que c'est notre variété à nageoires barrées. Ainsi les pêcheurs du Bengale distingueraient ces ophicéphales d'après la couleur, et non d'après les nombres des rayons.

On sent que ce n'est pas en Europe que nous pouvons décider si ces légères différences tiennent à l'espèce, ou si elles ne sont que des variétés produites par le climat, la nature des eaux et d'autres circonstances accidentelles. Ce qui est certain, c'est que dans nos cyprins il est plusieurs espèces bien reconnues pour telles qui ne diffèrent guère davantage.

Selon les notes transmises à Bloch par le missionnaire John, le *varal* atteint deux pieds de longueur et la grosseur du bras; il se tient dans la vase des lacs et des étangs, et ne se prend point avec des filets, mais avec des bires d'osier tordu, en forme de cônes, hauts de deux pieds, larges par le bas d'un pied et demi, et ne laissant dans le haut qu'une ouverture à passer le bras. On enfonce cette machine sur divers points, jusqu'à ce qu'on sente qu'il y a un poisson de pris.

*L'*OPHICÉPHALE A TÊTE APLATIE.

(*Ophicephalus planiceps*, K. et V. H.)

Il y a jusque dans l'île de Java un ophicéphale extrêmement ressemblant aux précédens, surtout par les dents latérales d'en bas. Sa différence la plus sensible consiste dans une autre disposition dans les rugosités des écailles.

MM. Kuhl et Van Hasselt l'ont envoyé au Musée royal

des Pays-Bas sous le nom d'*ophicephalus planiceps*, et nous l'avons reconnu au Cabinet du Roi, dans un individu de la mer des Indes, que l'on confondait auparavant avec le *varal*.

Sa tête est un peu plus longue et surtout plus plate en dessus, d'ailleurs sa forme est pareille. Ses dents sont de même en cardes à la mâchoire supérieure, aux palatins et au vomer, où quelques-unes dépassent un peu les autres; à la mâchoire inférieure elles sont aussi en cardes en avant, plus fines et plus égales qu'à la mâchoire supérieure, puis de chaque côté il y en a trois ou quatre fortes en crochets. La langue est lisse, libre, et en ovale un peu pointu. De grandes écailles couvrent la tête et les joues; celles du corps sont médiocres, à surface très-striée par des chevrons qui s'embrassent parallèlement, ou par des lignes obliques et convergentes vers la ligne moyenne.

La couleur est plombée en dessus, blanche en dessous. Deux ou trois bandes nuageuses s'étendent sur le blanc des flancs. La dorsale est grise, tachetée obliquement de lignes de points noirâtres. L'anale a les mêmes lignes, et est en outre bordée de noirâtre. La caudale est arrondie et grise, avec des lignes verticales de points noirâtres. Les pectorales sont grises, les ventrales blanches; les unes et les autres sans lignes et sans taches. On voit trois groupes de petits pores sur chaque branche de la mâchoire inférieure, et trois sur le bord du préopercule. Il y a de gros pores sur les joues.

D. 41; A. 25; C. 13; P. 14; V. 1/5.

L'individu sec du Cabinet de Leyde a plus de quinze pouces.

Nous en avons un petit dans la liqueur dont les teintes sont un peu plus roussâtres, et un autre sec qui paraît teint de jaunâtre.

L'Ophicéphale sowara.
(*Ophicephalus sowara*, nob.)

Un ophicéphale encore pareil aux précédens pour la plupart des caractères, et notamment pour le nombre des rayons, mais qui paraît avoir des dents un peu différentes, a été décrit et représenté par Russel (pl. 163). Il le prend pour l'*ophicephalus punctatus* de Bloch, ce qui évidemment ne peut être, puisque le *punctatus* n'a que trente-un rayons dorsaux. Le nom qu'on lui donne à Vizagapatam, où l'on parle talinga, est *sowara;* et nous croyons y retrouver le même son que dans celui de *varal*, que les Tamoules de Tranquebar donnent au *striatus*.

Son corps, dit cet auteur, est plus oblong qu'au *multah*, plus rond en avant; ses écailles sont plus larges, plus orbiculaires, et, si l'on excepte celles du ventre, elles ont toutes un amas de petits points noirs sur leur base. Les écailles du dessus de la tête ressemblent davantage à celles du dos. Les dents du bord de la mâchoire sont plus nombreuses, les petits tubes des narines moins apparens, les pectorales et la caudale plus pointues, les ventrales plus obtuses, le fond de la couleur du dos d'un brun verdâtre moins obscur; elle ne prend sur le blanc du dessous que par des dentelures. La couleur des pectorales et des ventrales est d'un blanc jaunâtre; celle des autres nageoires d'un verdâtre plus clair que celui du dos.

B. 5; D. 45; A. 26; C. 14; P. 17; V. 6.

D'après cette description, cet ophicéphale, que nous n'avons pas vu, doit former une espèce distincte. M. Russel l'avait reçu en vie au mois de Juillet du lac d'Ancapilly, qui est à quelques lieues de Vizagapatam, dans l'intérieur des terres. L'individu était long de dix-huit pouces anglais.

L'Ophicéphale a petites plaques.

(*Ophicephalus micropeltes*, K. et V. H.)

Parmi les ophicéphales de Java que le Musée royal des
Pays-Bas a reçus de MM. Kuhl et Van Hasselt, il en est
un qui doit se placer ici, et que ces deux jeunes et mal-
heureux naturalistes avaient nommé *ophicephalus micro-
peltes.*

Cette espèce est en effet remarquable par la petitesse des plaques
qui couvrent le dessus de sa tête. Sa hauteur est presque le sixième
de la longueur; et la tête en fait le quart. Le dessus de la tête est
plat, couvert de petites écailles en forme d'écussons striés, qui
s'étendent aussi aux pièces operculaires. L'œil est petit, son diamètre
n'est que le huitième de la longueur de la tête. La bouche est fendue bien au-delà de l'œil, et à plus du tiers de la longueur de la tête.
Les dents à la mâchoire supérieure sont toutes en cardes fortes; celles
de la mâchoire inférieure sont aussi en cardes. En avant et sur le
bord interne de l'os il y a plusieurs grosses dents pointues, un
peu aplaties et inégalement espacées. Les dents palatines sont de
même très-grandes, très-grosses, pointues, inégalement espacées,
et entre elles il y a une suite de petites dents coniques et pointues. Cette circonstance établit un rapport entre l'espèce actuelle
et celle du *lucius*, dont nous parlons ci-dessus (p. 312). La dorsale
n'a guère que le quart de la hauteur du corps, et l'anale en a un
peu moins. La caudale est arrondie et de grandeur médiocre.

Les écailles sont petites, fortes, bien enchâssées dans la peau,
et rugueuses à la surface. Il y en a quatre-vingt-dix dans la longueur et vingt-deux dans la hauteur.

D. 44; A. 27; C. 13; P. 18; V. 1/5.

Ce poisson a le dos brun et le ventre blanc, mais ses côtés sont
noirs; ce noir s'étend un peu par des marbrures sur le brun du dos
et sur le blanc du ventre. La tête est noire dessus et blanche dessous.
La dorsale est brune, avec une bande noire près de sa base; l'anale

est noire, avec une ligne blanchâtre à sa base et un trait blanc le long de son bord libre. La pectorale est noirâtre ; la ventrale blanche ; la caudale noirâtre, un peu marbrée de blanc jaunâtre.

Cette espèce est celle dont nous avons vu les plus grands individus. Il y en a un de vingt-six pouces au cabinet de Leyde.

Un individu plus jeune est rayé longitudinalement de lignes brunes sur un fond brun chocolat ; le ventre est toujours blanc, et la bande brune de la dorsale y paraît également, comme dans l'adulte. Les dents y présentent aussi leur caractère, ainsi que les petites plaques de la tête.

L'OPHICÉPHALE SERPENTIN.

(*Ophicephalus serpentinus*, nob.)

M. Valenciennes a copié à Londres, dans la Bibliothèque de la Compagnie des Indes, la figure d'un bel ophicéphale, faite à Siam par le docteur Finlayson, et qui paraît représenter une espèce particulière.

Le dos en est noir, et le ventre jaunâtre ; dans le noir règne de chaque côté une large ligne serpentante d'un gris bleuâtre, qui commence immédiatement derrière l'œil, et se change vers l'arrière en quelques traits verticaux.

D. 44 ; A. 26 ; C. 14 ; P. 16 ; V. 1/5.

L'individu est long de seize pouces.

———

Nous passons enfin aux ophicéphales à cinquante rayons dorsaux et plus. M. Buchanan est jusqu'à présent le seul qui les ait fait connaître pour ce qu'ils sont ; cependant il y en avait une espèce indiquée auparavant, mais sous un nom et à une place où l'on n'aurait pas été tenté de la chercher.

Nous voulons parler du *bostrichoïde œillé*, que M. de

Lacépède (t. III, p. 144 et 145) a décrit d'après un dessin chinois (gravé t. II, pl. 14, fig. 3), et dont il a fait ce genre particulier des *bostrichoïdes*. Depuis long-temps ce dessin nous avait paru être celui d'un ophicéphale, d'après la forme générale du poisson, la longueur de sa nageoire dorsale, les écailles qui recouvrent le dessus de sa tête, et les petits tubes de ses narines, que M. de Lacépède a pris pour des barbillons. Nous avons vu avec plaisir notre conjecture confirmée, en trouvant dans l'ouvrage de M. Buchanan, sous le nom d'*ophicephalus marulius,* une description et une figure qui correspondent en beaucoup de points à ce dessin chinois, et en recevant ce *marulius* lui-même par M. Bélenger.

Mais tout nouvellement M. Dussumier nous a rapporté une espèce qui doit être mise en tête de cette section. C'est

*L'*OPHICÉPHALE NOIRATRE.

(*Ophicephalus nigricans,* nob.)

Un peu plus grêle que plusieurs autres, son diamètre aux pectorales est neuf fois dans sa longueur. Sa tête a deux fois ce diamètre en longueur. Son œil est moins avancé, sa gueule plus fendue, ses tubes des narines plus alongés qu'à la plupart des espèces voisines. Parmi les dents en velours de ses palatins et de sa mâchoire inférieure il y en a une rangée de plus fortes, et parmi celles du devant du vomer il s'en trouve cinq ou six, grosses et coniques, mais non crochues et peu aiguës. Il n'a de pores bien apparens qu'au nombre de deux ou trois au bord du préopercule.

D. 50; A. 34; C. 16; P. 14; V. 1/5.

Tout ce poisson est d'un brun-noirâtre foncé, un peu plus pâle vers le bas. A peine voit-on quelques bandes plus foncées en chevrons vers le bout de la queue et quelques points plus noirs sur la mâchoire inférieure. La dorsale et la caudale sont d'un noir uniforme. Les pectorales ont quantité de petites taches transparentes entre les rayons. Il y en a, mais beaucoup moins marquées, sur l'anale. Les ventrales sont grises.

Sa longueur est de neuf pouces.

L'OPHICÉPHALE MARULE.

(*Ophicephalus marulius*, Buchan., p. 65, et pl. 17, fig. 19.)

M. Buchanan a observé ce beau poisson dans les étangs et les rivières de toutes les parties de l'Indostan, et même dans les endroits où la marée arrive; mais jamais dans la mer même, ni dans les étangs d'eau salée. On en voit de trois pieds de longueur. Il règne à son sujet dans le Bas-Bengale une superstition singulière. Les Indous dévots croient que ce serait s'exposer à quelque malheur de dire s'il est bon ou s'il est mauvais, et cependant en définitive on le trouve moins bon que le *sola*.

M. Bélenger nous a envoyé en 1828 ce poisson du Bengale, et nous a mis à même d'en rectifier et d'en compléter la description.

Sa tête est un peu plus étroite que dans plusieurs autres. Ses dents sont en velours partout, et il y en a cinq ou six d'un peu plus fortes de chaque côté de la mâchoire inférieure; la plaque de celles qui adhèrent au vomer est en triangle équilatéral. Il a cinq rayons aux ouïes, quoique M. Buchanan ne lui en donne que quatre. Nous lui comptons :

D. 56 ; A. 36 ;

et M. Buchanan seulement :

D. de 52 à 54 ; A. 31 à 35.

Notre individu est long d'un pied.

Selon M. Buchanan, l'adulte frais est verdâtre, et a quelques bandes obliques irrégulières en travers du dos, qui se terminent sous la ligne latérale par de grandes taches irrégulières noirâtres. Le dessous du corps est blanchâtre. Des points blancs sont semés sur les flancs et sur les nageoires verticales. A la racine de celle de la queue et près de son bord supérieur est une tache ronde et noire, entourée d'un cercle blanc.

Notre individu, dans la liqueur, répond encore assez à cette description; les bandes du dos y sont fort effacées; les taches du dessous de la ligne latérale y sont au contraire très-prononcées, noirâtres, nuancées de bleuâtre, et bordées en arrière de blanc. L'ocelle de la caudale est parfaitement rond, son cercle blanc bien tranché, ainsi que les points blancs semés sur les nageoires verticales, mais que nous ne voyons pas sur les flancs.

Dans le jeune les couleurs sont assez différentes : un ruban orangé règne depuis l'œil jusqu'à la queue, parallèlement au dos, et il n'y a pas de points blancs; mais la tache œillée de la queue existe déjà; seulement le cercle qui l'entoure est de couleur orangée. La dorsale a quelques lignes pâles, descendant obliquement en arrière.

L'OPHICÉPHALE ŒILLÉ.

(*Ophicephalus ocellatus,* nob.; *Bostrichoïde œillé,* Lacép.)

Si l'on pouvait s'en rapporter entièrement à l'exactitude des peintres chinois, le *bostrichoïde œillé* de M. de Lacépède (t. II, pl. 14, fig. 3, et t. III, p. 144 et 145), quoique bien certainement un ophicéphale, ne serait pas tout-à-fait le même que ce *marulius.*

Son ocelle est sur la fin de la queue et non pas sur la caudale; son corps est verdâtre, avec des bandes plus foncées, mais à peine sensibles, et tout semé de petits points d'un vert-clair brillant. Derrière l'œil sont deux lignes noirâtres qui se rendent à l'opercule.

On doit espérer que quelque envoi de la Chine ou des contrées environnantes apprendra un jour plus positivement ce que l'on doit penser de cette figure, comme cela nous est si heureusement arrivé pour l'espèce qui va suivre.

L'OPHICÉPHALE GRÉLÉ.

(*Ophicephalus grandinosus*, nob.)

Parmi les peintures que M. Dussumier a bien voulu commander à Canton pour enrichir notre travail, est un ophicéphale alongé,

d'un vert d'olive, plus foncé vers le dos, plus pâle vers le ventre, où le dessus de la tête, la bande de l'œil, celle de la joue et douze bandes verticales sur le corps, un peu arquées en avant, sont d'un vert plus pur et plus foncé. Les flancs sont teints de fauve. Des points jaunes sont semés partout sur le corps, principalement du côté du dos. Il y en a de blancs sur les joues et l'opercule. Les nageoires sont olivâtres.

Le dessin est long de plus de dix pouces.

Nous ne savions dans quelle division du genre le placer, parce que le peintre chinois n'y a pas marqué distinctement les nombres des rayons; mais M. Dussumier luimême nous a fourni les moyens de compléter la connaissance de l'espèce. Il l'a retrouvée dans le Maissour, et nous en a apporté un superbe échantillon de deux pieds de longueur et très-bien conservé.

Il paraît brun, assez foncé, avec des bandes transverses un peu plus foncées, mais peu sensibles. Ses nageoires sont presque noires; les trois verticales sont semées irrégulièrement de points blancs, qui sont aussi répandus sur les côtés, principalement aux environs de la ligne latérale. La dorsale et l'anale se terminent un peu en pointes; les empreintes étoilées de son crâne sont au nombre de deux en avant, de trois en triangle entre les yeux, de quatre sur la nuque, de trois le long du bord montant de chaque préopercule, de trois derrière chaque œil, et de trois sous le bout de la mâchoire inférieure. Ses dents en velours sont proportionnellement assez fines, et il y en a cinq ou six coniques, médiocres, de chaque côté de la mâchoire inférieure.

D. 53; A. 35; C. 15; P. 17; V. 1/5.

Ses écailles ont jusqu'à cinquante stries à leur éventail.

*L'*Ophicéphale barca.[1]

(*Ophicephalus barca,* Buchan.)

L'une des plus curieuses espèces de ce genre sera l'*ophicephalus barca* de M. Buchanan (p. 67, et pl. 35, fig. 20). Il n'est pas du Gange, mais du Bourampouter, et ce savant observateur l'a trouvé près de Goyalpara, sur la frontière nord-est du Bengale et tout près du royaume d'Acham. Il s'y tient dans des trous creusés dans les berges verticales de la rivière, ne sortant que la tête pour guetter sa proie. Malgré la vivacité de ses couleurs, c'est, dit M. Buchanan, un animal désagréable à voir; mais on le regarde comme un manger excellent. Il y en a de trois pieds de longueur.

Sa tête est large comme le corps. Les dents en velours de la mâchoire supérieure ne sont pas mêlées de crochets, mais il y a une rangée de fortes dents aiguës à la mâchoire inférieure, caractères que nous avons vus à peu près dans toutes les espèces. Les yeux sont petits, les opercules obtus, et M. Buchanan n'y compte aussi que quatre rayons branchiaux; mais il est probable qu'ici, comme pour le *marulius,* il en a négligé un. On ne distingue pas bien la ligne latérale. Les écailles sont larges et lisses. En arrière la dorsale se termine en angle aigu; elle est presque aussi haute que le corps.

D. 55; A. 35; C. 19; P. 16; V. 5.

---

1. Ce nom paraît le même que celui de *porco,* par lequel Huhn, cité par Schneider (*ad reliq. Frideric. II et Albert. magn.*, t. II, p. 166), désigne *un poisson du Gange à fortes écailles qui peut vivre deux jours hors de l'eau.* C'est probablement un ophi-céphale.

Les parties supérieures sont d'un vert foncé; les flancs jaunes et le dessous blanc. De petites taches irrégulières noires sont semées partout sur la tête, le dos et les côtés; et il s'en mêle parmi elles quelques-unes de rouges. Celles du sommet de la tête sont disposées en lignes autour d'un centre comme des rayons. Les nageoires verticales sont d'un vert d'olive avec de nombreux points noirs. Le bord de la dorsale et de la caudale est rouge. Les pectorales sont rougeâtres, tachetées de noir.

L'Ophicéphale tacheté.

(*Ophicephalus maculatus*, nob.; *Bostriche tacheté*, Lacép.)

Le *bostriche tacheté*, que M. de Lacépède (t. III, p. 140 et 143) a aussi tiré d'une collection de dessins chinois, et qu'il aurait dû placer parmi ses *bostrichoïdes*, puisqu'il n'a qu'une dorsale[1], paraît également un ophicéphale, bien que le peintre ait oublié les tubes de ses narines, et semble avoir placé ses ventrales trop en arrière : il diffère de tous ceux que nous avons décrits; mais comme on ne peut compter les rayons de ses nageoires, il n'est pas facile de le classer.

Ses couleurs, telles que les rend la figure, le rapprochent du *barca*. Son dos est vert foncé; ses flancs verdâtres, et le dessous de son corps d'un blanc jaunâtre : des taches ou des marbrures plus noires sur le dos, plus grises sur les flancs, diversifient le tout. Quatre lignes ou bandes noirâtres partent de la région de l'œil, et se dirigent vers la fente des ouïes. La dorsale et l'anale ont des marbrures, et la caudale des bandes transverses noirâtres sur un fond verdâtre; les pectorales et les ventrales sont plus pâles.

---

1. M. de Lacépède distingue ses bostriches de ses bostrichoïdes, établis les uns et les autres d'après des peintures chinoises, parce que les premiers ont deux dorsales. La figure sur laquelle il a fondé sa première espèce, son bostriche chinois, semble être celle d'un gobie ou d'un éléotris.

La confiance que l'heureuse vérification de l'ophicéphale grêlé nous inspire pour les peintures rapportées de Canton par M. Dussumier, nous porte à indiquer encore ici deux poissons de ce genre qui y sont représentés, mais que nous ne pouvons placer à leur véritable rang, parce que l'on a négligé d'y marquer les nombres des rayons.

*L'*OPHICÉPHALE MILIAIRE.

(*Ophicephalus miliaris,* nob.)

L'une d'elles, qui paraît à peu près dans les formes de *l'ophicéphale strié,*

est d'un gris-brun foncé et a le dos noirâtre. Douze bandes plus noires, un peu arquées, descendent du dos aux deux tiers de la hauteur du corps. Il y en a deux en travers sur le crâne, une en long dans laquelle est l'œil, et une plus bas sur la joue; celles du corps montent un peu sur la base de la dorsale, et il y a de plus sur le milieu de cette nageoire une rangée de taches grises, une vis-à-vis chaque bande. La caudale a plusieurs lignes verticales noirâtres. La tête et le corps sont semés partout de points blanchâtres et bleus, qui ne sont pas répandus également, mais plus serrés en certains endroits, plus espacés en d'autres, sans régularité. Le bord antérieur de la dorsale s'élève un peu en pointe. Le dessin est long de dix pouces.

*L'*OPHICÉPHALE IRIS.

(*Ophicephalus iris,* nob.)

L'autre doit être voisine du *marulius* et surtout de *l'œillé;*

car elle a aussi un ocelle à la base de la caudale, mais cet ocelle est bleu d'azur, et tout le corps est brun, tirant sur le fauve du côté du ventre, sans taches; les nageoires sont d'un brun plus clair. Le dessin ne présente de dorsale qu'à la partie postérieure, vis-à-vis de l'anale; mais nous avons lieu de croire que c'est une négligence de l'artiste chinois.

Nous avons placé ici ces deux ophicéphales pour engager les naturalistes qui en trouveront l'occasion, à donner avec plus d'exactitude leurs caractères, et surtout les nombres de leurs rayons.

On nous a bien encore communiqué quelques dessins de ce genre faits à Siam et à Malaca, mais qui ne nous ont pas fourni des caractères assez sensibles pour que nous pussions les faire entrer dans notre énumération.

ADDITIONS ET CORRECTIONS

AUX TOMES II, III ET VII.

TOME SECOND.

Page 88. Addition à l'article du *sandre bâtard de Russie.*

Nous venons de recevoir les poissons que MM. de Humboldt et Ehrenberg ont recueillis pendant leur voyage à la Songarie chinoise et à l'est des monts Altaï, et dont ces savans, pénétrés du véritable amour de la science, ont bien voulu disposer pour concourir à rendre notre ouvrage plus complet.

Une des premières espèces intéressantes, comprises dans cette collection, est le *berschick* des Russes, espèce de sandre dont on n'avait eu jusqu'à présent connaissance que par la seule description de Pallas.

Nous en avons maintenant deux individus sous les yeux.

Bien que ce poisson ressemble prodigieusement au sandre commun, tel qu'on le voit si fréquemment sur les marchés de Berlin et dans beaucoup d'autres lieux de l'Europe orientale, il n'en constitue pas moins une espèce très-distincte, reconnaissable dès l'abord

à ses écailles plus grandes : on n'en compte que quatre-vingt-dix environ entre l'ouïe et la caudale, tandis que le sandre vulgaire en a plus de cent vingt dans le même espace. La joue, l'opercule et le subopercule du *berschick* sont couverts de petites écailles, tandis que ces mêmes pièces sont nues dans le sandre ordinaire. Le bas du préopercule, son limbe et l'interopercule seuls n'ont pas d'écailles.

Les dents du *berschick* sont plus petites et plus égales que celles du sandre. Les deux dorsales sont plus hautes, et les nombres de leurs rayons, ainsi que de ceux de l'anale, sont exactement ceux que Pallas indique. Ainsi l'anale a deux rayons mous de moins que celle du sandre.

D. 13 — 1/22 ; A. 2/9 ; C. 17 ; P. 15 ; V. 1/5.

La tête est un peu plus courte, les yeux un peu plus rapprochés du bout du museau, les dentelures du surscapulaire un peu plus prononcées.

Les couleurs paraissent plus vives et plus semblables à celles de notre perche, ce qui a pu motiver l'opinion que ce poisson est un métis de sandre et de perche. Le dos est verdâtre, à reflets dorés ; le ventre est argenté. Quatre bandes noirâtres descendent du dos, et s'effacent aux deux tiers de la hauteur des flancs. Les taches et les lignes sont beaucoup plus prononcées sur les nageoires du dos que dans le sandre : on en compte six rangées longitudinales sur la première. L'anale est blanchâtre, quelquefois noirâtre. La caudale est tachetée de noirâtre ; les nageoires paires sont grisâtres.

Nos individus sont longs d'un pied.

Page 120, après l'article de l'*apogon méaco*, ajoutez :

L'APOGON OREILLARD.

(*Apogon auritus,* nob.)

M. Dussumier vient de rapporter de l'Isle-de-France une petite espèce nouvelle d'apogon, remarquable par la tache noire, entourée d'un cercle argenté, que ce poisson porte sur l'opercule.

La couleur du corps est brune, sans bandes ni taches ; celle des nageoires, brune et lavée de rougeâtre.

D. 7 — 1/10 ; A. 2/8 , etc.

La caudale est coupée carrément.

L'individu a trois pouces de longueur.

Page 241, après l'article du *mérou réticulé*, ajoutez :

Le Mérou pavonin.

(*Serranus pavoninus*, nob.)

Un très-joli petit serran vient de nous être rapporté de Bombay par M. Dussumier.

Il a le museau pointu, le dos arqué, les épines de l'angle de l'opercule longues et fortes, des dentelures sur tout le bord.

Sa couleur est rougeâtre, et sous les quatre premiers rayons mous de la dorsale il y a un ocelle noir, entouré d'un cercle argenté très-brillant. D. 10/13; A. 3/8, etc.

La caudale est coupée carrément, et paraît jaunâtre, avec une petite ligne verticale noire à sa base. Les autres nageoires sont grises.

Notre individu n'a qu'un pouce de long; mais il est si bien conservé et caractérisé que nous n'avons pas balancé à le regarder comme d'une espèce nouvelle, facile à reconnaître.

Page 312, après l'article de la *diacope de Seba*, ajoutez :

La Diacope bourgeois.

(*Diacope civis*, nob.)

On connaît aux Séchelles, sous le nom de *bourgeois*, la diacope de Seba, et une autre espèce fort voisine,

qui n'en diffère que par plus de concavité dans le profil entre l'extrémité du museau et l'œil, par un dos plus élevé, par un œil plus petit, et par une dorsale plus basse. La tubérosité de l'inter-opercule est plus forte, ce qui rend l'échancrure du préopercule plus grande. L'angle de cet os est plus reculé vers l'épaule. La fente postérieure de la narine est aussi un peu plus grande. La dorsale, et surtout la portion molle, est un peu plus basse, et il y a deux rayons mous de plus à l'anale. D. 11/16; A. 3/8, etc.

La couleur est un argenté mordoré, sans aucune tache ni bandes brunes. Le dessous de la gorge est blanc. Les nageoires sont rouges. Il y a une tache brune sur la portion molle de la dorsale et de l'anale, et deux raies brunes sur la caudale.

L'individu que nous avons décrit a dix-sept pouces de long.

Les pêcheurs l'ont donné à M. Dussumier comme l'adulte de diacopes à corps bordé de bandes brunes, qui sont bien certainement de l'espèce du *Seba*. Nous avons un individu de cette dernière espèce, long de treize pouces. C'est en le comparant avec le grand, dont le corps ne porte les traces d'aucunes bandes, que nous avons trouvé les différences énoncées dans la description précédente, et qui nous ont empêchés d'adopter l'opinion des pêcheurs.

Page 319, après l'article de la *diacope dondiavah*, ajoutez :

La DIACOPE A TACHE BLANCHE.

(*Diacope alboguttata*, nob.)

M. Dussumier a trouvé sur la côte de Malabar une espèce voisine de ce *dondiavah*,

et qui n'en diffère que par la couleur du corps et surtout par celle de la tache. Le corps est gris, à reflets pourprés, avec une tache blanche de chaque côté, traversée dans son milieu par la ligne latérale. Dans le *dondiavah* la tache est au-dessus de la ligne latérale. Les nageoires sont grisâtres, avec la portion épineuse de la dorsale, bordée de rougeâtre.

L'individu pris à Bombay est long de six pouces.

D. 10/15 ; A. 3/9, etc.

Le poisson, conservé dans la liqueur, a le dos roussâtre, avec un point blanchâtre sur chaque écaille, ce qui forme une suite de lignes de cette couleur le long des flancs.

Il paraît que cette disposition est due aux changemens de couleurs survenus après la mort du poisson ; car M. Dussumier n'en parle pas dans sa courte description, faite sur le vivant.

Page 360, après l'article du *mésoprion à nageoires jaunes*, ajoutez:

Le MÉSOPRION MADRAS.

(*Mesoprion madras*, nob.)

Le poisson que les pêcheurs des Séchelles appellent *madras,* est une espèce de mésoprion voisine du *sankin-karva* de Coromandel (*mesoprion flavipinnis,* nob.).

Cette nouvelle espèce diffère de celle dont nous la rapprochons par des dentelures plus faibles au préopercule, par des écailles plus petites, au nombre de soixante rangées, environ, entre l'ouïe et la caudale. Il n'y en a que quarante-cinq à cinquante sur le mésoprion à nageoires jaunes. Le *madras* a l'interopercule entièrement couvert d'écailles. Le *sankin-karva* n'en a que quelques-unes; le reste de l'os est presque nu. Les rayons épineux de la dorsale et de l'anale du *madras* sont plus courts et plus faibles.

D. 10/13; A. 3/9, etc.

M. Dussumier, qui a vu ce poisson frais, nous apprend que le corps est jaune, lavé de rose. La tête et les opercules sont rouges. Toutes les nageoires sont jaunes. Les ventrales sont plus pâles que les autres.

Ce poisson est bon et abondant dans la rade de Mahé. Il ne dépasse pas un pied : c'est la taille de l'individu que nous avons décrit.

Le Mésoprion a machoire rose.

(*Mesoprion erythrognathus*, nob.)

La mer des Séchelles nourrit une autre espèce de mé-soprion, à laquelle les colons français ont appliqué le nom de *sarde,* qui désigne aux Antilles des percoïdes de mer à longues dents canines, et plus particulièrement les mé-soprions.

Cette sarde des Séchelles a l'œil plus grand, le sous-orbitaire plus étroit que le *madras.* Les dentelures du préopercule, fines et égales le long du bord vertical et horizontal, se prolongent en petites pointes vers l'angle. Les rayons épineux de la dorsale sont plus hauts et plus grêles; ceux de l'anale plus longs et plus gros. Nous comptons aussi un rayon mou de moins à ces deux nageoires.

D. 10/12; A. 3/8, etc.

La couleur du dos est verdâtre. Cette teinte s'efface sur le milieu des flancs, qui deviennent jaunâtres. Le ventre est blanc, à reflets argentés. Les opercules sont jaunes, et la mâchoire inférieure est colorée en rose vif. Toutes les nageoires sont teintes en jaune paille.

La sarde des Séchelles est abondante pendant toute l'année. Sa chair est fort bonne, mais seulement pendant une saison : le reste du temps elle est mal-saine. Ce poisson devient grand; il y en a des individus de quatre pieds de longueur : celui que M. Dussumier vient de rapporter n'a que sept pouces.

TOME TROISIÈME.

Page 10. Addition à l'article de la *gremille commune.*

MM. de Humboldt et Ehrenberg nous ont communiqué quelques individus des gremilles ordinaires, qu'ils ont recueillis dans les différens fleuves du grand empire de Russie.

Un d'eux, originaire du Volga, près d'Astracan, a quinze épines à sa dorsale, mais ne montre d'ailleurs aucune autre différence, de sorte que nous indiquons cette variation de nombre des rayons épineux, afin qu'un naturaliste ne croie pas, s'il venait à rencontrer un individu semblable, devoir faire une espèce nouvelle de cette variété.

Page 15. Addition à l'article du *babir des Russes.*

Nous devons encore à ces mêmes savans le don précieux d'un exemplaire de *l'acerina rossica,* pris dans le Don, près de Woronesch, où on appelle aussi cette espèce *birentschki.* Cet individu nous met à même de compléter et de rectifier la description que nous avions empruntée de Guldenstedt.

La longueur de la tête est contenue trois fois et quatre cinquièmes dans la longueur totale. Le diamètre de l'œil est du quart de la longueur de la tête, et la distance du bout du museau au bord antérieur de l'orbite, en égale deux fois le diamètre. Les fossettes sont placées comme dans notre gremille, mais plus alongées en raison du prolongement du museau. Le bord du préopercule a de fortes dentelures, séparées et écartées l'une de l'autre. L'épine de l'angle est divisée en trois ou quatre pointes. Le bord inférieur porte trois fortes épines, recourbées et dirigées en avant. L'opercule est traversé par une forte carène, un peu oblique, et terminée à l'angle en une pointe assez aiguë : il y a une autre petite carène au-dessus de celle-là. Le surscapulaire est finement dentelé. L'huméral est élargi, traversé par une carène striée, plus forte que celle de l'opercule, et qui se prolonge en une forte épine.

Le dos est verdâtre, à reflets dorés, comme dans notre gremille ordinaire. Les points sont bleus.

L'individu que nous avons reçu est long de sept pouces.

Nous avons fait l'anatomie de cette acérine, et ce qu'en

dit Guldenstedt est exact, à l'exception de la communication entre l'œsophage et la vessie natatoire. Il a pris pour
telle la réunion des vaisseaux qui se rendent aux corps
rouges.

Page 35, après l'article du *centropriste roux*, ajoutez :

Le Centropriste hirundinacé.
(*Centropristis hirundinaceus*, nob.)

M. Langsdorf a rapporté du Japon, et a déposé dans le
Cabinet de Berlin, un centropriste peu élevé,

dont le sous-orbitaire se termine en une simple pointe peu aiguisée,
sans aucune dentelure ; dont le préopercule a le bord en arc de
cercle finement et également dentelé, et dont l'opercule osseux se
termine en deux pointes aiguës. Les dents des palatins sont sur une
bande fort étroite, et celles du chevron du vomer peu nombreuses
et très-fines. Les angles de sa caudale se terminent en pointes aiguës, ce qui avait déterminé ce naturaliste à le nommer *serranus
hirundinaceus*. Ses épines dorsales sont assez faibles. Son profil descend lentement. Sa mâchoire inférieure avance un peu plus que
l'autre.   D. 10/10 ; A. 3/6 ; C. 17 ; P. 17 ; V. 1/5.

Nous en avons sous les yeux trois individus longs de six et de
sept pouces. Leurs couleurs ont disparu.

Page 40, après l'article du *centropriste truité*, ajoutez :

Le Centropriste géorgien.
(*Centropristes georgianus*, nob.)

MM. Quoy et Gaimard ont rapporté du port du Roi-
George, à la Nouvelle-Hollande, un poisson très-voisin
du centropriste truité, qui a, comme celui-ci, la tournure

d'un cæsio; mais il a aussi, comme lui, des dents aux palatins et sur le chevron du vomer. Ainsi c'est avec les percoïdes que l'on doit le ranger, et comme ses dents maxillaires sont en velours, c'est aux centropristes que l'on doit le rapporter. Cette nouvelle espèce n'a que des dentelures très-peu sensibles au préopercule et une faible épine à l'opercule. Ainsi elle lie les centropristes aux growlers. Ces derniers s'en distinguent cependant par une échancrure assez profonde entre la partie épineuse de la dorsale et sa portion molle. Le poisson que nous allons décrire a aussi beaucoup d'affinités avec l'apsile dont nous avons parlé dans le supplément du tome VI, page 412; mais ce dernier n'a aucune armure aux pièces de l'opercule.

Ce centropriste géorgien a le corps très-semblable à celui d'un hareng; c'est-à-dire qu'il est comprimé, que le profil du dos est presque rectiligne, tandis que celui du ventre est arqué. La plus grande hauteur du corps, mesurée derrière les ventrales, est contenue quatre fois et demie dans la longueur totale. L'épaisseur n'est que le tiers de la hauteur. La tête est un peu moins longue que le corps n'est haut. L'œil est grand; son diamètre a près du tiers de la longueur de la tête. Le front est large et aplati. Le sous-orbitaire est très-étroit, et âpre le long de son bord inférieur; il ne recouvre pas le maxillaire, qui se porte en arrière jusqu'à la moitié de l'orbite. Le préopercule est finement dentelé le long de son bord. L'opercule a une pointe assez visible à son angle, et une autre plus petite et plus obtuse près de son bord supérieur. Le museau est court et obtus. La mâchoire inférieure dépasse un peu la supérieure. Les dents sont en carde fine tant aux mâchoires qu'au palais. La langue est libre, arrondie et lisse. Les dents pharyngiennes sont en fortes cardes. Les râtelures de la première branchie avancent assez dans la bouche. Les deux ouvertures de la narine sont percées l'une auprès de l'autre, et tout près du bord antérieur de l'orbite. L'antérieure est petite et ronde; la postérieure est une fente oblique

assez grande. Les ouïes sont bien fendues, et il y a sept rayons
à la membrane branchiostège. La dorsale s'élève vers le tiers de la
longueur du corps. Ses rayons épineux sont grêles, assez flexibles.
Le quatrième, qui est le plus long, a les deux tiers de la hauteur du
corps. Les derniers rayons mous n'ont guère que le tiers de ce quatrième rayon. L'anale est courte, basse, et ne commence que vis-à-
vis le huitième ou neuvième rayon mou de la dorsale; ses épines
sont plus fortes que celles de la nageoire du dos. La caudale est
fourchue; les pectorales sont petites; les ventrales sont attachées
assez en arrière des pectorales.

B. 7; D. 9/14; A. 8/10; C. 17; P. 15; V. 1/5.

Les écailles sont assez minces, très-finement ciliées sur leur bord.
La portion radicale n'offre que des stries verticales très-fines, parallèles au bord. Il n'y a point de rayons en éventail. On compte près
de soixante écailles sur une ligne, entre l'ouïe et la caudale, et
quinze dans la hauteur. La ligne latérale est tracée parallèlement
au dos, un peu au-dessus du tiers de la hauteur du corps. La couleur paraît avoir été bleuâtre sur le dos, passant au blanc argenté
sur les côtés et sur le ventre. Les nageoires ont quelques taches
jaunâtres un peu rembrunies.

L'anatomie de ce poisson nous a fourn les observations suivantes.

Le foie est divisé en deux lobes longs et pointus, réunis sous
l'œsophage au-devant du pylore par une languette très-mince. La
vésicule du fiel est très-étroite, et se porte en arrière au-delà du
lobe droit. L'œsophage est court, élargi, et se prolonge en un
estomac fort étroit, terminé en pointe à peu près à la moitié de la
longueur de la cavité abdominale. La branche montante, fort courte,
sort de la face inférieure de l'estomac peu en arrière du diaphragme.
On compte dix-sept appendices cœcales au pylore, grêles et de
longueur différente. La plus longue atteint près de la pointe de
l'estomac. L'intestin est étroit; il se plie d'abord à la hauteur de
la fin de l'estomac, puis sous la branche montante près du pylore.
La rate est ovoïde et cachée sur les appendices cœcales. Les laitances sont étroites et occupent les deux tiers postérieurs de la

cavité abdominale. La vessie aérienne est simple, étendue depuis le diaphragme jusqu'à l'anus : ses parois sont minces et argentées. Les reins sont longs, mais peu épais. Le péritoine est très-mince, couleur de chair.

Nous avons des individus de cette espèce de huit pouces de longueur. ·

Les naturalistes que nous avons cités au commencement de cet article, ont retrouvé la même espèce dans le port Western de la Nouvelle-Hollande.

Page 6o. Additions et corrections au chapitre XX.

Des Centrarchus, des Pomotis et d'un nouveau genre nommé Brytte.

Nous soupçonnions déjà, quand nous avons rédigé ce chapitre, que peut-être on reconnaîtrait plusieurs espèces parmi les différens individus que nous réunissions en une seule, parce que nous ne les jugions encore que d'après les renseignemens peu certains que nos prédécesseurs donnaient dans leurs différens écrits.[1]

---

1. Nous devrions rapporter aux poissons dont nous traitons ci-dessus, les espèces du genre *ichthelis* de M. Rafinesque; mais les descriptions trop abrégées et sans figures de ce naturaliste ne nous mettent pas en état de déterminer avec assez de précision les poissons qu'il a eus en vue, et c'est une observation qui s'applique à beaucoup des nouveaux genres et des espèces nouvelles qu'il a insérées dans son Ichtyologie de l'Ohio. Voici cependant un extrait de son travail sur les *ichthelis* :

IV.ᵉ Genre. ICHTÈLE (*Ichtelis, Sun-Fish*).

Le corps elliptique ou ovale très-comprimé, écailleux; la bouche petite, garnie de petites dents; l'opercule écailleux, avec ou sans dentelures.[1]

I.ᵉʳ Sous-genre. TÉLIPOME (*Telipomis*).

L'opercule sans appendice membraneux, mais tacheté.

1. L'auteur aurait dû faire attention à la présence ou à l'absence de dents au palais et sur la langue, caractère qui se combine avec les dentelures du préopercule.

Depuis la rédaction de cet article les naturalistes des États-Unis se sont empressés de nous envoyer quantité de ces poissons. M. Lesueur nous en a adressé du lac Pontchartrain; MM. les docteurs Ravenel et Holbroock, des eaux douces de la Caroline. Ce grand nombre d'individus nous a mis à même de reconnaître en effet plusieurs espèces de pomotis ou de centrarchus, et même de rectifier les caractères génériques que nous avions assignés à ces deux genres et d'en distinguer un troisième dans cette petite famille.

Nous avons vu deux espèces de centrarchus qui n'ont que trois épines à l'anale, comme c'est l'ordinaire chez le plus grand nombre des acanthoptérygiens; mais ce genre

---

1.re Espèce. ICHTELIS MACROCHIRA.

Le corps ovale, oblong; la hauteur d'un quart de la longueur totale; couvert de petits points serrés, bruns; la tête petite; une tache noire, étroite, sur le bord de l'opercule; la caudale fourchue; la pectorale basse, étroite et pointue.

D. 11/11; A. 3/10, etc.

C'est une jolie espèce, de trois à quatre pouces de long. Ses noms vulgaires dans l'Ohio et l'Ouabash sont *sun-fish* ou *gold-fish*.

2.e Espèce. ICHTELIS CYANELLA.

Le corps elliptique alongé; la hauteur d'un cinquième de la longueur totale; olivâtre, tacheté de points bleus; le ventre brunâtre; les joues rayées de lignes bleuâtres flexueuses; la caudale arrondie, d'un bleu olivâtre.

D. 10/10; A. 3/12, etc.

Petite espèce de trois pouces de long, que l'on prend dans les chutes de l'Ohio, où on la nomme *blue-fish*.

3.e Espèce. ICHTELIS MELANOPS.

Le corps oblong; la hauteur d'un quart de la longueur totale; la tête grande; la bouche plus grande; la mâchoire supérieure plus longue, olivâtre à points bleus; l'opercule rayé de lignes courbes et longitudinales bleues; les nageoires olivâtres; la caudale bilobée.

D. 10/10; A. 3/9, etc.

Les yeux sont noirs, comme dans toutes les autres espèces; mais celle-ci a l'iris noir, entouré d'un cercle argenté.

Espèce qui croît jusqu'à six pouces de longueur; commune dans tous les affluens de l'Ohio, où elle est connue sous les noms vulgaires de *blue-fish*, *black-eyes*, *sun-fish*, *blue-bass*.

n'est pas moins facile cependant à reconnaître par l'absence
de dentelures au préopercule, et surtout parce que des
dents en velours ras existent sur les palatins, le vomer et
la base de la langue.

Un autre poisson à trois épines anales nous offre, avec
une tournure de pomotis, une langue lisse et sans dents;
mais il en a au chevron du vomer et sur une bande fort
étroite le long du bord externe de chaque palatin. Le
bord du préopercule est lisse. Il formera le genre nouveau que nous avons annoncé et que nous nommerons
bryttus.

Les pomotis seront ceux des poissons de ce groupe qui
auront quelques dentelures plus ou moins marquées au

II.ᵉ Sous-genre. POMOTIS.

L'opercule avec un appendice membraneux, comme un auricule, le plus souvent
tacheté.

1.ʳᵉ Espèce. ICHTELIS ERYTHROPS.

Le corps ovale elliptique; la hauteur d'un tiers de la longueur totale; le dos noirâtre; les
flancs olivâtres; le ventre blanchâtre; la caudale bilobée, noire à la base, olivâtre dans le
milieu et blanchâtre à la pointe; les autres nageoires olive.

D. 11/10; A. 6/10, etc.

Les yeux noirs, avec l'iris grand et rouge; les épines de la dorsale et de l'anale courtes.
L'auteur a observé cette espèce dans la rivière Licking. On lui a dit qu'elle est abondante
dans les autres rivières, où on la nomme *red-eyes* ou *sun-fish.*

2.ᵉ Espèce. ICHTELIS AURITA.

Le corps ovale elliptique; la hauteur d'un tiers de la longueur totale; olivâtre, avec des
taches bleues et rousses; quelques lignes bleuâtres sur la tête; la caudale échancrée et brune.

D. 10/10; A. 3/9, etc.

Cette espèce, longue de trois à douze pouces, est plus particulièrement connue sous le nom
de *sun-fish.* Elle est abondante dans les rivières et étangs du Kentucky.

3.ᵉ Espèce. ICHTELIS MEGALOTIS.

Le corps ovale arrondi; la hauteur fait les deux cinquièmes de la longueur totale; la tête
grande; la mâchoire inférieure plus longue; couleur brun marron, avec des points bleus; le
ventre rouge; des lignes bleues sur l'opercule; la caudale noirâtre, fourchue.

D. 9/11; A. 3/9, etc.

Cette belle espèce, dont la taille varie de quatre à huit pouces, est commune dans les
rivières du Kentucky, où on la nomme *red-belly, black-ears, black-tail-sun-fish.*

bord du préopercule, les palatins et la langue lisses et sans dents. Ils n'ont de dents que sur le chevron du vomer.

Le nombre des rayons épineux de l'anale ne sera plus qu'un caractère secondaire; car nous avons déjà parlé d'un pomotis qui a quatre épines à cette nageoire.

Ces caractères génériques étant rectifiés, nous avons maintenant à redresser quelques erreurs de synonymie, et à ajouter la description des espèces nouvelles qui nous sont parvenues.

Page 65. Correction et addition à l'article du *centrarchus sparoïde*.

Le centrarchus que nous désignions sous le nom de *sparoïde* (t. III, p. 65, et pl. 48), s'est trouvé parmi les poissons recueillis dans l'expédition si hardie du capitaine Francklin. Il avait été pêché dans le lac Huron. Les naturels le donnèrent au docteur Richardson sous le nom anglais de *rock-bass* (bars ou perche de roche).

Nous avons reconnu que cette espèce n'est pas le véritable labre sparoïde de M. de Lacépède; ainsi nous l'appellerons le *centrarchus à six épines* (*centrarchus hexacanthus*, nob.), et nous reporterons le nom de *sparoïde* à l'espèce qui nous est récemment parvenue et qui a, comme le dessin original de M. Bosc l'indique, neuf épines à l'anale.

Nous avons reçu ce véritable centrarchus sparoïde ou à neuf épines, en nombre, de Charlestown, par M. Holbroock, professeur d'histoire naturelle dans le collége de cette ville.

Ce poisson est encore plus arrondi que le centrarchus à six épines. Il a le front légèrement concave, la bouche petite. La dorsale est plus longue que celle du centrarchus bronzé; et l'anale est plus haute qu'à aucune autre espèce, ce qui se rapporte très-bien au dessin de M. Bosc.

D. 12/13; A. 9/15; C. 17; P. 11; V. 1/5.

La couleur paraît avoir été verdâtre sur le dos, et argentée sur le ventre. Tout le corps reflète en doré et est parsemé de gros points noirs, placés à peu près régulièrement par lignes longitudinales, au nombre de quatorze sur chaque côté. La membrane des nageoires impaires est verdâtre, et les rayons sont annelés de blanchâtre et de noirâtre. Les ventrales sont noirâtres.

Le plus grand de nos individus n'a que sept pouces.

Page 367 (supplément). Correction à l'article du *pomotis gulosus*, et transport au genre *centrarchus*, p. 67.

Nous avons décrit sous le nom de *pomotis gulosus* cette nouvelle espèce d'après un individu empaillé. Depuis nous venons de recevoir de M. Ravenel des individus en meilleur état, conservés dans l'esprit de vin. Nous nous sommes assurés que la langue et les palatins ont des dents en velours ras, de sorte que c'est parmi les centrarchus qu'il faut ranger ce poisson.

Ce sera un centrarchus à trois épines.

Page 67, après l'article ci-dessus, ajoutez :

Le CENTRARCHUS VERT.
(*Centrarchus viridis*, nob.)

MM. Holbroock et Ravenel ont trouvé dans les mêmes eaux un autre centrarchus, qui n'a que trois épines à l'anale.

Ses formes tiennent de notre centrarchus bronzé plus que des autres espèces; mais la couleur verte, parsemée de taches noires, rappelle le centrarchus à six épines.

D. 11/10; A. 3/8, etc.

Nos individus ont huit pouces de long.

7.   44

Le Centrarchus a quatre épines.
(*Centrarchus tetracanthus*, nob.)

Nous croyons pouvoir rapprocher des centrarchus un poisson qui ne nous est connu que par le dessin fait à la Havane par M. Poey.

La forme du corps, la position de la dorsale sont représentées comme dans le centrarchus bronzé. Le préopercule n'a pas de dentelures. Les nombres des rayons comptés par M. Poey sont :

D. 15/10; A. 4/9; C. 16; P. 13; V. 1/5.

Le corps est obscurci par des taches noirâtres, plus grandes vers la tête, et réduites vers la queue à de simples points noirs, placés dans l'angle des écailles. Les nageoires impaires sont noirâtres et tachetées d'obscur, les pectorales jaunâtres, les ventrales blanchâtres.

Ce poisson, abondant dans les eaux douces de Cuba, se mange. Il atteint huit pouces de longueur. On l'y nomme *biajaca*. Nous ne voyons point que Parra en ait parlé dans son Histoire des poissons de la Havane.

———

DES BRYTTES (*Bryttus*, nob.).

Il est impossible de trouver plus de ressemblance qu'il n'y en a entre ces poissons et les pomotis. La petite bande étroite de dents en velours ras qui existe le long du bord externe de chaque palatin, est le seul caractère qui les distingue.

Nous en avons trois espèces, peu différentes l'une de l'autre.

Le BRYTTE POINTILLÉ.

(*Bryttus punctatus,* nob.)

L'une d'elles est facile à reconnaître par les points noirs de sa joue et des côtés de son ventre. Son contour vertical est en ovale régulier, pointu vers le museau, et arrondi du côté de la queue, laquelle fait saillie hors de l'ovale. Le diamètre perpendiculaire est contenu deux fois dans la longueur du corps, la caudale non comprise. L'épaisseur est à peu près le tiers de la hauteur. La longueur de la tête fait le tiers de celle du corps, la caudale exceptée. Le profil du front est concave en avant de l'occiput, qui remonte par une courbe régulière jusqu'à la dorsale. L'œil est arrondi, le sous-orbitaire étroit, échancré et fort rétréci en arrière. Le bord du préopercule est tout-à-fait lisse. L'angle de l'opercule est arrondi : son bord membraneux est étroit et ne se prolonge pas comme dans les pomotis. Les dents de la première rangée sont en petits crochets.

La dorsale a peu de hauteur. L'anale est un peu plus haute. L'arrière de ces nageoires, ainsi que l'extrémité des lobes de la caudale échancrée, sont arrondis. Le premier rayon mou de la ventrale se prolonge en un petit filet.

D. 10/11; A. 3/8; C. 17; P. 12; V. 1/5.

Les écailles sont de grandeur médiocre : il y en a environ trente-cinq entre l'ouïe et la caudale. Chaque écaille a le bord lisse, la partie visible finement pointillée, la portion recouverte striée par neuf rayons en éventail, dont l'extrémité arrondie forme des dentelures le long du bord radical. La ligne latérale suit une courbe parallèle au dos, et elle est tracée un peu au-dessus du tiers de la hauteur du corps.

La couleur paraît avoir été un brun verdâtre à reflets dorés, avec des rangées parallèles de points noirs très-ronds, qui paraissent d'autant plus qu'ils sont plus près du ventre : il y en a aussi sur l'opercule et sur le sous-opercule. L'angle de l'opercule a une tache bleu noirâtre, qui descend le long du bord inférieur de cet os. Le bord membraneux est moins coloré que l'os lui-même. La dorsale, l'anale et la caudale sont verdâtres, avec une bordure blanchâtre. Les ventrales ont la base verdâtre, et le reste presque noir.

Nos différens individus ne dépassent pas cinq pouces et demi.

Cette espèce pourrait bien être l'*ichtelis macrochira* de M. Rafinesque.[1]

Le BRYTTE MAILLÉ.

(*Bryttus reticulatus,* nob.)

Une seconde espèce, que nous devons au docteur Ravenel,

a les dents beaucoup plus fortes, la tache de l'opercule beaucoup plus grande et plus étendue sur cet os. Le corps est d'un vert-clair jaunâtre, et chaque écaille a la base de sa partie visible noirâtre ou vert très-foncé, ce qui fait paraître le corps couvert d'un réseau dont on ne voit pas de traces sur les deux autres espèces. Les nageoires sont plus pâles et presque sans taches.

D. 10/11; A. 3/11, etc.

La longueur de ces poissons est de sept pouces.

Le BRYTTE UNICOLORE.

(*Bryttus unicolor,* nob.)

Une troisième espèce se distingue des deux précédentes,

parce qu'elle n'a que trois ou quatre petites dents sur le devant des palatins. Sa couleur est uniforme, verdâtre sur le dos, plus dorée sur les côtés et sur le ventre. Les nageoires n'ont aucune tache. D. 10/11; A. 3/9, etc.

Nos individus ont six pouces de longueur.

Cette espèce nous a été envoyée de Philadelphie par

1. *Icht. ohion.*, p. 27.

M. Lesueur, et de Charlestown par M. le docteur Holbroock.

Ces trois espèces se ressemblent d'ailleurs beaucoup, et pourraient bien n'être que de simples variétés; mais il faudrait les voir vivantes pour s'en assurer.

Page 70. Additions au genre *pomotis*.

Il nous reste maintenant à parler de nos différentes espèces de vrais pomotis.

Celle à laquelle nous réservons le nom de *vulgaire,* parce que nous en avons un plus grand nombre d'individus,

a le corps arrondi, le dos élevé en avant de la dorsale. Sa hauteur fait la moitié de sa longueur, la caudale non comprise. Ses nombres sont : D. 10/11 ; A. 3/9 , etc.

La longueur de la portion molle de l'anale égale la hauteur de cette nageoire.

La couleur paraît jaune verdâtre à reflets dorés, avec une tache brune sur le milieu de chaque écaille formant des lignes longitudinales plus ou moins marquées. Il n'y a point de raies sur les joues. La dorsale est pointillée de noirâtre. L'anale a des taches plus pâles. On voit un trait jaune à la base de la pectorale.

Le plus grand de nos individus a six pouces de long.

Tous viennent du lac Ontario, de Philadelphie ou de New-York par MM. Milbert et Lesueur.

Le POMOTIS DE RAVENEL.

(*Pomotis Ravenelii,* nob.)

Une seconde espèce a le profil du dos beaucoup plus rectiligne et descendant plus obliquement, ce qui la fait paraître comme bossue à la base de la dorsale. Les dentelures de l'angle de son préopercule sont plus fines.

D. 10/11; A. 3/9, etc.

Le corps paraît plus doré. Sa longueur est de huit pouces.

Le Pomotis d'Holbroock.

(*Pomotis Holbroockii*, nob.)

Une troisième espèce a les dentelures de l'angle du préopercule aussi fines que la précédente. Le profil du ventre est plus rectiligne, et on compte deux rayons mous de plus à l'anale.

D. 10/11; A. 3/11, etc.

Les couleurs sont semblables à celles du vulgaire. La portion molle de la dorsale a des taches noires plus larges et plus foncées.

Cette espèce, envoyée de Charlestown par M. le docteur Holbroock, atteint à près de neuf pouces.

Le Pomotis coupeur.

(*Pomotis incisor*, nob.)

Une quatrième nous vient du lac Pontchartrain, près de la Nouvelle-Orléans, par MM. Despainville et Lesueur.

Elle a le corps arrondi comme le vulgaire; mais le dos entre la nuque et la dorsale est plus relevé. Les dentelures du préopercule sont très-fines, les dents de la rangée externe de la mâchoire supérieure un peu plus fortes. Les nombres sont un peu différens.

D. 10/10; A. 3/9, etc.

La couleur est brune sur le dos, et très-dorée sur les côtés du corps, prenant une teinte dorée encore plus brillante sur le ventre. Les nageoires impaires sont noirâtres : il n'y a qu'un ocelle noir, plus ou moins apparent, sur les derniers rayons mous de la dorsale. Le bord membraneux de l'opercule est assez prolongé dans cette

espèce; c'est lui qui porte la plus grande portion de la tache noire
de l'ouïe : l'opercule lui-même n'en a qu'une très-petite portion.
Nos individus sont longs de six pouces.

Ce pomotis est connu à la Nouvelle-Orléans sous le
nom de *coupeur* ou de *fendeur-d'eau,* à cause de l'adresse
avec laquelle il coupe les lignes.

La figure de M. Bosc, dont M. de Lacépède a fait son
labre iris, appartient peut-être à ce poisson. Nous sommes
très-portés à croire que M. Bosc n'a pas suffisamment distingué toutes ces espèces si voisines l'une de l'autre, et il
se pourrait bien qu'il ait colorié un centrarchus sparoïde
d'après un individu de notre pomotis actuel.

Le POMOTIS BOSSU.

(*Pomotis gibbosus,* nob.)

Un cinquième pomotis, abondant auprès de Charlestown, et qui a été également envoyé par MM. Holbroock
et Ravenel,

a le corps plus large que le précédent, et un peu plus haut en
avant de la dorsale. Les dentelures de l'angle de l'opercule sont un
peu plus fortes qu'aux précédens, mais moins qu'au *vulgaire.* Ses
nombres sont :   D. 10/12; A. 3/11, etc.

Le dos est rayé par des rangées longitudinales de points noirâtres.
Le ventre est d'une couleur verte obscure. Les derniers rayons de
la dorsale ont une grande tache noirâtre. Le bord membraneux de
l'opercule est large et strié.
Nos individus dépassent huit pouces.

Le POMOTIS SUN-FISH.

(*Pomotis solis*, nob.)

Un autre pomotis du lac Pontchartrain, envoyé par M. Lesueur, pourrait bien encore être d'une espèce distincte.

Sa couleur paraît être un jaune verdâtre uniforme, plus ou moins doré, sans aucune trace de taches ou de raies sur le corps et sur les nageoires. Le lambeau de l'oreille est plus long et plus étroit que dans aucun autre. Ses nombres sont :

D. 10/11; A. 3/10, etc.

Il est long de quatre à cinq pouces.

Les Anglo-Américains de la Nouvelle-Orléans donnent à cette espèce le nom de *sun-fish* (poisson de soleil). M. Lesueur ne nous explique pas ce qui a motivé cette dénomination.

Nous rapportons à cette espèce des individus mal colorés, qui nous ont été envoyés de New-York par M. Milbert.

Le POMOTIS DE CATESBY.

(*Pomotis Catesbei*, nob.)

Nous avons, enfin, une septième espèce, qui se distingue de toutes les autres

par les lignes brunes et obliques des joues. Elle a d'ailleurs le corps brun noirâtre, le ventre plus clair, à reflets dorés; des points noirâtres sur la dorsale et sur l'anale. Son corps est plus alongé. Les nombres sont :

D. 10/10; A. 3/9, etc.

Sa longueur est de quatre pouces et demi.

C'est dans celle-ci, récemment envoyée de Philadelphie par M. Lesueur, que nous croyons retrouver le vrai *perca fluviatilis gibbosa, ventre luteo,* de Catesby (t. II, pl. 8, fig. 3). Les lignes de la joue sont cependant moins nombreuses dans notre individu que dans cette figure. Du reste il lui ressemble dans tous les autres points.

Page 82. Additions au chapitre XXI.

MM. Quoy et Gaimard ont encore rapporté deux espèces nouvelles de priacanthes.

Le PRIACANTHE AUX GRANDES VENTRALES.

(*Priacanthus macropus*, nob.)

L'une d'elles a l'œil aussi grand que celui du *boops;* son diamètre mesure la moitié de la longueur de la tête : mais elle a le sous-orbitaire plus large, les narines plus ouvertes, le maxillaire beaucoup plus large, l'épine du préopercule plus petite et comme double, le front plus aplati. La dorsale commence plus en arrière; elle est plus haute, surtout de sa portion molle. L'anale est aussi beaucoup plus haute, et elle naît beaucoup plus en arrière; car dans le priacanthe boops c'est à la moitié de la distance entre le bout du museau et la base de la caudale que sort le premier rayon, tandis que cette même distance est d'un cinquième plus grande dans la nouvelle espèce que nous décrivons ici. Malgré la position reculée de l'anale, la pointe des ventrales atteint au second rayon épineux; leur longueur, comparée à celle du corps, est le tiers de la distance du bout du museau à l'extrémité de la caudale : dans le *boops* les ventrales n'ont que le cinquième de celle du corps. Nous trouvons un rayon mou de moins à l'anale.

D. 10/13; A. 3/13; C. 17; P. 18; V. 1/5.

Les écailles sont plus grandes et moins rudes; mais celles qui sont le long du bord de la mâchoire inférieure, sous la lèvre, ont des aspérités fortes et relevées, qui font paraître ce bord dentelé.

Ce poisson était d'une belle couleur rose carminée, à reflets argentés très-brillans. Les nageoires, un peu plus pâles que le corps, avaient un liséré noirâtre, plus petit que celui des nageoires du priancanthe boops. Les ventrales sont noires.

La longueur de l'individu est de quinze pouces.

Le PRIACANTHE MACROPTÈRE.

(*Priacanthus macropterus*, nob.)

La seconde espèce a le corps plus court et le dos plus arqué. Sa hauteur est plus que le tiers de la longueur totale. L'œil est plus petit. Le bord du sous-orbitaire est dentelé. Le maxillaire est plus étroit. L'épine du préopercule est plus grosse. Les dentelures du bord horizontal et du bord vertical sont plus grosses. La dorsale est plus avancée sur le dos. Ses épines sont plus fortes et plus longues. L'épine de la ventrale est plus robuste et un peu plus courte. Cette nageoire est un peu plus grande encore que celles du précédent.

Les nombres sont les mêmes.

D. 10/13; A. 3/13, etc.

La couleur du corps était plus vive, parce que le rose carmin du corps était plus pur et les reflets argentés plus pâles. La dorsale antérieure est noirâtre, les ventrales sont d'un noir très-foncé.

Cet individu n'a que onze pouces.

Le PRIACANTHE MIROIR.

(*Priacanthus speculum*, nob.)

M. Dussumier vient de rapporter des Séchelles un priacanthe d'une espèce nouvelle, facile à reconnaître à sa caudale fourchue.

Il a le corps alongé, dont la hauteur fait le quart de la longueur totale; la tête y est comprise le même nombre de fois. Le diamètre de l'orbite est compris deux fois et deux tiers dans la longueur de la tête. L'œil est éloigné du bout du museau d'une fois son diamètre. Les narines sont moins près du bord de l'œil; l'ouverture antérieure est plus grande, et la postérieure est plus petite que dans le priacanthe ordinaire d'Amérique. L'épine de l'angle du préopercule est si petite, qu'on peut dire qu'elle est presque nulle; celle de l'opercule est courte, mais sensible, et sa carène est également visible et dentelée. La dorsale et l'anale sont basses, et arrondies en arrière. La pectorale est arrondie, courte. La ventrale a presque le double de longueur.

D. 10/14; A. 3/15; C. 17;-P. 20; V. 1/5.

La couleur est un rouge vermillon, uni sur tout le corps. L'iris de l'œil est de même rouge; et l'ouverture de la pupille, très-grande, paraît brillante comme une plaque de mercure, et c'est ce qui a fait donner à ce poisson par les habitans des Séchelles le nom de *miroir*. L'anale est bordée de noirâtre, et les ventrales sont violacées.

La longueur de l'individu est de six pouces. L'espèce atteint un pied.

Ce priacanthe ressemble beaucoup à l'*hamrur;* mais il a le corps et les nageoires un peu moins hauts. L'anale de notre poisson est contenue deux fois dans la hauteur du tronc, tandis que celle de l'*hamrur* en fait les deux tiers. La caudale du miroir est aussi plus échancrée.

Ce poisson est abondant pendant toute l'année dans la rade de Mahé. M. Dussumier dit que sa chair est mauvaise.

Le PRIACANTHE FANAL.

(*Priacanthus fax*, nob.)

Le même naturaliste a recueilli à l'Isle-de-France un petit priacanthe, qui se rapproche de notre macracanthe (t. III, p. 81) par la longueur de l'épine de l'angle du préopercule.

Il en diffère par un corps moins oblong, parce que le bord du

préopercule et l'épine sont finement dentelés, et parce qu'on lui
compte un rayon mou de plus à la dorsale et à l'anale.

D. 10/14 ; A. 3/15 , etc.

Ce poisson est d'une couleur purpurine à reflets argentés. La
dorsale et l'anale sont pointillées de noirâtre. Les ventrales sont
noirâtres. Leur rayon épineux est plus court que les rayons mous.

Les quatre individus que M. Dussumier vient de donner au Cabinet du Roi n'ont que deux pouces trois lignes ; mais l'espèce devient
beaucoup plus grande, et on en prend de deux livres.

M. Dussumier assure que c'est un fort bon poisson, auquel les pêcheurs ont donné le nom de *fanal.*

C'est probablement un priacanthe que le poisson figuré
dans Barbot (t. V, pl. 18) sous le nom de *comendo-fish;*
mais le défaut de précision de cette figure ne nous permet
pas de caractériser cette espèce, qui nous est encore inconnue, et que nous signalons ici pour fixer l'attention
des naturalistes qui se trouveront à portée de nous la
procurer.

Page 87. Addition à l'article du *doules bordé.*

MM. Quoy et Gaimard ont pris à la ligne, dans les eaux
douces de l'île Vanicolo, le doules bordé. Ils en décrivent
ainsi les couleurs d'après le poisson frais.

Le corps est blanc bleuâtre, plus foncé sur la tête et sur le dos.
Les lèvres sont jaunes ; les pectorales rougeâtres ; les autres nageoires
jaunes, avec du noir sur les fourches de la caudale et sur la partie
molle de la dorsale.

L'iris de l'œil est jaune, mêlé de rougeâtre. Leurs individus n'ont
pas cinq pouces ; mais ils disent que cette espèce croît jusqu'à sept.

Les indigènes la nomment *barolo.*

Page 87, après l'article ci-dessus, ajoutez :

Le Doules de Guam.

(*Dules guamensis*, nob.)

Les mêmes naturalistes ont pris dans les eaux de Guam une espèce très-voisine du doules bordé.

Elle a la bouche plus fendue. Le museau plus pointu. Le bord du préopercule plus arrondi et plus finement dentelé, et un rayon mou de moins à la dorsale et deux à l'anale. Les derniers rayons épineux de la dorsale sont plus courts; ce qui échancre davantage la nageoire. L'anale est plus haute et plus courte.

D. 10/10 ; A. 3/10, etc.

Les couleurs sont un peu différentes. Voici ce qu'en disent les naturalistes qui ont vu le poisson frais. Le corps est d'un beau bleu de ciel clair, à reflets argentés et nuancé de rougeâtre. Les écailles sont bordées de brun. L'œil est jaune. Les nageoires sont jaunes. Il y a une tache noire à l'extrémité de chaque lobe de la caudale.

L'individu n'a que cinq pouces de longueur.

Page 88. Addition à l'article du *doules à queue rayée.*

M. J. Desjardins nous a envoyé de l'Isle-de-France de grands individus de cette espèce, un d'eux a neuf pouces. Ils confirment en tout point ce que Commerson nous en avait appris.

Page 88, après l'article ci-dessus, ajoutez :

Le Doules tacheté.

(*Dules maculatus*, nob.)

Les compagnons de M. le capitaine d'Urville ont pris dans les eaux douces de Célèbes un doules

qui a les formes semblables aux précédens. Le sous-orbitaire, finement dentelé, a une légère échancrure; les dents sont très-petites.
Le dessus de la tête et le dos sont bleuâtres, mêlés de jaunâtre près
la ligne latérale, et parsemés de taches noirâtres, plus marquées
sur la queue. Le jaunâtre des côtés devient blanc sous le ventre.
Tout le corps est glacé d'argent. La membrane de la dorsale est
grise, un peu violette. Ses épines sont jaunâtres. La tache noire de
l'angle supérieur de la seconde dorsale s'étend en une bordure le
long de cette nageoire. L'anale est jaune, bordée de noir. La caudale
est jaunâtre, bordée de noir dans son croissant, et a quelques points
noirs sur son milieu. Les pectorales et les ventrales sont jaunes.

D. 10/11; A. 8/11, etc.

La taille de nos deux individus est de six à sept pouces.

L'anatomie de cette espèce nous a montré un petit foie trièdre,
placé presque en entier à gauche de l'estomac, et une vésicule du
fiel assez longue, mais étroite. L'œsophage est large, assez long,
élargi en un grand estomac arrondi, à parois minces. La branche
montante naît sous le milieu de la face inférieure de l'estomac; elle
est épaisse, étroite, et recourbée vers le haut de l'abdomen. Le
pylore, est marqué par un étranglement, entouré de sept appendices
cœcales; quatre à gauche, plus courtes que les trois de droite. Le
duodénum est très-large; il fait une courbure sous le diaphragme;
alors il se rétrécit beaucoup, et l'intestin, après s'être replié deux
fois, va droit à l'anus. Le rectum est court et un peu plus large
que l'intestin. La vessie natatoire est très-grande : elle donne deux
petites cornes en avant, et deux fort longues en arrière, prolongées
dans les muscles de la queue. Les reins sont réunis et donnent par
un long uretère, qui passe entre les branches postérieures de la
vessie aérienne, dans une très-petite vessie urinaire.

L'estomac de ce poisson était rempli d'insectes, d'araignées, de
blattes, de fourmis et de larves d'animaux de cette classe.

Page 92. Addition à l'article du *doules de roche*.

Nous possédons maintenant un grand nombre d'individus de ce poisson de roche, tous de l'Isle-de-France, d'où ils ont été envoyés ou apportés par MM. Quoy et Gaimard, Julien Desjardins et Dussumier. Ils sont tous semblables à celui qui a servi à notre description. Seulement nous avons pu voir sur quelques-uns de légères différences dans les taches, qui s'accordaient plus ou moins avec ce que Commerson en dit; de sorte que nous sommes à présent plus certains du rapprochement que nous avons établi.

De nouvelles observations anatomiques ont fait voir qu'il y a sept appendices au pylore et que la vessie aérienne donne en arrière deux cornes de longueur médiocre.

Nous avons fait faire le squelette du doules de roche. Le crâne est arrondi et n'a qu'une seule crête mitoyenne, assez haute. La colonne vertébrale se compose de onze vertèbres abdominales et de quinze caudales. Les autres parties de ce squelette n'offrent rien de remarquable.

Page 92, après l'article ci-dessus, ajoutez :

Le DOULES DE VANICOLO.

(*Dules vanicolensis*, nob.)

MM. Quoy et Gaimard ont rapporté de Vanicolo un doules très-voisin de ce poisson de roche et de nôtre doules brun.

Il a le corps un peu plus haut; la tête plus longue; l'œil plus grand; le sous-orbitaire plus étroit; les dentelures de cet os plus fines; la bouche plus fendue; les portions molles de la dorsale et de l'anale plus hautes. D. 10/10; A. 3/9, etc.

Le dos est noirâtre; le ventre argenté; le centre des écailles est bleuâtre, ce qui forme des lignes longitudinales, plus claires sur le noirâtre du dos ou des flancs. Les nageoires sont brunes, pointillées de noirâtre. L'extrémité des lobes de la caudale est noire.

Ce poisson, pris dans l'eau douce, est long de sept pouces.

Le DOULES MALO.

(*Dules malo,* nob.)

Il existe encore une espèce de doules dans la petite rivière de Matavai de l'île d'Otaïti. Les habitans la nomment *malo.*

Elle a le corps elliptique. Sa hauteur est le tiers de la longueur, la caudale non comprise. L'œil est grand. Son diamètre a plus que le tiers de la longueur de la tête.

La dorsale épineuse est un peu plus courte que celle de la plupart des autres doules.

B. 6; D. 10/11; A. 3/14, etc.

La couleur est argentée, rembrunie sur le dos. La dorsale, l'anale et les ventrales, ont des taches brunes, séparées par des linéoles blanchâtres. L'iris est noir, bordé d'un cercle doré.

Nous ne connaissons encore cette espèce que par un dessin fait d'après nature à Otaïti par M. Lesson.

L'individu avait sept pouces et demi de long.

Page 97. Addition à l'article du *thérapon jerboa.*

M. Dussumier a pris aux Séchelles le thérapon jerboa, qui y devient très-grand : ses individus ont dix pouces. Les dentelures du sous-orbitaire y sont presque effacées.

On le nomme dans ces îles *poisson-ananas.*

Le même voyageur a pris cette espèce avec le thérapon puta, sur la côte de Bombay, où elle est commune.

Page 109, après l'article du *datnia treillissé*, ajoutez :

Le Datnia rubanné.

(*Datnia virgata*, nob.)

M. Dussumier a pris en grand nombre, dans le golfe du Bengale, un petit datnia, qui n'a pas tout-à-fait trois pouces de longueur. Il ressemble, à s'y méprendre, à notre thérapon obscur; mais l'absence des dents au palais, constatée sur plusieurs individus, lève tous les doutes, et place ce poisson dans le genre des *datnia*.

Les dentelures du préopercule sont très-fortes, comme de petites épines; celle de l'opercule est très-aiguë. Le sous-orbitaire est lisse. La portion épineuse de la dorsale est du double plus longue que la portion molle. L'anale est courte.

D. 12/12; A. 3/8, etc.

Le corps est brun, assez foncé, avec un petit point bleuâtre, visible par reflets sur les écailles du dos et du ventre. Trois lignes longitudinales jaunâtres éclairent un peu le fond rembruni des côtés. Le brun du milieu se prolonge sur la caudale en une bande impaire, et chaque lobe porte deux autres bandes obliques. L'intervalle des bandes est jaune.

La dorsale épineuse a une longue tache noirâtre; et la portion molle, ainsi que l'anale, ont deux taches brunes. Du bleu lapis colore le dessous de l'œil, le limbe du préopercule, le surscapulaire et l'épaule. Quelques individus ont trois ou quatre taches bleuâtres sur le dos, le long de la base de la dorsale.

Nous rapportons à cette espèce un dessin qui nous a été communiqué par M. Raynaud. Ce voyageur avait pris son poisson le long du bord, dans les mêmes parages où M. Dussumier a trouvé les siens.

Page 113. Nouveau genre, à ajouter après les *hélotes.*

DES NANDUS (*Nandus*, nob.).

Nous avons encore à ajouter à cette division des percoïdes à dorsale simple et à six rayons branchiaux, un poisson très-commun dans les étangs du Bengale : c'est le *coius nandus* de Buchanan. La description de cet auteur nous laissait trop de doutes pour que nous pussions fixer la place de cette espèce, et le Cabinet du Roi n'en possédait qu'un très-mauvais exemplaire, provenant des collections de Sonnerat; mais M. Dussumier, à qui nous sommes redevables de tant de richesses, vient de nous rapporter le nandus en nombre et aussi frais que s'il sortait de l'eau; et nous pouvons en donner une description détaillée et exacte.

Ce poisson peut devenir le type d'un genre voisin des doules, et caractérisé par une bouche très-protractile, munie de dents en velours ras très-fin aux deux mâchoires, aux palatins et au chevron du vomer. Le préopercule et l'interopercule ont le bord finement dentelé. L'épine de l'opercule est si petite que l'on est exposé à ne pas l'apercevoir.

La protractilité du museau de ce poisson lui donne un air tout différent des doules, et le fait ressembler bien davantage à une mendole à corps raccourci. Cette affinité est encore augmentée, parce que les mendoles ont quelques dents au palais, mais en bien plus petit nombre, puisqu'il n'y en a que quelques-unes à la crête mitoyenne du vomer. Cependant les nandus ne peuvent pas être placés dans la famille des ménides, à cause des dentelures de leurs pièces operculaires. Nous n'en avons qu'une espèce.

Le NANDUS MARBRÉ.

(*Nandus marmoratus*, nob.; *Coius nandus*, Ham. Buch.,
p. 96, pl. 30, fig. 32.)

Le profil du nandus monte par une ligne oblique et un peu concave jusqu'à l'occiput, où il se relève beaucoup. Le dos est courbe.
Le profil du ventre est très-légèrement convexe. La hauteur fait le
tiers de la longueur totale, et l'épaisseur est contenue le même
nombre de fois dans la hauteur. Le museau est pointu, comprimé.
La tête fait le tiers de la longueur totale. L'œil est petit, placé assez
haut. Il est éloigné du bout du museau d'une fois et demie son diamètre, lequel n'est que du cinquième de la longueur de la tête.
Le sous-orbitaire est étroit. Son bord, un peu festonné, n'a que de
très-petites dentelures, plus sensibles au toucher qu'à la vue. Le
préopercule est arrondi et très-finement dentelé. Il y a un très-petit
vestige de pointe ou d'épine à l'opercule. L'interopercule a quelques dentelures excessivement fines. Les deux ouvertures de la narine sont petites, rapprochées l'une de l'autre et de l'œil. La bouche
est grande, très-protractile. Les pédicules des intermaxillaires remontent jusque sur l'occiput; ils ont les deux tiers de la longueur
de la tête. Le maxillaire se porte en arrière, beaucoup au-delà de
l'œil. Les lèvres sont minces, mais fort larges. Il y a deux très-petits
pores sous la symphyse de la mâchoire inférieure, et trois autres
plus grands, ou de vraies fossettes, sous chaque branche. Cette mâchoire dépasse un peu la supérieure. Des dents en velours très-fin
sont aux deux mâchoires, sur le chevron du vomer et sur une
bande étroite à chaque palatin. La langue est très-libre, membraneuse et élargie en avant. Sa base porte des âpretés très-fines. Les
dents pharyngiennes sont aussi en velours ras. Les ouïes sont très-
fendues. Il n'y a bien certainement que six rayons.

Les épines de la dorsale sont égales et s'élèvent peu. Les rayons
mous les dépassent de moitié. La partie molle de la dorsale n'occupe pas en longueur le tiers de l'espace pris par la partie épineuse.

La seconde épine de l'anale est assez forte. La caudale est arrondie. Les pectorales et les ventrales sont très-petites.

B. 6; D. 13/12; A. 3/7; C. 15; P. 15; V. 1/5.

Les écailles sont médiocres, lisses, sans âpretés; on en compte une cinquantaine entre l'ouïe et la caudale. Il y en a sur la joue, sur le limbe du préopercule et les trois autres pièces operculaires, et quelques-unes sur le maxillaire; de façon que la pièce antérieure du sous-orbitaire seule, le front, la mâchoire inférieure et l'isthme, sont dépourvus d'écailles. La ligne latérale suit la courbure du dos par le quart de la hauteur, jusque sous le cinquième rayon mou de la dorsale; alors elle devient interrompue, et se rend à l'extrémité du corps par le milieu de la queue.

Le fond de sa couleur dans la liqueur paraît argenté, avec des lignes longitudinales de reflets qui suivent les rangées d'écailles. Sur le dos, sur les flancs et sur la queue, il y a de grandes marbrures brunes, et sur toutes les nageoires des points bruns qui y forment des espèces de lignes. D'après ce qu'en dit Buchanan, nous savons qu'à l'état frais son argenté est légèrement teint de vert, et que ses marbrures et les points de ses nageoires sont d'un olive foncé. M. Dussumier indique des couleurs très-peu différentes. Le corps, selon lui, est doré, avec des marbrures verdâtres. Les nageoires sont jaune clair et rayées de vert.

L'anatomie nous donne des résultats aussi curieux que l'extérieur de ce poisson. Ses viscères sont plus semblables à ceux d'un poisson de la famille des labroïdes qu'à ceux d'un percoïde ou d'un sparoïde. L'œsophage se dilate très-promptement en un estomac cylindrique étroit, rétréci vers sa pointe, d'où remonte la branche montante, laquelle est fort courte. Une légère dilatation et un amincissement de l'épaisseur des tuniques, indique le commencement de l'intestin. Une valvule circulaire ferme le pylore. Il n'y a aucune appendice cœcale. L'intestin remonte sous l'estomac, jusque sous le foie, fait un pli très-court, et se rend directement à l'anus. Le foie ne se compose que d'un seul lobe arrondi, placé à gauche de l'œsophage. La rate est cylindrique, petite et noirâtre. Les deux ovaires se réunissent promptement en une seule masse. La vessie natatoire est simple, assez grande, argentée. Les reins sont réunis en un seul, qui débouche dans une fort petite vessie urinaire par un très-long uretère.

Le squelette a une colonne vertébrale composée de vingt-quatre vertèbres : quatorze portent des côtes; les dix autres appartiennent à la queue.

Les crêtes du crâne sont basses, égales entre elles; les mitoyennes s'écartent antérieurement pour former la coulisse, dans laquelle remontent les pédicules des intermaxillaires.

Le nandus dépasse très-rarement six pouces, et est commun dans les étangs du Bengale. Il a la vie dure. Les habitans le considèrent comme une bonne nourriture.

La figure publiée par Buchanan[1] est d'une grande vérité, et ne peut nous laisser aucun doute que le poisson dont nous venons de donner la description d'après les individus rapportés par M. Dussumier, ne soit bien de l'espèce du *coius nandus* du naturaliste écossais. Cependant aucun de ces nombreux individus n'a parmi les petites dents des deux mâchoires d'autres dents plus grandes, comme l'indique Buchanan dans son texte, et il n'y en a pas non plus de traces sur la figure, qui représente la gueule du poisson entr'ouverte. Cet auteur compte aussi sept rayons branchiostèges à ses nandus. Nous craignons qu'il n'y ait quelque confusion d'espèce, ou bien ce ne serait pas le vrai nandus que nous posséderions, ce qui nous paraît difficile à croire.

---

1. *Gang. fish.*, pl. 3o, fig. 3a.

Page 127. Addition à l'article du *myripristis du port Praslin.*

Le myripristis du port Praslin vient d'être retrouvé à l'Isle-de-France par M. Dussumier. Les deux individus, longs de huit pouces, que nous avons sous les yeux, ont les mêmes formes et les mêmes palmures, les mêmes dents, les mêmes dentelures que celui qui a servi de type pour notre description; mais un d'eux n'a que treize rayons mous à la dorsale et à l'anale, et l'autre a quinze de ces rayons à la dorsale et treize à l'anale. Comme cette variation dans le nombre des rayons ne s'est pas rencontrée avec d'autres différences dans les caractères essentiels, tirés de la forme des parties de la tête, nous nous bornons à signaler cette anomalie dans le nombre des rayons, et nous regardons ces trois individus comme appartenant à la même espèce.

Les pêcheurs de l'Isle-de-France et des Séchelles confondent les myripristis avec les holocentrums sous le nom de *lion.*

Page 127, après l'article ci-dessus, ajoutez :

Le Myripristis kunté.

(*Myripristis kuntee,* nob.; *Sullanaroo-kuntee,* Russel, *Cor. fish,*
t. II, pl. 104.)

M. Dussumier nous a rapporté un autre myripristis de l'Isle-de-France, qui diffère de celui de Praslin par la longueur des dents en fines cardes, qui hérissent le bord de la mâchoire supérieure.

Les palmures du crâne, divisées de même en cinq ou six branches, sont plus finement striées. L'intervalle qui sépare les yeux est un

peu moindre que le quart de la longueur de la tête. Il n'y a point
de dents à l'angle du maxillaire. Ce caractère est commun à cette
espèce et au *parvidens ;* mais les dents de ce dernier sont toutes
en velours ras. Les dentelures des pièces operculaires sont fines.
Les écailles sont plus petites qu'aux précédens et finement striées.
C'est le seul auquel nous comptions seize rayons mous à la dorsale.

D. 10 — 1/16 ; A. 4/13 , etc.

La couleur est un rose vif foncé vers le dos et mêlé de jaune
doré sur les côtés. Il y a du noir au bord membraneux de l'opercule, sur l'épaule et dans l'aisselle de la pectorale. Les nageoires
sont jaunâtres, tirant à l'orangé. La caudale est plus rouge.

La forme générale du corps est en ovale plus régulier qu'à aucun
autre myripristis. La hauteur fait, à très-peu de chose près, le tiers
de la longueur totale, qui est de sept pouces.

C'est de toutes nos espèces celle qui se rapproche le
plus de la figure que Russel a donnée de son *sullaneroo-
kuntee.* L'ovale du corps est tout-à-fait semblable, et nous
trouvons les dents en fines cardes de la mâchoire supérieure très-bien représentées. Les couleurs conviennent
également assez bien ; aussi nous n'hésitons pas à rapporter
notre poisson à celui de Russel, quoique cet auteur ait
compté deux rayons mous de moins à la dorsale et à l'anale.

Le Myripristis de Bourbon.

(*Myripristis borbonicus,* nob.)

MM. Quoy et Gaimard ont trouvé à Bourbon un myripristis long de cinq pouces, qui ressemble à celui du
port Praslin

par les palmures du crâne et par la finesse et la brièveté des dents
des deux mâchoires, mais qui a le corps en ovale plus régulier,
le sous-orbitaire plus étroit et plus anguleux, les écailles plus

petites et plus finement dentelées. Le noir du bord membraneux
de l'opercule est plus considérable; car il s'étend sur l'opercule,
sur le surscapulaire, l'épaule et l'aisselle de la pectorale. Le corps
est rouge, glacé d'argent, et les nageoires sont plus pâles que le
corps. D. 10 — 11/15 ; A. 4/13, etc.

Page 128. Addition à l'article du *myripristis hexagone.*

MM. Quoy et Gaimard nous ont rapporté de Bourou
le myripristis hexagone, dont nous ignorions la patrie. Leur
individu, long de huit pouces, est parfaitement bien conservé, et il nous a facilité les moyens d'ajouter encore quelque précision aux caractères que nous avons assignés à
cette espèce.

Le crâne est plus étroit qu'aux précédens. L'intervalle des yeux
fait le cinquième de la longueur de la tête. Les palmures, divisées
comme dans le myripristis d'Amérique en cinq ou six brins, ont
des dentelures beaucoup plus fortes. L'épine de l'opercule est plus
grosse, et le bord inférieur de l'interopercule fortement dentelé.
Le maxillaire a le bas plus large qu'à aucun autre myripristis. Son
angle inférieur est moins arrondi, et les dents de cet angle sont
grosses et grenues. Ses écailles sont plus grandes et plus fortement
dentelées.

La couleur de ce poisson, d'après le dessin que ces naturalistes
ont fait sur l'individu frais, est un beau rouge vermillon sur le
corps et sur les nageoires. Le bord antérieur de la portion molle
de la dorsale, de l'anale, des ventrales, et le bord supérieur et inférieur de la caudale, sont d'un blanc pur. Le bord membraneux de
l'opercule est large et noir. Il y a très-peu de noir dans l'aisselle
de la pectorale, et il n'y en a point sur l'épaule. L'œil est jaune vif.

Cette nouvelle comparaison nous prouve la justesse de
notre conjecture sur l'*aspro totus ruber* de Commerson,
dont M. de Lacépède a fait, comme nous l'avons dit, le

cèntropome rouge. Il est évident que c'est notre myripristis hexagone qui a été vu et décrit par Commerson.

Page 129. Addition à l'article du *myripristis à petites dents.*

MM. Quoy et Gaimard ont aussi trouvé le *myripristis parvidens* dans le même hâvre d'où les compagnons de M. Duperrey nous l'avaient rapporté.

Les écailles du dos sont bordées de vert très-foncé. Le centre des écailles est argenté, ce qui fait paraître le dos comme recouvert par un réseau noirâtre au-dessus de la ligne latérale. Cette bordure des écailles paraît très-peu sur les flancs, et le ventre du poisson est tout argenté. Les nageoires sont blanches.

Ces individus ont six pouces de longueur.

Page 130, après l'article du *myripristis du Japon*, ajoutez :

Le MYRIPRISTIS AXILLAIRE.

(*Myripristis axillaris*, nob.)

Il nous reste à parler de trois espèces de l'Isle-de-France, qui sont reconnaissables parce qu'elles n'ont pas de noir au bord membraneux de l'opercule.

La première a une tache noire dans l'aisselle de la pectorale ; elle a le corps un peu plus alongé que notre première espèce de la mer des Indes, à laquelle elle ressemble d'ailleurs plus qu'à aucune autre ; mais elle a l'œil plus petit, les dents grenues de l'extrémité des mâchoires plus grosses, ainsi que celles de l'angle du maxillaire. Les palmures du crâne sont finement striées. Le sous-orbitaire est plus grossièrement dentelé et plus élargi à la réunion de la première pièce avec la seconde. Le dos au-dessus de la ligne latérale est rouge cuivré. Les flancs et le ventre sont argentés, quelque peu teintés de rose. Les nageoires paraissent avoir été d'un beau jaune.

D. 10 — 1/14 ; A. 4/13, etc.

7.

47

Cette espèce tient d'assez près au *murdjan;* mais celui-ci a l'œil plus grand, et une tache noire au bord membraneux de l'opercule. L'individu, long de sept pouces, a été rapporté par MM. Quoy et Gaimard.

Le MYRIPRISTIS RAYÉ.
(*Myripristis vittatus*, nob.)

Cette espèce est remarquable par la brièveté de son museau, due à l'élévation de l'arcade surcilière, ce qui lui forme un orbite beaucoup plus grand qu'aux autres espèces, et cependant l'œil n'entame pas la ligne du profil. Les cannelures du crâne sont très-peu marquées au-devant des yeux. Le dessus de l'orbite est âpre, et en arrière les palmures sont divisées en stries fines et nombreuses.

Les dents sont petites : il y en a peu de grenues aux extrémités des deux mâchoires. Le maxillaire est élargi en arrière, et il porte à son angle cinq à six dents mousses très-prononcées. Le sous-orbitaire est étroit et creusé en une gouttière assez profonde. Ses dentelures sont si fines qu'elles sont à peine sensibles. L'épine de l'opercule est à peine marquée. La surface de cet os est striée. Les dentelures des quatre os operculaires sont fines. Le troisième rayon épineux de l'anale est robuste et plus gros qu'à aucune autre espèce.

D. 10 — 1/14 ; A. 4/12, etc.

Ce poisson est peint de la couleur la plus vive de carmin glacé d'argent. On voit le long de chaque côté cinq à six rubans longitudinaux noirâtres. La dorsale est orangée, et il y a entre chaque épine une tache carmin sur la base de la membrane. La caudale est jaune, avec une large bordure rouge dans le croissant de ses fourches. L'anale est orangée. Les ventrales et les pectorales sont rouge cerise. Il y a dans l'aisselle de cette dernière nageoire une tache de couleur de sanguine très-vive.

Cette belle espèce nous a été envoyée de l'Isle-de-France par M. J. Desjardins. Les pêcheurs la confondent

avec les autres myripristis et holocentrums sous le nom
de *lion*. L'individu que nous venons de décrire est long
de sept pouces.

Le MYRIPRISTIS LIME.

(*Myripristis lima*, nob.)

Enfin il nous reste à parler d'une espèce très-singulière, que M. Dussumier vient de découvrir à l'Isle-de-
France.

Le corps est alongé. Sa hauteur fait le tiers de la longueur totale.
La courbe du dos descend par un profil légèrement arrondi vers
l'extrémité du museau, qui est obtus. La mâchoire inférieure est
horizontale et ne remonte pas obliquement quand la bouche est
fermée, comme dans tous les autres myripristis. Les yeux sont gros,
saillans, rapprochés. L'intervalle qui les sépare n'est guère que le
sixième de la longueur de la tête, qui elle-même a le tiers de celle
du corps, y compris la caudale. En arrière des yeux le crâne se
relève un peu sur l'orbite, et y forme une sorte d'arcade surcilière,
ce qui élargit assez l'occiput. Les palmures du crâne sont de fines
stries assez nombreuses. L'échancrure ovale du front, qui reçoit
les pédicules des intermaxillaires plus longs qu'à l'ordinaire, est
fermée antérieurement par le rapprochement des deux nasaux, qui
sont plus longs et plus grands que dans les autres espèces. C'est pour
donner place à ces os du nez que la bouche n'a pas dû se relever
obliquement, comme dans les autres myripristis. Ces os sont finement dentelés, et il y a sur leur surface trois arêtes dentelées. Le
sous-orbitaire est creusé en gouttière au-devant de l'œil. Derrière
l'œil il s'élargit beaucoup, ainsi que les osselets complémentaires
qui entourent l'orbite, et qui sont tous fortement striés et dentelés.
Les dents des deux mâchoires sont en velours très-ras. Le maxillaire
est très-élargi en arrière ; il n'a pas de dents vers son angle ; sa
pièce complémentaire est large : des stries fines et nombreuses le
sillonnent. Le bord du préopercule et le bord du limbe sont très-

fortement dentelés. L'angle de l'opercule se divise en trois ou quatre fortes pointes acérées, et le reste de son bord, ainsi que le sous-opercule et l'interopercule, le surscapulaire et toute l'ossature de l'épaule, sont fortement dentelés. Les épines de la dorsale et de l'anale sont médiocres. Les deux dorsales sont séparées à cause de la petitesse des derniers rayons épineux, qui ont à peine une membrane. Sous ce rapport, aussi bien que sous celui de la force des épines de l'angle de l'opercule, cette espèce s'éloigne un peu des myripristis et se rapproche des holocentres; mais on ne peut cependant la placer dans ce dernier genre, parce que l'angle du préopercule n'est pas prolongé en épine saillante.

D. 12/14; A. 4/11; C. 17; P. 16; V. 1/7.

La partie molle de la dorsale et de l'anale est élevée et arrondie. La caudale est peu fourchue, et ses lobes sont également arrondis. Les écailles sont médiocres. On en compte plus de quarante-cinq entre l'ouïe et la caudale; elles sont toutes fortement striées, et comme la pointe de chaque strie est un peu relevée, le poisson est comme une râpe. Chaque écaille a de huit à dix pointes. Son bord radical est lisse. On ne voit que de très-fines stries sur la surface recouverte.

Ce myripristis est d'un beau rouge uniforme sur le corps et sur les nageoires. La membrane de la dorsale entre chaque épine a un large bord blanc nacré.

Les deux seuls individus que M. Dussumier ait rapportés sont longs de quatre pouces.

Page 133. Addition à l'article du *myripristis murdjan.*

M. Ruppel vient de nous communiquer le myripristis murdjan, qu'il a pris dans la mer Rouge. La comparaison que nous en avons faite avec les myripristis de la mer des Indes nous prouve que c'est auprès de notre première espèce que celle-ci doit prendre place.

Les dents de l'extrémité des mâchoires supérieure et inférieure forment deux petits paquets de tubercules grenus, plus forts que dans le praslin, et celles qui bordent le maxillaire sont en velours ras comme dans notre *parvidens*. Les dentelures de l'interopercule sont très-fines, et celles du sous-opercule sont presque nulles. C'est le caractère qui fait reconnaître principalement cette espèce. Les écailles ressemblent assez bien à celles du praslin. Il y a du noir au bord membraneux de l'opercule et dans l'aisselle de la pectorale; mais le surscapulaire et l'épaule n'en montrent aucune teinte. Le dos est rouge cuivré. Les flancs sont mêlés de jaunâtre, et le ventre est argenté, teint de rosé. Cette couleur répond à la teinte cuivrée indiquée par Forskal. Nous ne lui trouvons que douze rayons mous à l'anale.   D. 10 — 1/14; A. 4/12, etc.

L'individu est long de cinq pouces.

M. Ruppel (p. 86, pl. 23, fig. 2) décrit cette espèce et en donne une fort belle figure; mais ce n'est pas, comme il le croit, notre *myripristis seichellensis*. Selon lui le nom de *murdjan* se donne aussi à des holocentrums.

Page 147. Addition à l'article de l'*holocentrum à longues nageoires*.

Nous avons reçu de l'Ascension, par MM. Quoy et Gaimard, deux individus très-beaux de cet holocentre. Il se trouve aussi à Sainte-Hélène, où M. Dussumier l'a recueilli; en sorte que nous croyons y retrouver le *perca Ascensionis* d'Osbeck. On devra donc rayer du catalogue systématique l'holocentre de l'Ascension, que nous avions indiqué comme espèce d'après Osbeck, sans avoir vu les poissons pris autour de ces îles.

Page 150. Addition à l'article de l'*holocentrum des Indes orientales*.

M. Dussumier vient de nous rapporter cette espèce de Bombay. Les couleurs qu'il a observées sur le frais, sont

les mêmes que celles qui nous avaient été indiquées par
les voyageurs d'où nous avons tiré leur description. M. Dussumier nous apprend que ce poisson est bon à manger,
et qu'il abonde sur la côte de Malabar pendant la mousson
de nord-est, mais qu'il y est rare dans la mousson de sud-
ouest.

Page 153. Addition à l'article de l'*holocentrum lion*.

Cette espèce est répandue dans toute la mer des Indes
et la mer du Sud. Les compagnons du capitaine d'Urville
l'ont prise aux îles de la Société, à Vanicolo, à Guam, et
les naturalistes de l'expédition russe l'ont peinte d'après
le vivant aux Carolines. Le dessin que M. de Mertens a
bien voulu nous communiquer, représente

le dos rouge, les flancs roses, et le ventre jaune; la dorsale épineuse
est d'un beau rouge-foncé uni; la molle est jonquille; l'anale et
la caudale un peu orangées.

Page 155. Addition à l'article de l'*holocentrum spinifère d'Arabie*.

L'holocentre spinifère se trouve aussi à l'Isle-de-France;
M. Dussumier vient de nous l'en rapporter. Les couleurs
sous lesquelles ce voyageur nous peint cette espèce, diffèrent peu de celles que nous avons indiquées d'après
M. Ehrenberg.

Le corps est rouge, à reflets irisés vers le ventre. Les nageoires
sont de la même couleur. Derrière chacun des rayons épineux de
la dorsale il y a deux taches d'un beau blanc; une à la base et
l'autre à la pointe de l'épine. Le bord des ventrales est blanc.

Nous retrouvons cette même espèce dans un dessin fait
à Uléa par M. de Mertens. Les formes sont entièrement
semblables à celles de nos individus. Les couleurs et les

taches des nageoires dorsale et ventrale sont telles que M. Dussumier vient de nous les indiquer; mais le corps est rouge, avec des lignes longitudinales blanches. Nous savons que ces lignes paraissent lorsque le corps commence à se décolorer : ainsi elles ne peuvent pas fournir de caractère spécifique.

M. Ruppel donne une figure très-exacte de ce poisson à la planche 23, figure 1, de son Atlas zoologique. Il n'y marque cependant pas les taches blanches de la dorsale; mais il en indique une sur le dos de la queue, derrière la dorsale, dont les trois autres voyageurs ne parlent pas. M. Ruppel ajoute que cette tache s'efface après la mort.

Il y en a aussi une très-bonne figure, et même la meilleure que nous puissions citer, dans les Poissons de Ceilan de M. Whitchurch-Bennet (pl. 4), sous le nom d'*holocentrus ruber*. Son nom à Ceilan est *ratoo-pahaya* (pahaye rouge).

L'individu de M. Dussumier est long de dix pouces; mais l'espèce devient beaucoup plus grande, et son poids va jusqu'à six ou sept livres. Elle est rare à l'Isle-de-France. Sa chair est d'un excellent goût. M. Bennet en dit à peu près autant de son *ratoo-pahaya*.

Page 157. Addition à l'article de l'*holocentrum à grosses épines*.

Les collections que M. Rang nous a envoyées de Gorée, ont levé nos doutes touchant l'existence de cet holocentre sur les côtes de Guinée, et nous ont fourni les moyens d'en décrire les couleurs.

Un individu aussi frais que s'il sortait de l'eau, qui faisait partie de ces collections, avait le corps du plus beau rouge vermillon, passant au carmin sous le ventre. Sur le dos il y a trois lignes bru-

nâtres, et le long des flancs des lignes jaunes faiblement marquées.
La dorsale avait la moitié supérieure rouge, et l'inférieure blanche,
avec une tache rouge triangulaire à la base de chaque rayon épineux.
Entre les trois premiers sur la portion rouge, il y avait une large
tache d'un brun-rouge presque noir, et une tache de même couleur, mais beaucoup plus petite, entre les trois derniers rayons.
La portion molle, l'anale et la ventrale, étaient rouge vermillon;
la caudale plus foncée; la pectorale orangée, avec une tache noirâtre
dans l'aisselle. Un trait jaune doré traversait obliquement la joue de
l'angle supérieur du maxillaire à la base de l'épine du préopercule.
Ces belles couleurs ont disparu par l'action de l'alcool et de la
lumière. Le rouge est devenu plus ou moins noirâtre; les raies jaunes
sont presque blanches, ainsi que les membranes des nageoires.

Page 158. Addition à l'article de l'*holocentrum à tête large*.

L'holocentre à tête large, dont nous ignorions la patrie,
nous a été rapporté en beaux échantillons de Batavia par
M. Raynaud. Ces individus, mieux conservés, nous permettent de rectifier quelques-uns de nos caractères.

L'épine du préopercule est aussi forte que celle de l'*oriental*, et
souvent le bord inférieur n'est pas dentelé. Le crâne est élargi entre
les yeux, et beaucoup plus rugueux. Le museau est plus court.

D'après un dessin de M. Raynaud, on voit que sur un fond argenté le dos est rayé de quatre bandes longitudinales d'un rose vif,
et le ventre de trois bandes d'un rose pâle. Les rayons des nageoires
sont rouges, et leurs membranes jaunes. Les lèvres sont de cette
dernière couleur, ainsi que le bord de l'opercule.

Les Malais de Batavia nomment ce poisson *gourrara*.

Nous avons reconnu aussi cette même espèce dans un
très-petit individu rapporté de Vanicolo par MM. Quoy
et Gaimard.

Page 164, après l'article de l'*holocentrum chrétien*, ajoutez :

L'HOLOCENTRUM OPERCULAIRE.

(*Holocentrum operculare*, nob.)

MM. Quoy et Gaimard ont rapporté du Hâvre-Carteret, de la Nouvelle-Irlande, une espèce nouvelle, assez voisine du *sammer*.

Elle lui ressemble par sa forme alongée, par la petitesse des épines du préopercule et de l'opercule, par la longueur du troisième rayon épineux de l'anale; mais elle en diffère par un sous-orbitaire plus échancré et moins dentelé, et surtout par les couleurs de la dorsale, qui a toute la partie supérieure noire, bordée de blanc pur, la moitié inférieure blanche, et une tache noirâtre à la base antérieure de chaque épine. Les autres nageoires sont blanches.

D. 11/13; A. 4/9; C. 17; P. 15; V. 1/7.

Le corps est bleu d'acier sur le dos, et blanc argenté sur le ventre, une large tache brune dorée couvre la plus grande partie de l'opercule.

Notre individu a près de huit pouces.

L'HOLOCENTRUM ARGENTÉ.

(*Holocentrum argenteum*, nob.)

Les mêmes naturalistes ont pris à la Nouvelle-Guinée ce poisson, qui tient beaucoup du *sammer* par les formes.

Il a cependant le sous-orbitaire plus étroit, et l'épine antérieure de cet os plus courte.

Sa couleur était légèrement verdâtre sur le dos, blanchâtre sur les côtés, à reflets brillans et argentés. La dorsale est grise, à bord blanc de lait, sans aucune tache.

D. 11/13; A. 4/7, etc.

Sa longueur est de cinq pouces.

7.   48

L'HOLOCENTRUM PIQURES-DE-MOUCHE.

(*Holocentrum stercus muscarum*, nob.)

Nous avons encore observé dans les collections de ces navigateurs un petit holocentre de l'île Guam, long de trois pouces, qui se rapproche beaucoup du *pointillé;*

mais son épine anale est plus faible. La dorsale est grise, sans taches noires. Le bord de la portion épineuse est blanchâtre. Le dos est bleuâtre; le ventre blanc, et l'on compte de chaque côté neuf rangées longitudinales de petits points noirs, comme des piqûres de mouche. Il y en a aussi sur le préopercule.

D. 11/11; A. 4/8, etc.

Page 164, après le chapitre XXVI, ajoutez :

DU RHYNCHICHTE (*RHYNCHICHTHYS*).

C'est encore aux recherches de M. Dussumier que nous devons la connaissance de ce singulier petit poisson, qu'il a trouvé dans l'estomac d'une bonite harponée dans les mers de l'Inde, sous l'équateur, par 85° de longitude à l'est du méridien de Paris. Il appartient au groupe des percoïdes à huit rayons aux ouïes et aux ventrales; par conséquent il est voisin des holocentres; mais il constitue un genre nouveau, reconnaissable au prolongement des carènes du crâne en une pointe qui avance au-delà de sa bouche presque comme dans le lépidoleprus. Le préopercule a une épine saillante vers son angle; mais l'angle de l'opercule n'a que des épines fort courtes, comme dans les myripristis. Nous ne connaissons encore qu'une seule espèce de ce nouveau genre, que nous appellerons

Le RHYNCHICHTE DE LA BONITE.

(*Rhynchichtys pelamidis*, nob.)

Ce poisson a le corps plus trapu et plus court que celui d'un holocentre, mais moins elliptique que celui des myripristis.

Sa hauteur fait, à très-peu de chose près, le tiers de sa longueur totale. L'épaisseur mesure les deux cinquièmes de la hauteur.

L'œil est grand. Son diamètre égale le tiers de la longueur de la tête, qui est elle-même contenue trois fois dans la longueur totale. Le crâne est large. L'espace entre les deux yeux égale le diamètre de l'orbite. En arrière des yeux, le dessus du crâne est arrondi, et sculpté par des palmettes au nombre de cinq à six, dont le bord postérieur est finement dentelé. Les tiges des palmettes latérales s'avancent obliquement en dehors et sur l'orbite, et de leur terminaison partent deux carènes, une de chaque côté, qui convergent l'une vers l'autre, et se réunissent à l'extrémité du museau, prolongé ainsi en une sorte de pyramide, dont le sommet est éloigné de l'œil d'une distance égale au tiers de la longueur de la tête. Les deux crêtes mitoyennes du crâne se prolongent parallèlement entre elles et très-près l'une de l'autre jusqu'à la pointe du museau, et séparent ainsi la face supérieure et concave de la pyramide en deux longues fossettes triangulaires. Les os du nez sont rejetés sur les côtés, au-devant de l'orbite, et relevés par deux petites carènes également convergentes vers l'extrémité du museau. C'est entre ces deux crêtes que l'on voit les deux petites ouvertures de la narine. Le museau a en dessous deux carènes qui vont divergeant de la pointe de la pyramide à l'angle antérieur des maxillaires, et divisent ainsi sa face inférieure en trois fossettes. Toutes ces arêtes et le bord supérieur des orbites sont finement denticulés. Le sous-orbitaire est étroit, à bord dentelé, et à surface un peu caverneuse. Le préopercule a le limbe fortement strié, et chaque strie entaille assez fortement le bord vertical et horizontal de cet os, dont l'angle se prolonge en une pointe assez longue. L'opercule, le sous-opercule et l'interopercule, sont striés et dentelés. L'angle de l'opercule est divisé en trois petites épines, dont l'inférieure est un peu plus forte que les autres; mais elles ne le sont point autant que celles des holocentres.

La bouche est fendue jusque sous le milieu de l'œil. Les inter-maxillaires et les maxillaires sont très-grêles. Les pédicules des premiers sont courts, et, à cause de ce museau proéminent, ne se voient plus à la face supérieure du crâne. Les branches de la mâchoire inférieure sont élargies et fortement striées. Les dents des mâchoires, excessivement fines, se voient avec peine, ainsi que celles des palatins et du chevron du vomer. Les ouïes, très-fendues, portent huit rayons branchiostèges.

Les premiers rayons épineux de la dorsale antérieure sont d'un tiers plus hauts que les rayons mous, et mesurent les deux tiers de la hauteur du corps. Le second est le plus élevé. Ils décroissent à partir du cinquième jusqu'au dernier, qui n'est plus qu'une très-petite épine, à peine saillante au-dessus du sillon dans lequel la dorsale est reçue. Le premier rayon épineux de l'anale est aussi petit que le dernier de la dorsale; le troisième est fort et le plus long. La caudale est fourchue. Les pectorales sont petites.

B. 8; D. 10 — 1/12; A. 4/8; C. 17; P. 14; V. 1/7.

On compte de trente-cinq à quarante écailles à bord strié, entre l'ouïe et la caudale. La ligne latérale suit la courbure du dos par le quart de la hauteur du corps.

Au moment où M. Dussumier a retiré ces poissons de l'estomac de cette bonite, ils étaient encore colorés en gris-bleu sur le dos, s'affaiblissant sur les côtés. Le ventre est argenté, avec des reflets dorés. L'occiput est d'un beau bleu. Les nageoires étaient transparentes, et entre chaque rayon épineux de la dorsale près du dos, il y avait une tache noire. On en voit encore les traces, ainsi que celles d'une autre tache de la même couleur, à la base de la queue.

Nos individus n'ont pas deux pouces de longueur; mais ils sont si bien conservés et si bien caractérisés, que nous n'avons pas hésité à publier ce nouveau genre.

Page 2o3. Addition à l'article du *percis à six ocelles*.[1]

M. Dussumier a pris aux Séchelles un individu de cette espèce, qu'on lui a dit y être fort rare. On l'y nomme *pêche-madame-de-fond*. Il le peint de couleurs un peu différentes de celles qui nous ont été indiquées par M. Ehrenberg.

Le dos est jaune serin, varié de fauve. Les opercules et la tête sont rayés de jaune foncé. Les nageoires sont jaunes, pointillées de noir; mais les ocelles du côté du corps et la grande tache sur la queue sont les mêmes que dans les individus de la mer Rouge.

Ce poisson atteint aux Séchelles huit à dix pouces, et il y est fort estimé.

Page 252. Addition à l'article de la *sphyrène bécune*.

La *bécune* se trouve aussi à la côte d'Afrique : on pouvait déjà le croire d'après la figure de Barbot (t. V, l. 3, c. 16, pl. 6); mais nous venons d'en acquérir la certitude par un bel individu, long de dix-huit pouces, que M. Rang a envoyé de la rade de Gorée.

Page 257, après l'article de la *grosse sphyrène*, ajoutez :

La SPHYRÈNE DE DUSSUMIER.

(*Sphyræna Dussumieri,* nob.)

On trouve dans les mers de l'Inde une sphyrène qui ressemble à s'y méprendre au *barracuda*.

Elle a comme lui les dents comprimées et élargies en triangles isocèles; mais celles de la mâchoire inférieure sont plus serrées :

---

1. Nous prenons ici occasion de rectifier l'indication des nombres des rayons de l'anale. Au lieu de : A. 17, il faut lire : A. 1/17.

on en compte vingt-deux sur chaque branche ; tandis que le *barracuda* d'Amérique n'a que quinze ou seize[1]. La pointe de la mâchoire inférieure est beaucoup plus obtuse et moins avancée dans cette nouvelle espèce, et le maxillaire se porte moins en arrière.

D. 5 — 1/9 ; A. 1/9, etc.

Les couleurs sur le poisson encore frais sont indiquées par M. Dussumier comme bleu noirâtre sur le sommet de la tête et sur le dos, et argenté sur le ventre. Les deux dorsales, l'anale et la caudale sont noires ; les pectorales jaunâtres, les ventrales blanches. L'œil est noir, entouré d'un cercle argenté.

L'individu, long de trois pieds trois pouces, a été pris à la ligne dans les mers de l'Inde, entre les Maldives et la côte orientale d'Afrique, par 8° de latitude nord, et par 60° de longitude à l'est du méridien de Paris.

M. Dussumier a trouvé la chair de ce poisson excellente, légère et divisée par couches. Ce naturaliste croit que c'est la même espèce dont on fait une pêche active dans la mer Rouge, où on la sale, pour la porter à l'Isle-de-France et à Bourbon, où elle sert à la nourriture des Noirs.

Page 261. Addition à l'article de la *sphyrène de Forster.*

Nous avons reconnu cette sphyrène parmi les poissons de la Nouvelle-Guinée rapportés par MM. Quoy et Gaimard. Elle est réellement différente des autres espèces que nous mentionnons dans l'histoire de ce genre.

Sa dorsale et ses ventrales sont avancées, comme dans le *jello*, au-devant de la pointe des pectorales. L'œil est très-grand.

---

1. Nous profiterons de cette observation pour faire remarquer à nos lecteurs que le dessinateur a représenté sur la figure du *barracuda* les dents trop rapprochées et en nombre trop considérable.

Il s'en trouve une description dans les manuscrits de Solander.

Les couleurs y sont ainsi indiquées : le dos cendré, le ventre blanc, les dorsales jaunâtres, l'anale bleuâtre, la caudale grise, les ventrales blanches.

Les naturels d'Otaïti nomment ce poisson *thia-tao*.

Page 263. Corrections et additions au chapitre XXXII.

Lorsque nous avons rédigé l'histoire des *paralepis*, nous ne possédions qu'un seul individu en assez mauvais état, qui nous avait été envoyé sous le nom de *paralepis coré-gonoïde*, mais qui, d'après le nombre des rayons de son anale, répond plutôt au sphyrénoïde de M. Risso. On doit marquer comme il suit le nombre de ses rayons :

B. 7; D. 10 — 6; A. 3/27; C. 17; P. 13; V. 1/8.

Ainsi nous prions le lecteur de faire cette correction sur le texte et sur la planche.

Le Paralepis corégonoïde.

(*Paralepis coregonoides*, Risso.)

Nous avons à parler maintenant du véritable paralepis corégonoïde de M. Risso, dont nous devons plusieurs échantillons en bon état aux recherches faites à Nice par M. Laurillard.

Cette espèce a le corps alongé comme l'autre. La tête est dans la même proportion. L'œil est placé de même; mais l'intervalle entre les yeux est un peu plus large. Les dents de l'intermaxillaire sont fines et toutes aussi petites que celles du *sphyrénoïde;* mais les autres dents diffèrent sensiblement : celles de la mâchoire infé-rieure sont très-petites et égales entre elles : il n'y en pas d'alongées en crochets entre ces petites dents. Les palatines sont de même fort petites, excepté les deux antérieures, qui, quoique fort courtes, dépassent un peu celles qui suivent.

La première dorsale a dix rayons; mais la seconde n'a pas les siens aussi visibles que dans le *sphyrénoïde*, et ressemble davantage à une adipeuse : on n'y en distingue que deux ou trois. L'anale a sept rayons de moins que dans l'autre espèce; mais les ventrales ont de même huit rayons articulés.

B. 7; D. 10 — 2 ou 3; A. 3/20; C. 17; P. 12; V. 1/8.

Les écailles sont grandes et tombent facilement; celles de la ligne latérale seule sont plus tenaces.

La couleur de ce poisson est un argenté très-pur et très-brillant sur les flancs, légèrement teinté de verdâtre sur le dos, et de noirâtre sous le ventre. Cette couleur est due sans doute au peu d'épaisseur des parois du ventre, qui laissent voir au travers le péritoine, noir comme de l'encre.

Nous en avons fait l'anatomie, et nous avons trouvé un très-long estomac étroit de couleur noirâtre, terminé en une pointe aiguë au-delà même de l'anus. Le pylore s'ouvre très en avant, presque derrière le diaphragme. Il y a au-devant de la branche du pylore un très-court cœcum, dont le bout aveugle est entre les lobes du foie derrière le diaphragme. L'intestin, sans faire aucun pli, se rend directement à l'anus. Le foie est petit; le lobe droit cache la vésicule du fiel, qui est aussi fort petite, étroite, ayant l'air d'une appendice cœcale de l'intestin. Le canal cholédoque est très-court et débouche sous le cœcum unique. Il n'y a point de vessie natatoire. La laitance, d'un beau blanc, se dessine avec netteté en un ruban grêle et alongé sur le fond noir foncé du péritoine.

Ce poisson est vorace; son estomac était rempli de sept ou huit petits gades, ce qui est conforme à ce que dit M. Risso.

Nos individus sont longs de huit à neuf pouces.

Cette espèce se rapproche du paralepis transparent que

nous avons mentionné d'après M. Rafinesque; mais la figure de cet auteur montre des dents beaucoup trop fortes à la mâchoire inférieure pour que nous puissions croire avoir retrouvé ce poisson sicilien.

Page 275. Addition à l'article du *polynème à longs filets*.

M. Raynaud, chirurgien à bord de la corvette *la Chevrette*, a rapporté du Gange ce polynème sous la dénomination bengalie de *topsi-mouatz*, qui répond à la dénomination tamoule de *tupsee-mutchey*. Notre voyageur a trouvé aussi l'espèce à l'embouchure de la rivière de Rangoon, dans le pays des Birmans. Les indigènes la lui ont donnée sous le nom de *na-denimbia*, ce qui signifie *poisson doré*.

Page 275, après l'article ci-dessus, ajoutez :

Le POLYNÈME AUX PECTORALES NOIRES.

(*Polynemus melanochir*, nob.)

Il existe dans l'Inde une seconde espèce de ces polynèmes à filets plus longs que le corps, dont nous avons eu connaissance à Londres par un dessin envoyé de Sumatra par feu le major Finlayson.

Comparée à notre première espèce, celle-ci a le corps plus alongé, les épines de la première dorsale plus fortes : cette nageoire occupe, ainsi que la seconde dorsale et l'anale, un plus long espace sur le dos ou sous la queue du poisson. Le caractère distinctif le plus sensible consiste dans la couleur des pectorales, qui sont très-noires. Les trois longs filets internes sont aussi noirs; les quatre autres sont orangés comme dans la première espèce. Le dos est verdâtre, les côtés et le ventre blanchâtres et rayés de quatre bandes longitudinales jaunes. Il y a de l'orangé sur la tête, sur la base des pectorales, sur la caudale, l'anale et les ventrales. Les deux dorsales sont brunes ou verdâtres.

Le dessin est long de neuf pouces; les filets en ont dix.

Il est déposé dans la bibliothèque de la Compagnie des Indes, et nous a été communiqué par M. le docteur Horsfield.

Page 280. Addition à l'article du *polynème tétradactyle.*

MM. Quoy et Gaimard ont trouvé ce polynème à Batavia. Leurs individus, bien conservés, sont longs de quatorze pouces. Nous avons pu en faire l'anatomie.

Le foie est composé de deux lobes fort alongés, dont le gauche est du double plus large que le droit. La vésicule du fiel est longue et étroite. L'estomac forme un long sac aminci vers l'extrémité, qui est arrondie : la branche montante de l'estomac est courte et étroite. Un fort étranglement marque le pylore, qui est accompagné d'une masse considérable de petits cœcums capillaires. L'intestin est court et ne fait que deux plis. La rate est grosse, placée vers la pointe de l'estomac. Il n'y a point de vessie aérienne. Les reins sont très-gros.

Page 287. Addition à l'article du *polynème à six brins.*

Nous pouvons maintenant parler d'après nature du polynème à six brins. M. Dussumier vient de nous le rapporter de la côte de Coromandel. Les formes et les couleurs indiquées par Bloch sont parfaitement exactes. Mais cet auteur a négligé à tort le très-petit rayon antérieur de la première dorsale, qui en a effectivement huit. Ainsi les nombres comptés sur notre poisson seront :

D. 8 — 1/13; A. 3/13, etc.

Par les formes et la longueur des filets, cette espèce est plus semblable au *plebeius* qu'au *tétradactyle*, qui a le corps alongé et les filets courts. Le plus alongé des six rayons libres atteint au milieu de la ventrale. Les lobes de la caudale sont larges et peu pointus; leur longueur n'a guère que le cinquième de la longueur totale. La dorsale et l'anale sont coupées carrément. On voit encore sur notre individu des traces de la tache noirâtre de l'épaule. Il y a aussi une teinte de cette couleur sur l'extrémité de la pectorale. Ce poisson est long de six pouces.

Ce polynème a un estomac alongé et élargi vers l'arrière. Nous n'avons pu voir les cœcums; ils étaient détruits. Cette espèce offre une particularité anatomique par la petitesse de sa vessie aérienne, qui est pointue aux deux extrémités et n'a pas trois lignes de long: sa forme est celle d'un petit grain d'avoine argenté.

Page 287, après l'article ci-dessus, ajoutez:

Le POLYNÈME A SIX FILS.

(*Polynemus sexfilis*, nob.)

On trouve dans les mers de l'Isle-de-France un autre polynème à six rayons libres, qu'il ne faut pas confondre avec celui de la côte de Coromandel.

Il s'en distingue par des nageoires verticales, dont les premiers rayons sont plus élevés, ce qui rend le bord de la nageoire échancré en faux. Les lobes de la caudale sont plus longs et contenus seulement trois fois et demie dans la longueur totale.

Les nombres sont à peu près les mêmes:

D. 8 — 1/13; A. 3/12, etc.

On trouve encore d'autres différences dans les dentelures du bas du préopercule, lesquelles sont plus fortes; dans les stries rayonnantes qui sillonnent la surface de l'opercule, et dans les couleurs, qui n'offrent aucune trace des taches noires de l'épaule. Le dos paraît avoir été verdâtre et le ventre argenté. On compte quinze à seize lignes longitudinales grises sur chaque côté: il y a du noirâtre à la pointe des deux dorsales et de la pectorale. Les ventrales sont blanches, l'anale et la caudale grises.

Nous avons reçu un très-bel individu de cette espèce, long de treize pouces, par M. J. Desjardins; deux autres, plus petits, se sont trouvés dans les collections faites dans les mêmes parages par MM. Quoy et Gaimard.

L'anatomie de cette espèce nous a montré qu'elle n'a point de vessie aérienne. L'estomac est étroit, alongé, terminé en pointe. Le nombre des appendices cœcales est très-considérable; elles sont grêles et alongées. L'intestin après le second pli se dilate beaucoup, fait plusieurs sinuosités et s'élargit en un gros rectum, dont la veloutée offre des rides nombreuses et longitudinales. Le foie a ses lobes épais triangulaires. Le gauche est du double plus alongé que le droit.

Le POLYNÉME A FILETS JAUNES.

(*Polynemus xanthonemus,* nob.)

Une troisième espèce, également à six brins, existe encore à la côte de Coromandel : elle ressemble plus au *sextarius* qu'au *sexfilis;*

mais les six rayons dépassent la pointe des ventrales : ils sont cependant plus courts que ceux de l'*hexanème*, qui atteignent l'extrémité du corps. Quoique les lobes de la caudale ne soient pas plus alongés que ceux du *sextarius*, la nageoire est plus profondément échancrée. Enfin, nous lui trouvons deux rayons mous de moins à la seconde dorsale : D. 8 — 1/11; A. 3/12, etc.

Les couleurs nous offrent aussi quelques différences. Le dos est verdâtre clair, les flancs et le ventre sont argentés; les nageoires jaunes, bordées de noir : les filets ont la même teinte que les nageoires.

Nous avons deux individus de cette espèce, longs de six pouces et rapportés de Pondichéry par M. Dussumier.

L'anatomie nous fournit encore des caractères qui justifient la distinction de cette espèce. Elle n'a pas plus que la précédente de vessie aérienne. Son estomac est plus large et moins long. Il n'y a que douze cœcums, alongés et divisés en deux paquets égaux de chaque côté de la branche montante de l'estomac. L'intestin est plus long, et le lobe gauche du foie est moins épais et se porte plus loin dans la cavité abdominale.

Page 289. Addition à l'article du *polynème à quatre fils.*

M. Rang nous a envoyé le polynème à quatre fils de la rade de Gorée.

Nous avons à ajouter que cette espèce, que nous regardions comme absolument nouvelle lors de la publication de notre histoire des polynèmes, était figurée dans Barbot (t. V, pl. 6). Elle ne paraît pas porter de nom particulier à la côte de Guinée, car ce voyageur l'a désignée par les mots de *poisson inconnu* (*unknown*).

Page 289. Addition à l'article du *polynème à neuf brins.*

Nous devons également aux recherches de M. Rang un second Polynème fort intéressant pour notre histoire de l'ichtyologie : celui qui a neuf rayons libres, dont nous n'avions pu parler que d'après Vahl.

C'est de tous les polynèmes que nous avons vus celui qui a le corps le plus haut. Par la forme il ressemble à un cyprin à corps élevé et peu épais, comme la rosse de nos étangs (*cyprinus erythrophtalmus*, Bl.). La plus grande hauteur mesure le quart de la longueur totale. La tête a un peu moins de longueur que le corps n'a de hauteur. Le museau est haut et très-obtus. L'œil est grand. Les dentelures du préopercule sont égales et très-fines. Le bord près de l'angle a une large échancrure ou un feston. Le maxillaire est étroit et arrondi. La première dorsale est haute, triangulaire et pointue; la seconde est un peu moins élevée que la première, et légèrement échancrée. L'anale a moins de hauteur. La caudale est fourchue. Le sillon du dessous de la pectorale à l'isthme est plus profond que dans aucun autre polynème. Les ventrales sont attachées sous l'aplomb du deuxième tiers de la pectorale. Les filets dépassent à peine la base de la ventrale.

Voici les nombres des rayons :

B. 7; D. 8 — 1/14; A. 3/11; C. 17; P. 13 — 9; V. 1/5.

Les écailles sont grandes et lisses, comme celles de nos cyprins. La couleur paraît avoir été verdâtre, à reflets argentés. La première dorsale est plombée et finement pointillée de noirâtre.

L'anatomie de ce polynème nous a montré un foie peu considérable, composé de deux lobes aplatis, triangulaires, pointus : le plus court, celui de droite, porte une petite vésicule de fiel oblongue. L'estomac est ovoïde, assez large, peu alongé. Les appendices cœcales ne paraissent pas être en nombre considérable, mais nous n'avons pu les compter. La vessie aérienne est simple, énorme, occupant toute la longueur du dos depuis les ouïes, et prolongée en pointe conique et aiguë jusque sur les interépineux de l'anale. Ses parois sont fibreuses et argentées. Les laitances forment deux longs rubans d'un beau blanc.

Page 335, après l'article de l'*upénéus de Vlaming*, ajoutez :

L'Upénéus a deux rubans.

(*Upeneus bivittatus*, nob.)

On trouve à la côte de Coromandel un upénéus qui ressemble beaucoup par ses formes au *rayé*.

Il a de même les dents en velours ras aux mâchoires, au vomer et aux palatins. La ligne latérale est formée d'une série d'arbuscules composés de quatre branches.

D. 7 — 1/8; A. 1/6, etc.

M. Dussumier, qui l'a vu frais, nous apprend que le dos est fauve, nuancé de verdâtre, les flancs et le ventre argentés; deux raies longitudinales jaune doré courent le long des flancs. Les deux dorsales sont blanches, variées de verdâtre; la première est terminée par une tache noire. La caudale est verdâtre clair; les pectorales sont transparentes; l'anale et les ventrales sont jaunes.

La taille des individus rapportés par M. Dussumier varie de cinq à six pouces.

Page 339. Addition à l'article de l'*upénéus de Ceilan*.

MM. Quoy et Gaimard ont retrouvé cette espèce à la Nouvelle-Guinée : leurs individus bien conservés ont confirmé la justesse de nos observations.

Les appendices cœcales sont au nombre de seize, divisées en deux paquets égaux de chaque côté de l'estomac.

Page 339, après l'article ci-dessus, ajoutez :

L'Upénéus de Vanicolo.

(*Upeneus vanicolensis*, nob.)

Les mêmes naturalistes ont rapporté de Vanicolo un petit upénéus assez semblable à celui de Ceilan, mais qui en diffère par un museau plus court, un profil plus déclive, un œil plus grand. L'espace qui sépare les yeux est plus bombé. La première dorsale est moins pointue, parce que le troisième et le quatrième rayon épineux sont plus hauts que ceux de l'autre espèce.   D. 7 — 1/8; A. 1/6, etc.

Le corps paraît avoir été rouge, plus ou moins doré sur le dos. Les nageoires sont jaunes.

Les individus n'ont pas cinq pouces de long.

Page 349, après l'article de l'*upénéus cyclostome*, ajoutez :

L'Upénéus jaune.

(*Upeneus luteus*, nob.)

M. Dussumier vient de rapporter de l'Isle-de-France un upénéus voisin du *cyclostome*,

mais qui en diffère par les arbuscules de la ligne latérale et par quelques autres caractères. L'œil de cette nouvelle espèce est un peu moins petit que celui du *cyclostome;* le diamètre est du sixième de la longueur de la tête, laquelle est du tiers de la longueur du corps, sans y comprendre la caudale, tandis que l'œil du *cyclostome* est contenu sept fois dans la longueur de la tête. Le profil est un peu concave au-devant des yeux. Les barbillons atteignent à la base des ventrales. Les écailles sont finement striées. Les lobes de la caudale sont moins longs.

D. 8 — 1/8 ; A. 1/6, etc.

Les couleurs décrites sur le frais par M. Dussumier étaient du jaune orangé sur le dos, et du jaune citron brillant sur les flancs et le ventre. La première dorsale est orangée, les autres nageoires sont jaunes. Il y a trois lignes bleues sur la tête à la hauteur des yeux, mais qui disparaissent après la mort du poisson.

L'individu a sept pouces de longueur.

Nous trouvons un dessin fort exact de cette espèce parmi ceux qui nous ont été communiqués par M. de Mertens. Ce savant naturaliste, dont la perte récente vient d'affliger les amis des sciences, avait peint ce poisson d'une belle couleur jaune de gomme gutte clair et uniforme. Il n'indique pas les raies bleues.

L'UPÉNÉUS A GROSSES LÈVRES.

(*Upeneus crassilabris,* nob.)

Un autre upénéus, voisin du *cyclostome,* habite sur les côtes de la Nouvelle-Guinée, d'où les compagnons du capitaine d'Urville l'ont rapporté.

Il a le museau plus court, le chanfrein plus bombé, la tête plus haute. Le corps se rétrécit vers l'arrière, de manière que la hauteur de la queue n'est pas moitié de celle du corps, prise aux épaules. Les arbuscules de la ligne latérale sont très-divisés. Les dents sont fortes et coniques, sur une seule rangée : il n'y en a point au palais. Les lèvres sont très-épaisses. Les barbillons n'atteignent pas la base des ventrales. L'épine de l'opercule est forte.

D. 8 — 1/8; A. 1/6, etc.

La première dorsale est assez élevée; la caudale est peu fourchue; les deux lobes sont larges et arrondis; les ventrales sont très-grandes.

Ce poisson paraît avoir été jaune, avec des points ou des lignes peu marquées sur les côtés. La première dorsale est violette; la seconde n'a que la base de cette couleur : la moitié supérieure est rayée de cinq à six raies parallèles longitudinales, alternativement blanches et violettes. L'anale, beaucoup plus pâle, a des points violets et un plus grand nombre de raies obliques. La caudale est plus foncée que la dorsale, et elle a des points blancs plus ou moins effacés. Les pectorales sont jaunes, plus ou moins olivâtres. Les ventrales ont les trois rayons externes colorés en violet, et les internes jaunâtres. La membrane branchiostège et les barbillons sont d'un brun violet plus ou moins foncé.

L'individu est long de neuf pouces.

*L'*Upénéus capucin.

(*Upeneus fraterculus*, nob.)

Nous devons encore aux recherches infatigables de
M. Dussumier une espèce d'upénéus voisine de la précédente, et par conséquent du *cyclostome*.

La ligne du profil de cette espèce est convexe; le chanfrein est
bombé; mais le corps est moins élevé de l'avant que celui de
l'upénéus à grosses lèvres. Cette nouvelle espèce a les lèvres beaucoup moins épaisses. Les arbuscules de la ligne sont encore beaucoup plus divisés, et forment une sorte de petite rosace sur l'écaille
où s'épanouissent leurs branches. Le museau est court; l'œil assez
grand; l'épine de l'opercule forte. Les barbillons sont courts, et ne
dépassent pas le bord postérieur du préopercule.

La caudale n'est pas très-profondément fourchue; elle a cependant
ses pointes plus aiguës que celle du précédent.

D. 8 — 1/8; A. 1/6, etc.

Tout le corps est rose, varié de jaune orangé vers les extrémités
des nageoires.

M. Dussumier en a vu des individus de quatorze pouces;
celui que nous avons décrit, n'en a que neuf.

Les pêcheurs de la rade de Mahé, aux Séchelles, nomment ce poisson *rouget-capucin.*

*L'*Upénéus a deux raies.

(*Upeneus bilineatus*, nob.)

Nous avons encore à parler de trois petites espèces qui
font partie des dernières collections de MM. Quoy et
Gaimard; elles appartiennent toutes trois à la division des
upénéus à dents coniques sur une seule rangée et à palais
lisse.

L'une d'elles vient d'Amboine.

Elle a le museau court, le chanfrein très-bombé et le profil presque vertical, comme dans le petit rouget barbet de nos mers. Les barbillons, courts, ne dépassent pas l'angle de l'opercule.

D. 7 — 1/8; A. 1/6, etc.

Ce petit poisson n'a que trois pouces de long; il a le dos brun, la tête et les flancs rosés, le ventre blanc; deux raies jaune d'orpin rehaussent le long des flancs la couleur du corps. La première dorsale, noire à son extrémité, a deux raies obliques olivâtres: la seconde a également deux petites raies obliques de la même couleur. L'anale, la caudale, les ventrales, les barbillons et les lèvres sont jaunes.

L'Upénéus athérinoïde.

(*Upeneus atherinoides*, nob.)

La seconde vient de Guam.

Elle a le corps alongé et arrondi, ce qui lui donne une ressemblance frappante avec une athérine. Le museau est assez alongé; les barbillons ne dépassent pas le bord du préopercule. Chaque écaille est finement ciliée. Les lobes de la caudale sont très-pointus.

D. 7 — 1/8; A. 1/6, etc.

Le dos est bleuâtre, et les flancs sont argentés; les autres nageoires paraissent jaunâtres, sans aucunes raies.

L'individu a trois pouces et demi.

L'Upénéus cyprinoïde.

(*Upeneus cyprinoides*, nob.)

Enfin, la troisième ressemble à un petit cyprin de la famille de nos gardons.

Elle a donc le corps moins alongé que la précédente; ses barbillons sont tout aussi courts; les dents plus fortes; les écailles lisses;

la ligne latérale simple et sans arbuscules. Ce caractère est commun à cette espèce et au *cyclostome :* mais la brièveté des barbillons distingue suffisamment le *cyprinoïde.* Le dos paraît avoir été brun verdâtre, les flancs argentés. La première dorsale a du noirâtre à la pointe; la seconde est grisâtre; la caudale d'un beau jaune jonquille; les autres nageoires sont plus ou moins jaunes.

D. 8 — 1/8; A. 1/6, etc.

Ce poisson, long de trois pouces, vient de l'Isle-de-France.

TOME SEPTIÈME.

Page 14, après l'article du *chétodon à huit bandes,* ajoutez :

Le CHÉTODON A DEUX BAUDRIERS.

(*Chætodon dizoster,* nob.)

Parmi les beaux dessins de poissons que M. Théodore Delise nous a envoyés de l'Isle-de-France, il y a une très-belle espèce de chétodon de la division à stries verticales.

Le museau est saillant; le corps est élevé à peu près comme dans le chétodon linéolé. La couleur est bleu violet sur l'occiput et sur les deux tiers inférieurs du corps. A partir de la première dorsale une large écharpe jaune s'étend sur le dos et sur la queue, et se prolonge sur la moitié inférieure des rayons mous de l'anale. La tête est plus violette que le corps. Le bout du museau et le vertex sont rembrunis. Douze stries verticales violettes traversent le corps entre la pectorale et l'origine de la queue. Outre la bande noire oculaire qui embrasse la tête depuis l'occiput jusque sous l'isthme, il y a deux larges bandes noires obliques de l'avant vers l'arrière du corps, et qui ne dépassent pas le jaune; l'antérieure occupe l'espace de trois rayons épineux, à compter du second; la dernière, plus étroite, plus longue, terminée en pointe, occupe l'espace compris entre les quatre dernières épines de la dorsale. La queue a une ceinture noire à la base de la caudale. La dorsale molle est orangée et lisérée de noir; la caudale, de la même couleur, a une bande verticale, étroite, brune, et une bordure verticale blanche. L'anale a, comme nous l'avons dit, une bande jaune; le reste de cette nageoire est orangé, bordé d'un double liséré, dont l'interne ou le supérieur est noir, l'autre est bleu, et enfin une bordure jaune. Les pectorales et les ventrales sont violacées.

Le dessin représente un poisson long de six pouces et demi, et haut de quatre et demi.

Page 82, ligne 11, au lieu de : héniochus, mettez : zanclus.

Page 83, ligne 16, même changement.

Page 84, après l'article du *tranchoir cornu*, ajoutez :

Le Tranchoir a moustache épineuse.

(*Zanclus centrognathos*, nob.)

Pendant que nous livrions à l'impression notre histoire des squammipennes, M. Dussumier nous rapportait ses précieuses collections, et assez à temps pour que nous ayons pu faire connaître les espèces fort intéressantes de castagnoles qu'il a découvertes dans l'estomac d'un germon des mers de l'Inde. Ce soin, que l'on ne saurait trop recommander aux voyageurs, d'ouvrir l'estomac des poissons pélagiques et de recueillir ce qu'il contient, lui a fait découvrir un petit poisson d'un nouveau genre, le *rhynchichte,* décrit dans ce supplément, et une espèce fort curieuse de *tranchoir.*

Le tranchoir cornu, d'après lequel nous avons établi ce genre, est fort répandu dans les mers de l'Inde et très-commun dans les collections. L'espèce que nous ajoutons

doit être fort rare; car c'est la première fois que nous
l'observons en nature, quoique nous ayons examiné les
cabinets de Londres, de Berlin et de la Haye, et quoique
celui de Paris soit plus considérable encore que tous ceux
d'Europe réunis. La rareté de cette espèce tient probablement à ce qu'elle habite les hautes mers, comme les
sternoptyx, qui sont tout aussi difficiles à se procurer.
M. Dussumier l'a découverte dans l'estomac d'une coryphène pêchée près de l'équateur, par 1° de latitude nord
et par 75° de longitude est du méridien de Paris.

Le caractère le plus prononcé de cette espèce consiste dans la
forte épine saillante du bord inférieur du sous-orbitaire au-dessus
de l'angle de la très-petite bouche du poisson. La pointe de cette
épine est dirigée obliquement et un peu en arrière; le devant de sa
base est relevé en une carène osseuse, sur laquelle on voit à la loupe
deux ou trois autres petites épines.

Il n'y a pas de corne sur le front, comme dans le tranchoir ordinaire. Le profil descend plus verticalement de la dorsale vers les
yeux : l'espace qui les sépare est plus bombé. Le museau est beaucoup plus court, faisant à peine une saillie au-delà de la courbe du
profil. Le corps a aussi un peu plus de hauteur. Le filet de la dorsale
est prolongé en un fil plus long et beaucoup plus délié. La caudale
est coupée carrément. Les nombres des rayons sont peu différens.

D. 7/39; A. 3/31, etc.

Les écailles paraissent un peu plus grosses; aussi la peau est-elle
plus chagrinée.

La couleur est un gris cendré sur le dos et sur l'arrière du corps
au-dessus de l'anale. La partie antérieure de la poitrine et le dessous
de la gorge sont argentés. Une bande de la couleur grise du dos
descend de l'occiput à travers l'œil jusque sous l'isthme de la gorge.

Nos individus ont deux pouces à deux pouces et demi de long.

C'est à cette espèce qu'appartient très-probablement la

figure de Seba (t. III, pl. 25, n.° 7), dont Linnæus a fait son *chætodon canescens,* et que dans notre texte (p. 83) nous rapportions encore au *cornutus.*

MM. Quoy et Gaimard ont dessiné ce *centrognathos* à Vanicolo, et il s'en trouve aussi une figure parmi les dessins de M. de Mertens; mais ce n'est qu'à M. Dussumier que nous devons d'avoir pu l'observer en nature.

FIN DU TOME SEPTIÈME.